新世纪电子信息与电气类系列规划教材

DSP 原理与应用
（第 2 版）

主　　编　胡圣尧
副 主 编　葛中芹　关　静　茅靖峰　许清泉

东 南 大 学 出 版 社
·南 京·

内 容 提 要

本书以 TMS320C5402 为例,系统的介绍了'C54X 系列 DSP 控制芯片的硬件结构、系统寻址方式、指令系统软件开发环境及软件开发过程、汇编语言程序设计、开发环境及 C/C＋＋程序开发、'C54 的硬件电路设计、'C54X 的片上外设以及 C5402 应用举例。本书在介绍具体内容时语言通谷易懂,深入浅出,并结合一些具体应用进行讲解。本书适用于本科生教材,特别是以应用为主的一些应用型本科院校、高职高专等院校,还适用于一些技术人员作参考。

图书在版编目（CIP）数据

DSP 原理与应用 / 胡圣尧主编. —2 版. —南京:东南大学出版社,2013.6(2021.7 重印)

新世纪电子信息与电气类系列规划教材

ISBN 978 - 7 - 5641 - 4282 - 7

Ⅰ. ①D⋯　Ⅱ. ①胡⋯　Ⅲ. ①数字信号处理-高等学校-教材　Ⅳ.①TN911.72

中国版本图书馆 CIP 数据核字（2013）第 117421 号

DSP 原理与应用（第 2 版）

出版发行	东南大学出版社	
出 版 人	江建中	
社　　址	南京市四牌楼 2 号	
邮　　编	210096	
经　　销	江苏省新华书店	
印　　刷	江苏凤凰数码印务有限公司	
开　　本	787 mm×1092 mm　1/16	
印　　张	14.75	
字　　数	368 千字	
版　　次	2008 年 6 月第 1 版　2013 年 6 月第 2 版	
印　　次	2021 年 7 月第 5 次印刷	
印　　数	5 001—6 000	
书　　号	ISBN 978 - 7 - 5641 - 4282 - 7	
定　　价	45.00 元	

本社图书若有印装质量问题,请直接与营销部联系,电话:025 - 83791830

第 2 版前言

目前,很多高校的专业课程都增设了《DSP 原理与应用》这门课程。本书将以 TMS320C5402 为主,面向高年级大学生,系统地介绍 TMS320C5000 系列 DSP。

现在介绍 TMS320C5000 的书很多,那么为什么还要编写本书? 主要因为现在很多 DSP 书籍面向的读者是以本科及以上学历的学生为主,没有考虑到学生的知识背景进行编写,从而导致一些学生一谈到 DSP 就厌烦,《DSP 原理与应用》在很多高校里只是作为知识结构更新和课程设置更新的标志,从而使很多学生学完之后,要么对 DSP 一知半解,要么畏之如虎,并没有真正地理解和应用 DSP。其次,许多书籍只是先介绍 DSP 的结构原理,再介绍 DSP 的应用案例,在介绍的时候往往只给出分析结果,没有给出"所以然",这样一来,书中介绍的内容就没有实际的指导作用。造成了对 DSP 精通者不屑阅读此类书籍,不懂者看了似乎懂,一旦进行实际操作还是模棱两可。再者,DSP 器件以高速数字运算为主要特征,所以它在应用时对电磁兼容性等指标的要求较高。学习者一般没有实际工程经验,很难画出 PCB 图,所以 DSP 在学生的印象中不如单片机那么直接,就更谈不上积累经验了,即使开设实验也是一些验证性的实验。本书的编写就考虑到上述的问题,争取汲取其他书籍的优点,突出 DSP 的特点,用简单的语言来引导那些想涉足 DSP 领域的人员,告诉他们 What is DSP? What to do and how to do。希望本书能成为一把钥匙,让你顺利地开启 DSP 开发的大门。

对于 DSP 的初学者而言,学习 DSP 这门课需要做到如下几点:

(1) 坚持　坚持就是胜利! 获取任何知识都是艰难的,做任何事情都需要努力。万事开头难,学习 DSP 也一样,但是只要能够坚持就能够成功。

(2) 多问　学习的工程就是解决问题的过程,所以在学习的过程中,一定要多问自己为什么。为什么 DSP 能完成这些任务? 为什么 DSP 内部这样进行设计? 为什么算法这样进行设计? 你要不断地问自己怎样才能有学习的动力,只有不断地解决为什么,才能够获得知识。所有的问题也可以用实践来回答。

(3) 多交流　一定要多和其他的 DSP 学习者进行充分的交流,也许其他人对 DSP 有不同的理解方式,有不同的应用方式,或者在学习过程中有不同的心得体会。也许你百思不得其解的问题,别人已经详细地说明了原因,这样做能够节省你大量宝贵的时间和精力,当然最好你也要把自己的心得说出来,不是完全是为了帮助别人,也许别人能够发现你的学习体会中的问题,不让你一直错下去。

　　（4）博学　　目前学科交叉非常厉害，学好 DSP 的主要目的是用好 DSP。而用好 DSP 牵扯到一些基础知识：工程数学、信号与系统、数字信号处理，还有一些相关知识：C 语言、数据结构、算法设计、操作系统等。博学不是一下都要学会，而是要不断地用，不断地学。

　　本书的第 2、3 章及附录由胡圣尧编写，第 1 章、第 4 章由南通大学的茅靖峰老师编写，第 5 章、第 6 章由常州工学院的关静老师编写，第 7～第 9 章由南京大学的葛中芹老师编写，全书由胡圣尧统稿。

　　由于本书的作者水平有限，且时间仓促，在一些问题的描述或表达上难免有错，真诚的希望一些读者能够提出宝贵的意见，作者将不断的改进，进一步提高本书的质量（作者的邮箱：hoosainyor@163.com）。

胡圣尧于常州工学院
2013 年 3 月

目　　录

1 概　述

1.0　引言

　　国内的很多名词都是由英语缩写来的,那么什么是 DSP?

　　这要从数字信号处理说起,数字信号处理简单的可分为数字信号处理的理论研究和数字信号处理的硬件实现。

　　DSP 一方面是 Digital Signal Processing 的缩写,意思是数字信号处理,就是指数字信号处理理论研究;另一方面是 Digital Signal Processor 的缩写是数字信号处理器的意思,数字信号处理器是专门用于进行数字信号处理的器件。这是一门新兴的学科,具有非常广阔的前景。本书主要介绍的是如何使用这些硬件的原理以及应用。本章主要是介绍这些器件的发展、分类、特点以及发展方向。

1.1　DSP 发展概况

　　最初的 DSP 器件只是被设计成用以完成复杂数字信号处理的算法的器件。DSP 器件紧随着数字信号理论的发展而不断发展。在 20 世纪 60 年代,那时数字信号处理技术刚刚起步。由于一般的数字信号处理算法运算量大,因此,算法只能在大型计算机上运行模拟仿真,而无法实现实时数字信号处理。60 年代中期,快速傅立叶算法的出现及大规模集成电路的发展,奠定了硬件完成数字信号处理算法和数字信号处理理论实用化的重要技术基础,从而促进了 DSP 技术与器件的飞速发展。

　　在介绍 DSP 器件的发展之前,首先本书将简单地介绍一下计算机的分类及发展。我们经常遇到这样一些词汇:GPP、MPU、MCU、EP、DSP、ASP、ASSP、ASIC、SoC。我们把它们的英文缩写展开解释一下:GPP 是指 Gereral Purpose Processor,就是通用处理器。广义的讲,这类的处理器不直接实现某一具体功能,而是由工程师对处理器进行相关的配置或编程,才能被应用。与此相对有各种专用处理器 ASP(Application Specific Processor)或专用标准产品 ASSP(Application Specific Standard Product),它们都是针对一些特定应用而设计的,如用于 HDTV、ADSL、Cable Modem 等的专用处理器。与 GPP 相比,ASP/ASSP 集成的资源可能比一般 GPP 更多、更专业化。但因为它的应用在相关领域中又是通用、标准和开放的,所以任何一个公司都能应用它构成自己的系统或产品。另一种是应用上较封闭的专用集成电路 ASIC(Application Specific IC)类的定制片上系统 SoC(System on Chip)的投入成本就要比 ASP 高得多。但这可以根据设计人员的要求来构建定制 SoC,这样就可为设计人员提供满足量体裁衣式的应用需求。MPU(Micro Proccesor Unit)是微处理器单元(简称微处理器),说到微处理器,不得不提到 Intel 公司,下面我们以 Intel 公司为主线,简述一下微处理器的发展。

第一代微型器(1971~1972 年)　1971 年美国 Intel 公司首先研制出 4004 微处理器,它是一种 4 位微处理器,随后又研制出 8 位微处理器 Intel 8008。由这种 4 位或 8 位微处理器制成的微型机都属于第一代。

第二代微型机(1973~1977 年)　第二代微型机的微处理器都是 8 位的,但集成有了较大的提高。典型产品有 Intel 公司的 8080,Motorola 公司的 6800 和 Zilog 公司的 Z80 等处理器芯片。以这类芯片为 CPU 生产的微型机,其性能较第一代有了较大提高。

第三代微型机(1978~1981 年)　1978 年 Intel 公司生产出 16 位微处理器 8086,标志着微处理器进入第三代,其性能比第二代提高近 10 倍。典型产品有 Intel 8086、Z8000、M68000 等。用 16 位微处理器生产出的微处理器支持多种应用,如数据处理和科学计算。

第四代微型机(1981~1993 年)　随着半导体技术工艺的发展,集成电路的集成度越来越高,众多的 32 位高档微处理器被研制出来,典型产品有 Intel 公司的 Pentium 系列;AMD 公司的 AMD K6、AMD K6 - 2;Cyrix 公司的 6X86 等。用 32 位微处理器生产的微型机,一般将归于第四代,其性能可与 20 世纪 70 年代的大、中型计算机相媲美。

第五代高档 32 位微处理器　1993 年,Intel 公司推出了新一代高性能处理器 Pentium(奔腾),Pentium 最大的改进是它拥有超标量结构(支持在一个时钟周期内执行一至多条指令),且一级缓存的容量增加到了 16 KB,这些改进大大提升了 CPU 的性能。

当前的处理器可以称为第六代处理器,它的主要特征是 64 位、双核芯处理器。

MCU(Micro Control Unit)为微控制器单元。与 MPU 相比,它把处理器、存储器、内存等单元全部集中到一块芯片上,也可集成越来越多的内置部件。常用的部件有存储器类:程序存储器 Mask ROM/OTPROM/EPROM/EEPROM/Flash 和数据存储器 SRAM/SDRAM/SS-RAM;有串行接口类:UART、SPI、I²C、CAN、IR、Ethernet、HDLC;有并行接口类: PCI、IDE、GPIO 等;有定时和时钟类:包括 Timer/Counter、RTC、Watchdog、Clock out;有专用和外围接口类:Comparer(比较器)、ADC、DAC、LCD 控制器、DMA、PWM、PLL、MAC、温度传感器等。尽管如此,越来越多的应用需求推动系统设计向功能更强大的嵌入式 16/32 位 MCU 过渡。这就是 EP(Embedded Processor)。嵌入式处理器与嵌入式系统相配合,使开发更为容易,成本更低,能够实现的功能越来越丰富,但是对开发者的要求更高。

DSP 器件的发展大致可分为三个阶段,我们把它和计算机的发展相比较进行阐述。

第一阶段:DSP 雏形阶段。在 1980 年前后,开始出现单片机和 PC,这是标志着计算机将不断进行细化分类的一个非常明显的标志。在这段时间内,个人计算机进入了人们的生活。单片机的发展更加成熟,Intel 公司在 80 年代初推出了至今还在使用的 MCS - 51 内核。单片机被不断地用在控制领域。但是在数字信号处理领域,单片机的运算速度与数据处理能力及运算精度等方面具有很大局限性。像 Intel、TI、AD 等公司开始研制专门用于数字信号处理的微控制器,并推出了一些代表性的器件,如 Intel 2920、(NEC)μPD7720、(TI)TMS32010、(AMI)S2811、(AT&T)DSP16、(AD)ADSP - 21。尤其是 TI 的 TMS32010,采用了改进的哈佛结构,这种结构允许数据在程序存储空间与数据存储空间之间传输,大大提高了运行速度和编程灵活性。

第二阶段:DSP 成熟阶段。在 1990 年前后,很多国际上生产集成电路芯片的著名厂家都相继推出了自己的 DSP 器件,DSP 器件得到了空前的发展,并且日益成熟。在第一阶段后期,Intel 公司采用了一种内核授权的方式来推广 51 内核,使得 51 单片机被广泛用在很多场合。与此同时,如 TI 公司推出了 TMS320 系列,Motorola 公司推出了 DSP5600、9600 系列,AT&T 公司推出了 DSP32 等。这一时期的 DSP 器件在硬件结构上更适合数字信号处理的要求,如硬件乘法器、硬件 FFT、单指令滤波处理等,使得 DSP 运算速度达到每个指令周期80~100 ns。但是,在编程灵活性、软件调试、功耗、外部通信功能等方面都还不尽如人意。

第三阶段:DSP 完善阶段。在 2000 年之后,这一时期各 DSP 生产厂家不仅使 DSP 的信号处理功能更加完善,而且在系统开发的方便性、程序编程调试的灵活性、功耗降低节能性等方面做了许多工作。尤其是各种通用外设集成到片上,不仅提高了数字信号处理能力,而且为 DSP 器件的通用化及为数字处理取代模拟电路带来了极大的便利,更重要的是使 DSP 芯片的性价比更高。现在 DSP 可以在 Windows 平台上直接用 C 语言编程,使用灵活方便。同时,成本也不断下降,使 DSP 器件得到了广泛的普及和应用。

目前,DSP 的发展非常迅速。硬件结构上,一方面主要是向采用多处理器的并行处理结构、便于外部数据交换的串行总线传输、大容量片上 RAM 和 ROM、程序加密、增加 I/O 驱动能力、外围电路内装化、低功耗等方面发展,而且应用越来越细化,尤其在多媒体处理领域 TI 推出了新的专用处理器——达·芬奇系列;另一方面现在很多的 FPGA 也开始支持软 DSP 内核,就是在用 FPGA 也能够进行数字信号处理,并且能够根据客户的需求进行定制,开发环境也不同于传统的开发,但目前还没有被广泛应用。

1.2 DSP 器件的产品分类

DSP 芯片有很多分类方式,现分别介绍如下:

(1) 按照编程方式分,可分为专用芯片和可编程芯片。专用芯片是指功能是固定的,不可更改的 DSP 芯片;可编程芯片是指用户可以按照不同的需求编制程序,以实现不同的功能。

(2) 按照对数据的处理方式分,可分为定点 DSP 和浮点 DSP,本书主要介绍定点 DSP。目前,随着定点 DSP 主频的不断提高,应用最多的就是定点 DSP。

目前世界上较为著名的 DSP 芯片生产厂家和主要定点运算机型如下:

● 美国 TI(Texes Instrument)公司的定点运算 DSP 系列

TMS320C2000,TMS320C5000,TMS320C6000 系列。

● 美国 Motorola 公司的定点运算 DSP 系列

DSP56XXX,DSP96XXX 系列。

● 美国 AD(Analog Devise)公司的定点运算 DSP 系列

ADSP210X,ADSP21X,ADSP21MODX,ADSP21MSPXX 系列。

● 美国 AT&T 公司的定点运算 DSP 系列

DSP16,DSP32。

● 日本 NEC 公司的定点运算 DSP 系列

μPD7711X,μPD7721XX。

目前在中国应用的 DSP 芯片主要有 TI 公司和 AD 公司的产品。我们主要介绍 TI 公司的产品。

TI 公司的产品主要分成浮点和定点两种类型。

TI 公司的定点主要有 TMS320C2000 系列、TMS320C5000 系列、TMS320C6000 系列和达·芬奇系列。TMS320C2000 系列主要用于高速的控制领域，C2000 系列的 DSP 器件集成很多外设，性价比非常高。TMS320C5000 系列主要用于音频处理等。TMS320C6000 系列主要用于视频处理等。达·芬奇系列主要用于多媒体处理，集成各种编码器和 ARM 内核，并可以根据需求进行定制，可以用在媒体处理等领域。本书主要介绍 C5000 系列的 C54X。

1.3　DSP 的特点及应用

由于 DSP 具有体积小、成本低、易于产品化、可靠性高、易扩展及方便实现多机分布并行处理等能力，所以在航空航天、工业控制、医疗设备及科学研究的各个领域获得了越来越广泛的应用。

DSP 的特点主要由它的内部结构决定，大致有以下几个方面：

1）高速、高精度运算能力

（1）硬件乘法累加操作

DSP 同早期的 MCU 区别开来的第一个重大技术改进，就是添加了能够进行单周期乘法操作的专门硬件和明确的 MAC 指令。

（2）哈佛结构和流水线结构

这里有必要简单地介绍一下微处理器的结构。微处理器的结构一般可以分为冯·诺依曼结构、哈佛结构和增强型哈佛结构。

① 冯·诺依曼结构

冯·诺依曼结构采用单存储空间，程序和数据存放在同一个存储空间内，使用唯一的地址总线和数据总线进行操作。取指令操作和取操作数是通过同一总线分时进行的，如果进行高速的数字信号处理，速度就比较慢，示意图如图 1.3.1 所示。

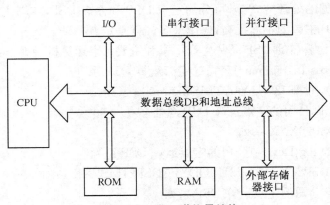

图 1.3.1　冯·诺依曼结构

② 哈佛结构

哈佛结构采用双存储空间，程序存储器和数据存储器分开，有各自独立的程序总线和数据总线，可以分别编址和独立访问，可对程序和数据进行独立传输，这样就大大提高了数据处理能力和指令的执行速度，现在的一些增强型单片机也采用哈佛结构，哈佛结构示意图如图 1.3.2 所示。

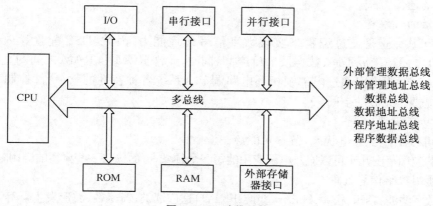

图 1.3.2　哈佛结构

③ 增强型哈佛结构

增强型哈佛结构与哈佛结构的不同点是：增强型哈佛结构采用了多总线机制。其特点是：允许在程序空间和数据空间之间互传数据，使这些数据可以直接被调用；提供了存储指令的高速缓冲器(Cache)和相对应的指令，当需要重复指令时只需读入一次就可以了，该特点主要反映在 TMS320C6000 系列中。

传统的 MCU 使用冯·诺依曼存储结构，在这种结构中，有一个存储空间通过两条总线（一条地址总线和一条数据总线）连接到处理器内核，这种结构不能满足 MAC 必须在一个指令周期中对存储器进行四次访问的要求。DSP 一般使用哈佛结构，在哈佛结构中，有程序存储空间和数据存储空间两个存储空间。处理器内核通过两套总线与这些存储空间相连，允许对存储器同时进行访问，这种安排使处理器的带宽加倍。在哈佛结构中，有时通过增加第二个数据存储空间和总线来实现更大的存储带宽。现代高性能 MCU 通常具有两个片上超高速缓冲存储器，其中一个存放数据，另一个存放指令。从理论角度讲，这种双重片上高速缓存与总线连接等同于哈佛结构。但是，MCU 使用控制逻辑来确定哪些数据和指令字驻留在片上高速缓存里，这个过程通常不为程序设计者所见，而在 DSP 里，程序设计者能明确地控制哪些数据和指令被存储在片上的存储单元或缓存中。DSP 采用多总线的机制，使用流水线结构可以在单个周期内充分利用各条总线，提高了 CPU 的运算速度和效率。

（3）硬件循环控制

DSP 算法的共同特征在于大部分处理时间花在执行包含在相对小循环内的少量指令。因此，大部分 DSP 处理器具有零消耗循环控制的专门硬件。零消耗循环是指处理器不用花时间测试循环计数器的值就能执行一组指令的循环，硬件完成循环跳转和循环计数器的衰减。有些 DSP 还通过一条指令的超高速缓存实现高速的单指令循环。

（4）特殊寻址模式

DSP 经常包含有专门的地址产生器，它能产生信号处理算法需要的特殊寻址，如循环寻址和反向进位寻址。循环寻址对应于流水 FIR 滤波算法，反向进位寻址对应于 FFT 算法。

（5）具有丰富的外设

DSP 具有 DMA、串口、PLL、定时器等外设。

2）强大的数据通信能力

数字信号处理往往涉及较大的数据吞吐量，因此，DSP 都具有 DMA、串行/并行以及多

CPU 之间的通信方式。

3）灵活的可编程性

通用 DSP 完全是通过编程来实现数字信号处理能力,因此,DSP 配置片内 RAM 和 ROM,可以方便地扩展程序、数据及 I/O 空间,同时,允许 ROM 和 RAM 之间的直接进行数据胯传送。时钟频率可通过内部锁相环电路调节。系统各种特性的软/硬件控制为方便灵活的编程提供了充分的空间。

4）低功耗设计

DSP 可以工作于省电状态,节省了能源。

DSP 的应用范围几乎可以遍及电子应用的每一个领域,下面仅将一些典型的应用陈述如下:

（1）通用数字信号处理

包括数字滤波、卷积、相关、Hilbert 变换、FFT、自适应滤波、窗函数、波形发生器等,可用到数字信号处理技术的各类系统及产品中。例如,各种智能检测仪器、示波器、通信设备等。

（2）声音/语音处理

包括语音信箱、语音编码、语音识别、语音合成、文本—语音转换等。

（3）图形/图像处理

包括三维图形变换、机器人视觉、图形转换及压缩、模拟识别、图像增强等。

（4）控制

包括伺服控制、机器人控制、自适应控制、神经网络控制等。

（5）仪器仪表

包括频谱分析、函数发生器、模态分析、暂态分析、锁相环等。

（6）军事

包括保密通信、雷达及声呐信号处理、导航及制导、调制解调、传感器融合、全球定位系统、搜索与跟踪等。

（7）通信

包括回音消除、高速调制解调器、数字编码/解码、自适应均衡、移动电话、扩频通讯、噪音对消、网络通信等。

（8）消费电子

包括高清晰度电视、音乐合成器、智能玩具、游戏等。

（9）工业

包括机器人、数字控制、安全监控、电力系统监控、机床监控、CAM(计算机辅助制造)等。

（10）医学

包括助听器、病源监控、超声波设备、自动诊断设备、心电图/脑电图、核磁共振、胎儿监护等。

1.4　TMS320C54X 系列

TI 公司是世界上应用最广、品种最多的 DSP 芯片生产厂家之一,该公司自从 1982 年推出第一款定点 DSP 芯片 TMS32010 以来,相继推出了 TMS320 系列 ′C1X、′C2X、′C2XX、′C5X、′C54X 及 ′C6X 定点运算 DSP,′C3X、′C4X、′C67X 浮点运算 DSP,以及 ′C8X、达芬奇多核处理器①DSP 几类运算特性不同的 DSP 芯片。

定点运算单处理器 DSP 已发展了七代,浮点运算单处理器 DSP 发展了三代,多处理器发展了一代。主要按照处理器的处理速度、运算精度及并行处理能力分类,每一类的各代产品的 CPU 结构相同,只是片内存储器及片外配置不同。

TMS320 系列产品命名方法如下:

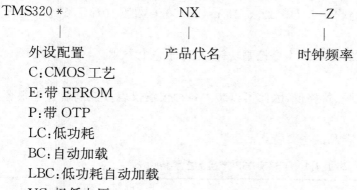

C:CMOS 工艺

E:带 EPROM

P:带 OTP

LC:低功耗

BC:自动加载

LBC:低功耗自动加载

VC:极低电压

例如:TMS320C5402 表明这个芯片的制造工艺是 CMOS,第七代产品,其时钟频率可调,所以没有固定时钟频率后缀。TMS320C240 表明芯片的制造工艺是 CMOS,第七代产品,时钟频率可以根据需要调整。

TMS320C54X(简称′C54X)是 TI 公司于 1996 年推出的第七代定点数字信号处理器。它的微处理器采用修正的增强型哈佛结构,片内有 CPU、8 条总线、RAM、ROM 及片内外设等硬件配置,加上高度专业化的指令系统,使′C54X 具有如下特点:

1) 集成度高

片上集成了最大 192KB 存储空间(64KB RAM、64KB ROM、64KB I/O),全双工串行口,支持 8 位或 16 位数据传送,具有时分多路口串口 TMD、缓冲串口 BSP、8 位并行主机接口 HPI、可编程等待状态发生器、可编程分区转换逻辑电路、内部振荡器或外部时钟源的片上锁相环 PLL 时钟发生器、16 位可编程定时器。外部总线关断及保持控制器。在许多应用场合只要一片 DSP 便可满足数据处理及控制要求。

2) 结构简单

′C54X 系列内部为模块式结构,增加或更换一个片上外设模块电路是可以的,其指令系统和引脚全兼容。

3) 扩展方便

′C54X 系列具有外扩最大 1 MB×16bit 的 ROM、64KB RAM、64KB I/O 的能力。当片内存储空间和 I/O 口不够用时,可方便地进行系统扩展。许多公司生产的 I/O 接口芯片和各大公司生产的通用存储芯片可以直接与′C54X 系列 DSP 相连。

4) 可靠性强

′C54X 的总线大多在片内不易受干扰,其应用系统体积小,容易采取屏蔽措施。适应范围宽,在各种恶劣环境下都能可靠工作。′C54X 根据其抗干扰性有军品与民品之分,用户可

①　多核处理器也可按定点、浮点分类。

根据应用环境,选择相应档次的芯片,一般军用的抗干扰及环境参数应用范围较宽。

5) 处理能力强

高速、先进的多总线结构,可以完成并行指令操作。40bit 算术逻辑运算单元 ALU,以及 17 bit×17 bit 并行乘法器与 40 bit 专用加法器相连,可用于非流水线式单周期乘法/累加运算。双地址生成器,包括 8 个辅助寄存器和 2 个辅助寄存器算术运算单元 ARAU,使得单周期定点指令的执行时间达到 25/20/15/12.5/10 ns(40/50/66/8/010/MIPS)。

6) 低功耗

电源可用 IDLE1、IDLE2、IDLE3 指令控制功耗,工作于省电方式。

7) 容易产品化

体积小、可靠性高、功能强、价格低,因此可以装入各种仪器仪表及控制装置中很容易形成产品。

表 1.4.1 列出了 'C54X 产品的主要特点。

表 1.4.1　'C54X DSP 产品的主要特性

型　　号	电压（V）	片内储存器		片上外设			指令周期（ns）	封装形式	
		RAM	ROM	串口	定时器	并口		引脚	类型
TMS320C541	5.0	5K	28K^2	2^3	1	NO	20	100	TQPF
TMS320LC541	3.3	5K	28K^2	2^3	1	NO	20/25	100	TQPF
TMS320C542	5.0	10K	2K	2^3	1	YES	25	128/144	TQPF
TMS320LC542	3.3	10K	2K	2^4	1	YES	20/25	100	TQPF
TMS320LC543	3.3	10K	2K	2^4	1	NO	20/25	128	TQPF
TMS320LC545	3.3	6K	48K^7	2^5	1	YES	20/25	128	TQPF
TMS320LC545A	3.3	6K	48K^7	2^5	1	YES	15/20/25	100	TQPF
TMS320LC546	3.3	6K	48K^7	2^5	1	NO	20/25	100	TQPF
TMS320LC541A	3.3	6K	48K^7	2^5	1	NO	15/20/25	144	BGA/TQPF
TMS320LC548	3.3	32K	2K	3^6	1	YES	15/20	144	TQPF/BGA
TMS320LC549	3.3	32K	16K	3^6	1	YES	12.5/15	144	TQPF/BGA
TMS320VC549	3.3(2.5)	32K	16K	3^6	1	YES	10	144	TQPF/BGA
TMS320VC5402	3.3(1.8)	16K	4K	2	2	YES	10	144	TQPF/BGA
TMS320VC5409	3.3(1.8)	32K	4K	3	1	YES	10	144	TQPF/BGA
TMS320VC5410	3.3(1.8)	64K	6K	3	1	YES	10	144	TQPF/BGA
TMS320VC5420	3.3(1.8)	200K	6K	6	1	YES	10	144	TQPF/BGA

注:(1) 对于'C548 和'C549 是 SRAM,其余型号芯片是 DRAM,且 DRAM 可以配置为程序区或者数据区。

(2) 对于'C541 或'LC541 8K 的 ROM 可以配置为程序区或者数据区。

(3) 两个标准通用串口 SP。

(4) 一个分时复用串口 TDM 和一个带缓冲区的标准串口 BSP。

(5) 一个标准串口 SP 和一个带缓冲区标准串口 BSP。

(6) 一个分时复用串口 TDM 和两个带缓冲区标准串口 BSP。

(7) 对于'C545 或'C546,16K 的 ROM 可以配置为数据存储区或者程序存储区。

1.5　构建 DSP 系统

1.5.1　DSP 系统模型

一般来说，一个典型的 DSP 系统应该由这几块组成：信号源模块、缩放滤波模块、A/D 转换模块、数字信号处理模块、D/A 转换模块、缩放滤波模块和信号输出模块。其组成如图 1.5.1所示。

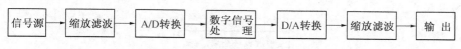

信号源　→　缩放滤波　→　A/D转换　→　数字信号处理　→　D/A转换　→　缩放滤波　→　输　出

图 1.5.1　DSP 系统示意图

信号源就是要进行数字信号处理的对象，在搭建数字信号处理系统的时候，首先要对信号源的信号进行分析，要知道它的信号类型、幅值范围、频率范围、噪音特性等，然后经过缩放滤波电路进行处理，过滤掉一些有害的噪音信号，把其他信号转变为电信号，并把电信号的值缩放到 A/D 转换器可接受的范围。A/D 转换器把处理后的信号进行 A/D 转换，把模拟信号变成数字信号，再传递给数字信号处理器。数字信号处理器对传送过来的信号按照要求进行处理。然后把处理完的信号传递给 D/A 转换器进行数/模转换，也可以根据具体情况直接输出数字信号。

在这个过程中，设计者除了要对信号进行分析之外，还要根据分析的结果，选择合适的 A/D 转换器。对于低通信号根据香农定理可以知道，要想完全恢复原有信号，采样频率至少要达到信号源频率的两倍以上，这是选择 A/D 转换器转换频率的依据。A/D 转换器的另一个指标是转换位数，一般而言，位数越多，量化误差越小，但是也不是位数越多越好，位数越多价格越贵，生成的数据也就越多，这样会给后面的数字信号快速处理带来一定的影响。所以在选择 A/D 转换器时，根据信号源与设计目标要求，选择合适的 A/D 转换器。同样 D/A 转换器的选择，也有类似的考虑。至于数字信号处理的选择将于下一节详细进行介绍。

1.5.2　数字信号处理器的选择

数字信号处理器的选择是数字信号处理系统非常重要的一个环节。主要依赖于整个数字信号处理系统的设计要求，当 A/D 转换器等器件根据系统要求确定之后，单位时间要处理的数据量基本上就确定了。如果数字信号处理的算法的复杂程度可以确定，就容易确定 DSP 器件在单位时间内执行的指令数，也就很容易确定 DSP 的选择范围。对于一般的 DSP 系统来说，DSP 器件的选择尽量考虑以下因素：

（1）性价比。尽量选择集成度比较高的。一般来说，集成器件比分立器件的性价比要高得多，而且在稳定性、可靠性等方面要好得多。

（2）尽量使用比较熟悉的芯片，对于初学者尽量选应用比较广泛的芯片，这样更容易获得一些开发资料。

（3）DSP 器件在选择时要考虑的性能指标有：① 运算速度，通过指令周期、MAC 时间、MIPS 等进行衡量；② 运算精度；③ 芯片功耗、封装、使用的电源等。

当 DSP 器件选择之后,才能确定其外围电路的设计,才能根据 DSP 器件的特性,对程序进行优化。

1.5.3　DSP 系统的开发过程

一个完整的 DSP 系统包括硬件和软件两部分。由于运算速度快,所以 DSP 器件的 I/O 口经常会出现高频信号,这给 DSP 系统的硬件设计带来一定的复杂程度。在进行电路设计时要考虑到电磁干扰等一些因素,所有一些高端的处理器至少采用四层电路板设计。这就不能通过搭建电路进行试验,所以在进行 DSP 开发时,多采用现成的开发板,具体开发步骤见图 1.5.2。

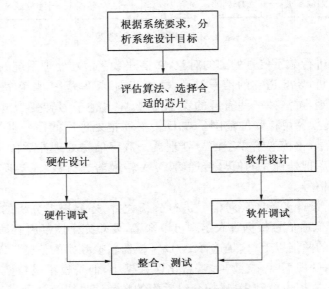

图 1.5.2　DSP 开发步骤流程图

2 TMS320C54X 的硬件结构

2.0 引言

本章介绍 TMS320C54X(简称'C54X)的硬件结构。通过熟悉掌握'C54X 的器件结构及其特性,选择'C54X 作为 CPU 的应用系统的设计者才可以充分利用'C54X 的功能。这好比厨师做饭,要知道什么样的原料具有什么样的味道,才能做出美味的菜肴。应用 DSP 进行开发也是同样的道理,开发者必须对器件进行详细的了解才能成功应用 DSP。

本章的内容相对比较枯燥,所有的知识点都需要了解和记忆,并且还要进行考虑如何应用。俗话说:"柳暗花明又一村"。这正是学习中的"柳暗"阶段。

2.1 'C54X 的硬件结构[①]

和单片机等处理器一样,'C54X 的内部主要由数字电路、时序和存储器三部分组成。但是,'C54X却可以执行更快、更复杂的算法,这到底是为什么? 这个问题我们先放在一边,单纯地从学习 DSP、使用 DSP 的角度的出发,'C54X 的内部到底是什么结构,能够实现什么功能?

图 2.1.1 所示是'C54X 的内部结构,围绕 8 条总线和 10 部分组成,包括中央处理器 CPU、内部总线控制、特殊功能寄存器、数据存储器 RAM、程序存储器 ROM、I/O 口扩展功能、串口、并口 HPI、定时器、中断系统等。这幅图非常重要,本书的原理部分主要围绕这幅图展开的。

(1) 中央处理器(CPU)

'C54X 系列的所有芯片的 CPU 完全相同,可以进行高速并行算术运算和逻辑信息处理。'C54X系列芯片的片上外设是有所差别的,比如说:'C54X 芯片的程序存储空间和数据存储空间不尽相同,'C54X 芯片的串口配置也不完全一样,有的芯片仅支持 8 位的标准 HPI 接口,有的支持 16 位的增强型 HPI 接口。

(2) 内部总线结构

'C54X 有 8 条 16 位总线,包括 4 条程序/数据总线和 4 条地址总线。因此,可以在每个指令周期内产生两个数据存储地址,实现流水线并行数据处理。

(3) 特殊功能寄存器

'C54X 共有特殊功能寄存器 26 个,用于对片内各功能模块进行管理、控制、监视。这些寄存器位于一个具有特殊功能的 RAM 区。

(4) 存储器

---

① 本书的数据并不针对某一款处理器,而是 C54X 系列的处理器的所有特征,比如:C54 处理器只具有两个标准串口。

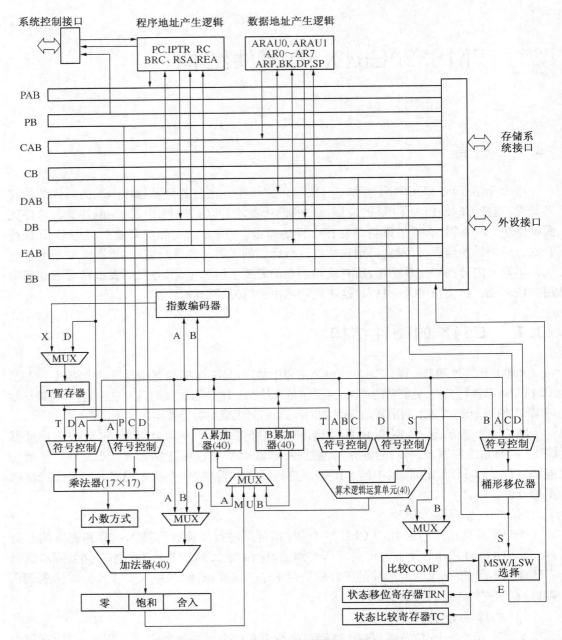

图 2.1.1 ′C54X 系列的内部硬件组成框图

′C54X 采用的是增强型哈佛结构,程序存储器和数据存储器是分开的。

′C54X 片上数据存储空间 RAM 分成两类:一类是每个周期内可以进行两次存储操作的 DARAM;另一类是每个指令周期只能进行一次存储操作的 SARAM。不同型号的′C54X 器件的 DARAM 和 SARAM 的容量和存储速度不同。

′C54X 的程序存储器可以在 ROM 或 RAM 上,即程序空间不仅定义在 ROM 上,也可以定义在片上 RAM 中。尤其当需要处理高速运行的程序时,可以应用自动装载的方法,将程序调入片内 RAM,提高运行效率,降低对外部 ROM 的速度要求。不仅可以降低应用系统的硬件成本,而且可以提高系统的整体抗干扰性能。不同的'C54X 器件 ROM 的容量配置不同。

（5）I/O 口

所有'C54X 只有两个通用的 I/O($\overline{BIO}$ 和 XF)。另外,主机通信并口和同步串口可以通过设置为通用 I/O。除此之外,'C54X 的 64KB I/O 空间必须通过外加缓冲或锁存电路,配合外部 I/O 读写控制时序构成片外外设的控制电路。

（6）串口

'C54X 中不同型号器件配置的串口功能都不相同,分成四种,即单通道同步串口 SP、带缓冲器单通道同步串口 BSP,不带缓冲器多通道同步串口 McBSP 及时分多通道带缓冲器串口 TDM。这些串口有的可以直接和外围电路相连,从而简化程序和外围电路的设计。

（7）主机通信接口 HPI

HPI 提供与主机通信的并口,信息通过'C54X 的片上内存与主机直接进行数据交换。不同型号的器件 HPI 配置不同。设计者也可以通过 HPI 接口来传递程序数据,这样就可以通过单片机或 CPLD 等器件来下载'C54X 的程序。

（8）定时器

一般地,'C54X 具有一个 16 位软件可编程定时器,产生定时中断。使用这个定时器可以完成周期检测、频率测量等任务。

（9）中断系统

'C54X 具有硬件和软件中断最多 17 个,不同型号器件配置是不同的。一般硬件中断分为两类,片外外设引脚的硬件中断及片内外设引起的硬件中断。中断管理的优先级固定,有四种工作方式。

本章我们将着重介绍中央处理器 CPU 结构、特殊功能寄存器、存储器,内部总线结构、I/O 口、串口、中断系统、定时器、主机通信接口 HPI 将在后面章节作详细介绍。

2.2　中央处理器

我们从图 2.1.1 中可以看出,如果简单的抛开存储器和外部接口、片上外设接口,'C54X 由总线、运算部件和控制部件三部分组成。

2.2.1　多总线结构

'C54X 采用增强型的哈佛结构,具备 8 条 16 位总线,分别是 1 条程序总线,3 条数据总线,4 条地址总线。

1) 程序总线 PB

程序总线 PB 主要用来传送程序存储器的指令代码和立即操作数。程序总线能够将存放在程序空间的操作数据送至数据空间的目标地址中,从而实现数据移动,也可以送至乘法器和加法器中,以便执行乘加操作(将在后面的运算部件作介绍)。程序总线的这种功能连同双操作的特性,将支持在一个周期内执行 3 操作数据指令,即 FIRS 指令。

2) 数据总线 CB、DB 和 EB

在 'C54X 内部中有 3 条数据总线：CB、DB 和 EB，分别和不同的功能单元（像 CPU 单元、数据地址产生逻辑单元、程序地址产生逻辑单元、片上外设和数据存储器）连接起来。

DB 和 CB 主要用来进行数据的存取。当进行 16 位单操作数读写时，使用 DB 总线；当进行 16 位双操作数或 32 位长操作数读/写时，使用 DB 传输低 16 位数据或使用 CB 传输高 16 位数据。EB 总线被用来传输写存储器的数据。

3) 地址总线 PAB、CAB、DAB、EAB

程序总线和数据总线在传送指令代码和操作数时，细心的读者就会发现一个问题：比如读取指令代码，我们仅仅知道是通过 PB 读取指令代码，那么从存储器的哪个地方去读呢？或者说，'C54X 是如何获得下一条指令代码或数据的存放地址的？

'C54X 是通过地址总线 PAB、CAB、DAB、EAB 来传送 PB、CB、DB、EB 的地址信息。PB 总线所需要的地址信息是由程序地址产生逻辑单元产生的，通过 PAB 地址总线进行传送。CB、DB、EB 总线所需要的地址信息是由数据地址产生逻辑单元的，分别通过 CAB、DAB、EAB 进行传送。

程序地址产生逻辑单元包含 PC 程序计数器、RC 重复计数器、IPTR 中断向量指针、BRC 块重复计数器、RSA 块重复开始地址、REA 块重复结束地址。通过这些寄存器程序地址产生逻辑单元可以产生地址信息。

数据地址产生逻辑单元包含辅助寄存器算术运算单元（ARAU0 和 ARAU1），在每一个周期内产生两个数据存储器的地址。

'C54X 还为片内通信提供了片内双向总线，用于寻址片内外围电路。通过该总线通过 CPU 接口内的总线交换器与 DB 总线和 EB 总线连接。利用这组总线进行读/写操作，需要 2 个或更多周期，具体时间取决于外围电路的结构。

'C54X 的各种读/写操作所用到的总线，如表 2.2.1 所示。

表 2.2.1　各种读/写操作所用的总线情况

读/写方式	地址总线				程序总线	数据总线		
	PAB	CAB	DAB	EAB	PB	CB	DB	EB
程序读	√				√			
程序写	√							√
单数据读			√					
双数据读		√	√			√	√	
32 位长数据读		√h	√l			√h	√l	
单数据写				√				√
数据读/数据写			√	√			√	√
双数据读/单数据读	√	√	√		√	√	√	
外设读			√				√	
外设写				√				√

注：h 代表高 16 位字，l 代表低 16 位字。

　　数据读/数据写可以在一个周期内完成。

2.2.2　运算部件

运算部件包括一个 40 位算术逻辑单元 ALU(Arthmatics and Logical Unit)、两个 40 位累加器、一个 16～32 位桶形位移寄存器、硬件乘法器/累加器单元、16 位数据暂存器(T)、16 位转移寄存器(TRN)、比较选择存储单元(CSSU)及指数编码器。

1) 乘法器/加法器

乘法器/加法器是由一个 17 位×17 位硬件乘法器和一个 40 位的专用加法器组成,如图 2.2.1 所示。从图 2.2.1 中可以看出,乘法器的一个乘数 X 分别来自数据总线 DB 的数据存储操作数、暂存寄存器 T、累加器 A 的 32～16 位数据,另一个乘数 Y 的数据分别来自程序总线 PB 的程序存储器操作数、累加器 A 的 32～16 位数据、总线 DB 和 CB 传过来的数据存储操作数。显然,两个乘数 X 和 Y 分别与三条总线 PB、DB、CB 相连。因此,可以进行流水线操作。乘法器可以执行无符号数、有符号数。无符号数与有符号数的乘法运算,有符号数定义为 17 位操作的最高位为符号位(0 为正,1 为负),无符号数定义为操作数最高位始终为 0。另外,若乘法器工作于小数相乘方式,则乘法结果左移 1 位,以取消符号位。加法器的一个数来自硬件乘法器的积,另一个加数来自累加器 A 或累加器 B,因此,一般在一个流水线周期内可以完成一次乘法累加运算。同时,加法器的输出要通过零监测器、舍入器(2 的补码)、溢出/饱和逻辑电路,然后送给工作状态寄存器,以方便判断运算结果的正确性。最后,运算结果送入累加器 A 或累加器 B,由所选择的运算指令决定。

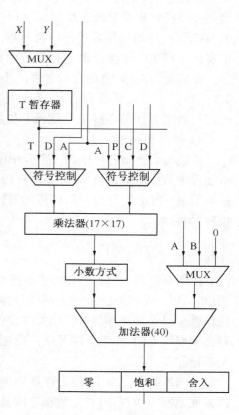

图 2.2.1　乘法器/加法器

2) 比较、选择存储单元

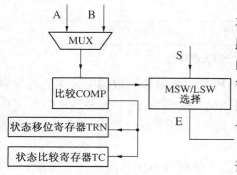

图 2.2.2　CSSU 功能框图

CSSU(Compare Select Save Unit)是比较、选择存储单元,图 2.2.2 为 CSSU 的功能框图。比较电路 COMP 将累加器的高 16 位与低 16 位比较,比较的结果分别送入状态转移寄存器 TRN 和状态比较寄存器 TC,记录比较结果以便于程序调试。同时,比较的结果也送入选择器,选择较大的数,并通过指令执行总线 EB 存于指令指定的存储单元中。

这部分与 ALU 配合可以实现数据通信与模式识别领域常用的快速加法/比较/选择 ACS(Add Compare　Select)运算,如 Viterbi 算法等。

3）桶形移位器

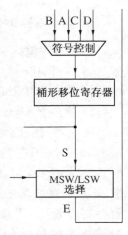

图 2.2.3 是桶形移位器的功能框图,由图可知,40 位桶形移位器的功能包括四部分:第一,对运算前的输入数据进行数据定标;第二,对累加器的值进行算术或逻辑移位;第三,对累加器进行归一化处理;第四,在累加器的值存储到数据存储器之前,对欲存数进行定标。它的输入是从数据总线 DB、扩展数据总线 CB、累加器 A 及累加器 B 得到,它的输出分别接至算术逻辑运算单元 ALU 及比较选择存储单元 CSSU 中的 SXM 位,控制操作数进行带符号数/不带符号数的位扩展,SXM＝1扩展。根据指令的移位数进行移位操作,移位数全部用二进制补码表示。正值表示左移,负值表示右移。移位数可以分别用一个 16 位立即数(－16～＋15)、状态寄存器 ST1 的累加移位方式 ASM 位(－16～＋15)、数据暂存寄存器 T 中的低 6 位数值(－16～＋31)来定义。

图 2.2.3　桶形移位器

4）指数编码器

指数编码器是芯片中的一个专用硬件,可以在单个时钟周期内完成指数运算指令,求得累加器中数值的指数值,并以 2 的补码形式(－8～31)存放于数据暂存寄存器 T 中。累加器的指数值＝冗余符号位－8,即累加器的内容左移位数,削去符号位。当累加器数值超过 32位时,指数为负。

2.2.3　控制部件

控制部件是 'C54X 芯片的中枢神经,由各种控制寄存器以及流水线指令操作控制逻辑组成,用以设定以时钟频率为基准(机器周期)的整个芯片的运行状态。'C54X 芯片的初始化操作就是对这些寄存器进行相关的设置,其中的一些关键位,贯穿着程序的始终。这些内容是必须要知道的,初学者刚开始不能记住相关信息,但是要能够迅速查到相关信息,逐渐就全部记住了。

'C54X 共有三个 16 位寄存器作为状态和控制寄存器。它们都是存储器映像寄存器,可以方便地写入数据,或者由数据存储器对它们加载。它们的定义及功能分别叙述如下:

1）处理器工作方式控制及存储器

处理器工作方式控制及存储器 PMST(Processor Mode Status):PMST 主要设定控制处理器的工作方式,反映处理器的工作状态,如图 2.2.4 所示。

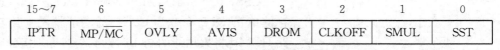

15～7	6	5	4	3	2	1	0
IPTR	MP/$\overline{\text{MC}}$	OVLY	AVIS	DROM	CLKOFF	SMUL	SST

图 2.2.4　处理器工作方式控制及存储器

IPTR 中断向量指针。IPTR 的 9 位字段(15～7)指向中断向量驻留的 128 字的程序存储区地址。自举加载时,可将中断向量重新映射至 RAM。复位时,这 9 位全置成"1",复位向量总是驻留在程序存储空间的地址为 FF80H 的单元。RESET 复位指令不影响这个字段的内容。

MP/$\overline{\text{MC}}$:微处理器或微计算机工作方式选择。这一位可以由硬件连接方式决定,也可以由软件置位或清零选择。但复位时由硬件引脚连接方式决定。芯片复位时,CPU 采样此引脚 MP/$\overline{\text{MC}}$ 的电平,若电平为高时,芯片工作于微处理器状态,不能寻址片内的程序存储器(片内 ROM);若电平为低时,芯片工作于微计算机状态,可以寻址片内程序存储器。

OVLY:RAM 重复占位标志。此位置位 OVLY=1,允许片内双寻址数据 RAM 块映射到程序空间,即将片上 RAM 作为程序空间寻址,但数据 0 页(0~7FH)为特殊寄存器空间,不能映射。若此位清零 OVLY=0,则片上 RAM 只能作为数据空间寻址。

AVIS:地址可见控制位。此位置位 AVIS=1,允许在地址引脚上看到内部程序空间的地址内容,且当中断向量驻留在片内存储器时,可以连同$\overline{\text{IACK}}$与地址译码器一起对中断向量译码。此位清零时 AVIS=0,外部地址线上的信号随内部程序地址一起变化,控制线和数据线不受影响,地址总线为总线上的最后一个地址。

DROM:数据 ROM 位,用来控制片内 ROM 是否映像到数据空间。DROM=0,片内 ROM 不能映像到数据空间;DROM=1,片内 ROM 可以映像到数据空间。

CLKOFF:时钟关断位。CLKOFF=1,CLKOUT 引脚禁止输出,保持为高电平;CLKOFF=0,CLKOUT 输出时钟脉冲。

SMUL:乘法饱和方式位。SMUL=1,使用多项式加 MAC 或多项式减 MAS 指令进行累加时,对乘法结果进行饱和处理,而且,只有当 OVM=1,FRCT=1 时,SMUL 位才起作用。只有 LP 器件有此状态位,其他器件此位均为保留位。饱和处理的方式为:当执行 MAC 或 MAS 时,进行多项式加或减之前,小数模式的 8000H×8000H 饱和处理成为 7FFF FFFFH。此时,MAC 指令等同于 OVM=1 时的乘累加。如果不设定小数模式,且 OVM=1,在完成加或减之前,乘法结果不进行饱和处理,只对 MAC 或 MAX 执行的结果进行饱和处理。

SST:程序饱和位。SST=1,对于存储前的累加器进行饱和处理。饱和处理是在移位操作完成之后进行的。执行下列指令可以进行数据存储前的饱和处理:STH,STL,STLM,DST,ST||ADD,ST||LD,ST||MACR[R],ST||MAS[R],ST||MPY,ST||SUB。数据存储前的饱和处理步骤如下:

(1)根据指令要求对累加器的 40 位数据进行移位。

(2)将 40 位数据饱和处理成 32 位数据。饱和处理与 SXM 有关。如果 SXM=0,数据为正,如果数值大于 7FFF FFFFH,则饱和处理的结果为 7FFF FFFFH;如果 SXM=1,若移位后,数值大于 7FFF FFFFH,则饱和处理的结果为 7FFF FFFFH。若移位后数值小于 8000 0000H,则生成 8000 0000H。

(3)按指令要求操作数据。

(4)在指令执行期间,累加器的内容不变。

2)状态寄存器 ST0(Status 0)

主要反映寻址要求的计算的中间运行状态,寄存器各位的定义如图 2.2.5 所示。

15~13	12	11	10	9	8~0
ARP	TC	C	OVA	OVB	DP

图 2.2.5 状态寄存器 ST0

ARP:辅助寄存器指针用于间接寻址单操作数的辅助寄存器的选择。当 DSP 处于标准运行方式时(CMPT=0),ARP=0。

　　TC:测试/控制标志。用来保存 ALU 的测试位操作结果。同时,可以由 TC 的状态(0 或 1)控制条件分支发转移和子程序调用,并判断返回是否执行。

　　C:进位标志。加法进位时,置 1;减法借位时,清 0。当加法无法或减法无借位的情况下,完成一次加法此标志位清 0,完成一次减法此标志位置 1。带 16 位移位操作的加法只能对它置位,而减法只能清 0,此时,加法操作不影响进位标志。

　　OVA:累加器 A 的溢出标志。当 ALU 运算结果送入累加器 A 且溢出时,OVA 置 1。运算时,一旦发生溢出,OVA 将一直保持置位状态,直到硬件复位或软件复位后方可解除状态。

　　OVB:累加器 B 的溢出标志。当 ALU 运算结果送入累加器 B 且溢出时,OVA 置 1。运算时,一旦发生溢出,OVA 将一直保持置位状态,直到硬件复位或软件复位后方可解除状态。

　　DP:数据存储器页指针。DP 的 9 位数作为高位将指令中的低位结合,形成 16 位直接寻址方式下的数据存储器地址。这种寻址方式要求 ST1 中的编译方式位 CPL=0,DP 字段可用 LD 指令加载一个短立即数或从数据存储器加载。

　　3) 状态寄存器 ST1(Status1)

　　ST1 反映寻址要求、计算的初始状态设置、I/O 及中断控制,其各位的定义如图 2.2.6 所示。

15	14	13	12	11	10	9	8	7	6	5	4~0
BRAF	CPL	XF	HM	INTM	0	OVM	SXM	C16	FRCT	CMPT	ASM

图 2.2.6　状态寄存器 ST1

　　BRAF:块重复操作标志。此标志置位表示正在执行块重复操作指令。此位清零表示没有进行块操作。

　　CPL:直接寻址编辑方式标志位,标志直接寻址选用何种指针。此位置位 CPL=1 表示选用推栈指针(SP)的直接寻址方式。此位清零 CPL=0 表示选用页指针(DP)的直接寻址方式。

　　XF:XF 引脚状态控制位,控制 XF 通用外部 I/O 引脚输出状态。可通过软件置位或清零控制 XF 引脚输出电平。

　　HM:芯片响应 $\overline{HOLD}$ 信号时,CPU 保持工作方式标志。此位置表示 CPU 暂停内部操作。此位清零标志 CPU 从内部处理器取指继续执行内部操作,外部地址、数据线挂起,呈高阻态。

　　INTM:中断方式控制位。此位置位(INTM=1 由 SSBX 指令)关闭所有可屏蔽中断。此位清零(INTM=0 由 RSBX 指令)开放所有可屏蔽中断。此位不影响不可屏蔽中断 $\overline{RS}$、$\overline{NMI}$。此位不能用存储器操作设置。

　　0:保留。

　　OVM:溢出方式控制位。此位确定溢出时,累加器内容加载方式。此位置位时 OVM=1,ALU 运算发生正数溢出,目的累加器置成的最大值(007FFFFFFFH);发生负数溢出置成负的最大值(FF80000000)。此位清零 OVM=0 直接加载实际运算结果。此位可由指令 SSBX 和 RSBX 置位或清零。

　　SXM:符号位扩展方式控制位,用以确定符号位是否扩展。此位置位 SXM=1 表明数据进入 ALU 之前进行符号位扩展。此位清零 SXM＝0 表示数据进入 ALU 之前符号位禁止扩展。此位可由指令 SSBX 和 RSBX 置位或清零。

C16：双 16 位/双精度算术运算方式控制位。此位置位 C16＝1 表示 ALU 工作于双 16 位算术运算方式。此位清零 C16＝0 表示 ALU 工作于双精度算术运算方式。

FRCT：小数方式控制位。此位置位 FRCT＝1 乘法器输出自动左移 1 位，削去多余的符号位。

CMPT：间接寻址辅助寄存器修正方式控制位。此位置位CMPT＝1，除 AR0 外，当间接寻址单个数据存储器操作数时，可通过修正 ARP 内容改变辅助寄存器 AR1～AR7 的值。此位清零 CMPT＝0，ARP 必须清零，且不能修正。

ASM：累加器移位方式控制位。5 位字段的 ASM 规定从－16～15 的位移位（2 的补码），可以从数据存储器或 LD 指令（短立即数）对 ASM 加载。

2.3 存储器结构

'C54X 的存储器配置相当丰富，'C54X 的片内存储空间分为三个可选择的部分，分别是 64K 的程序空间、数据空间、I/O 空间。这里 RAM 包括两种类型，一是只可一次寻址的 SARAM，二是可以两次寻址的 DARAM。同时，还有数据存储器 0 页映射的 26 个特殊功能寄存器。不同芯片存储空间大小配置不同。CPU 的并行结构和片上 DARAM 的配合，可以使'C54X 在一个指令周期内同时执行 4 次操作，包括 1 次取指、1 次读操作数、1 次写操作数。在使用'C54X 进行系统设计过程中，存储空间的安排非常重要，这与 51 单片机编程有所区别。

'C54X 所有片内和片外程序存储器及片内和片外数据存储器分别统一编址，存储器的空间分配从上述内容我们可以了解到是通过工作方式控制寄存器 PMST 的 3 个位控信息 MP/$\overline{\text{MC}}$、OVLY、DROM 进行设置的，通过这 3 个位可以方便地将片内 RAM 定义为程序或数据寄存器。

1) 存储器地址空间分配

对于'C54X 来说，不同的芯片程序/数据存储器分配稍有不同。我们将以'C5402 为例进行介绍。

由图 2.3.1 可见，程序存储空间定义在片内还是片外由 MP/$\overline{\text{MC}}$ 和 OVLY 决定。CPU 工作方式控制位 MP/$\overline{\text{MC}}$ 决定 4000H～FFFFH 程序存储空间的片内、片外空间分配。

MP/$\overline{\text{MC}}$＝1，4000H～FFFFH 程序存储空间定义为片外存储器。

MP/$\overline{\text{MC}}$＝0，4000H～EFFFH 程序存储空间定义为片外存储器，F000H～FEFFH 程序存储空间定义为片上存储器。

OVLY 位决定 0080H～3FFFH 程序存储空间的片内、片外分配控制。

OVLY＝1，0000H～007FH 保留，程序无法占用。0080H～3FFFH 定义为片内 DARAM，可以为程序区，程序区的大小由 CMD 文件定义。

OVLY＝0，0000H～3FFFH 全部定义为片外程序空间。

数据存储空间片内。片外存储器统一编址，0000H～007FH 为特殊功能寄存器空间，0080H～3FFFH 为片内 DARAM 数据存储空间，4000H～EFFFH 为片外数据存储空间。

图 2.3.1　'C5402 存储器分配图

F000H～FFFFH 由 DROM 位控制数据存储空间的片内和片外分配。

DROM＝1,F000H～FEFFH 定义只读存储空间,FF00H～FFFFH 保留。

DROM＝0,F000H～FFFFH 定义片外数据存储空间。

'C54X 有 23 条外部程序地址线,其程序空间可扩展至 1M。为此,'C54X 增加了一个额外的存储映像程序计数扩展寄存器 XPC 以及 6 条扩展程序空间寻址指令。整个程序空间分成 16 页,每页程序存储内容顺序安排如图 2.3.2 所示。

从第 1～15 页,每页的前半页存储器存低 32K 字,后半页存储器存高 32K 字。内程序区在第 0 页。扩展存储器的页号由 XPC 寄存器设定,XPC 映像到数据存储单元 001EH,硬件复位时,XPC＝0。

2）程序存储器

'C54X 可寻址 1M 字的片外存储器的存储空间。它的片内 ROM、DARAM、SARAM 都可以通过软件映像到程序空间。此时,CPU 可以自动地对片外存储器寻址。

为了增强处理器的性能,对片外程序区按 512K 字分成若干块,CPU 可以同时对不同的块进行取指令或读数操作。复位时,中断向量映射到程序空间的 FF80H,复位后,这些向量可以被重新定位到程序空间的任何一个 512K 字的起始点。'C54X 的片内 ROM 的容量根据型号不同,配置也不同,其容量范围为 4KB～48KB 之间,容量大的 ROM 可以写入用户程序。'C5402

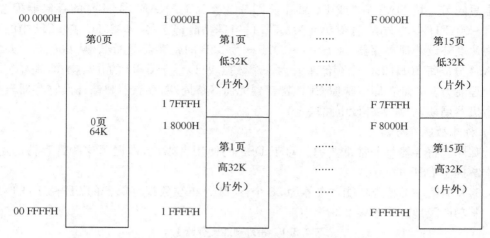

图 2.3.2　整个程序空间每页程序存储内容顺序图

有 4KB 片内 ROM,如图 2.3.3 所示。4KB ROM 的地址范围为 F800H～FF80H,其中内容由 TI 公司定义。其内容如下:从串行口、外部存储器、I/O、主机接口进行程序自动加载,μ-律扩展表、A-律扩展表及 sin 函数值查询表,中断矢量表。用户程序不能占用片上 ROM 空间。

图 2.3.3　5402 的 ROM 内容

	存储器映像CPU寄存器
0000H	
0020H	存储器映像外设寄存器
005FH	
0060H	暂存器RAM(DP=0)
0080H	DARAM(DP=1)
0100H	DARAM(DP=2)
0180H	DARAM(DP=3)
0200H	DARAM(DP=4)
0280H	DARAM(DP=5)
0300H	DARAM(DP=6)
0380H	DARAM(DP=7)
0400H	DARAM(DP=8)

图 2.3.4　DARAM 块结构

如果 MP/$\overline{\text{MC}}$=0,DROM=1,这 4KB 的内容将自动映像到片上 F800H～FFFFH 内。有些 'C54X 器件,ROM 中只有中断向量表,用户程序代码需要交给 TI 公司,由 TI 将程序固化在 ROM 上。

3) 数据存储器

'C54X 的片内数据存储器根据型号不同其容量范围为 10KB～200KB,包括片上 ROM、DARAM、SARAM。当 CPU 产生的数据地址在片内数据存储器范围内时,便直接对片内的数据存储器寻址。当 CPU 产生的数据地址不在片内数据存储器范围内,CPU 自动对片外数据存储器寻址。

为提高 CPU 并行处理能力,片内 DARAM 和数据 ROM 细分成 80H 个存储单元构成的若干数据块。用户可以在一个周期内从同一块 DARAM 或 ROM 中取出 2 个操作数,并将数据写入另一块 DARAM 或 ROM 中。图 2.3.4 为 DARAM 前 1KB 的存储器配置图。0000H～001FH 中的 26 个存储单元为 CPU 的特殊功能寄存器。0020H～005FH 中的存储单元为片上外设处理寄存器。0060H～007FH 为 32B 的暂存器 RAM。从 0080H～开始将 DARAM 分成每 80H(256)个存储单元为一个数据块,以便于 CPU 的并行操作,提高芯片的高速处理能力。寻址存储器映像 CPU 寄存器无需等待周期,存储器映像外设寄存器至少需要 2 个机器周期,由片内外设电路决定。

4）特殊功能寄存器

特殊功能寄存器是非常重要的。对于 DSP 的使用者来说,掌握了这些寄存器的用法,就基本掌握了 DSP 的应用要点。

'C54X 的第一类特殊功能寄存器为 26 个,连续分布在数据存储器的 0H～1FH 地址范围内。其功能及地址列于表 2.3.1 中。

表 2.3.1　特殊功能寄存器 I

地址（Hex）	寄存器符　号	寄存器名称	地址（Hex）	寄存器符　号	寄存器名称
0	IMR	中断屏蔽寄存器	11	AR1	辅助寄存器 1
1	IFR	中断标志寄存器	12	AR2	辅助寄存器 2
2～5		保留（用于测试）	13	AR3	辅助寄存器 3
6	ST0	状态寄存器 0	14	AR4	辅助寄存器 4
7	ST1	状态寄存器 1	15	AR5	辅助寄存器 5
8	AL	累加器 A(15～0bit)	16	AR6	辅助寄存器 6
9	AH	累加器 A(31～16bit)	17	AR7	辅助寄存器 7
A	AG	累加器 A(39～32bit)	18	SP	堆栈指针
B	BL	累加器 B(15～0bit)	19	BK	循环缓冲区长度寄存器
C	BH	累加器 B(31～16bit)	1A	BRC	块重复寄存器
D	BG	累加器 B(39～32bit)	1B	RSA	块重复起始地址
E	T	暂存寄存器	1C	REA	块重复结束地址
F	TRN	状态转移寄存器	1D	PMST	处理器工作方式控制寄存器
10	AR0	辅助寄存器 0	1E	XPC	程序计数器扩展寄存器
			1F		保留

这一类寄存器主要用于程序的运算处理和寻址方式的选择及设定。对于这些寄存器的了解程度关系到所设计的运算速度、可靠性、代码效率等关键技术指标。尤其对于 DSP 芯片的合理应用、高效算法的设计来自于对硬件结构的深入了解。下面简单介绍一些寄存器,相关内容将在后续章节叙述。

图 2.3.5 为累加器 A 和 B 结构图。

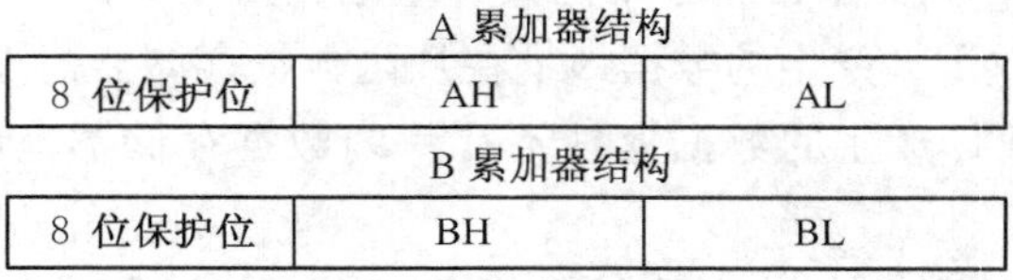

A 累加器结构

8 位保护位	AH	AL

B 累加器结构

8 位保护位	BH	BL

图 2.3.5　累加器结构

累加器 A 和 B 是一个 40 位寄存器,它们分别由低 16 位、高 16 位及 8 位运算保护位构成。保护位主要用于计算时的数据余量,防止迭代运算的溢出。它们可以配置乘法器、加法器或目的寄存器。尤其在某些特殊运算指令中,例如 MIN 求最小值、MAX 求最大值、并行运算指令时都要用到它们。此时,一个累加器加载数据,另一个累加器完成运算。两个累加器的差别在于累加器 A 的高 16 位可以用作乘法器的输入。

堆栈指针 SP:堆栈指针是一个 16 位专用寄存器,它指示出堆栈顶部在数据存储空间的位置。系统复位后,SP 初始化为 0H,使得堆栈由 0000H 开始。程序设计中可以重新设置堆栈位置。'C54X 的堆栈是向下生长的,例如,SP=3FFH,CPU 执行一条程序调用或响应中断后,程序计算器 PC 进栈,其低位 PCL=3FCH,高位 PCH=3FEH。

第二类特殊功能寄存器连续分布在 20H～5FH 的存储区内。主要用于控制片内外设,包括串口通信控制寄存器组、定时器定时控制寄存器组、机器周期设定寄存器等。其地址、符号及功能分别列于表 2.3.2 中。

表 2.3.2　特殊功能寄存器 Ⅱ

地址 (Hex)	寄存器 符　号	寄存器名称	地址 (Hex)	寄存器 符　号	寄存器名称
20	DRR20	McBSP0 数据接收寄存器 2	39	SPSD0	McBSP0 串口子数据寄存器
21	DRR10	McBSP0 数据接收寄存器 1	3A－3B		保留
22	DXR20	McBSP0 数据发送寄存器 2	3C	GPIOCR	通用 I/O 口控制寄存器
23	DXR10	McBSP0 数据发送寄存器 1	3D	GPIOSR	通用 I/O 口状态寄存器
24	TIM	寄存器 0 寄存器	3E－3F		保留
25	PRD	寄存器 0 周期计数器	40	DRR21	McBSP1 数据接收寄存器 2
26	TCR	寄存器 0 控制寄存器	41	DRR11	McBSP1 数据接收寄存器 1
27		保留	42	DXR21	McBSP1 数据发送寄存器 2
28	SWWSR	软件等待状态寄存器	43	DXR11	McBSP1 数据发送寄存器 1
29	BSCR	多路开关控制寄存器	44－47		保留
2A		保留	48	SPSA1	McBSP1 串口子地址寄存器
2B	SWCR	软件等待状态控制寄存器	49	SPSD1	McBSP1 串口子地址寄存器
2C	HPIC	HPI 控制寄存器	4A－53		保留
2D－2F		保留	54	DMPREC	DMA 优先级使能寄存器
30	TIM1	定时器 1 寄存器	55	DMSA	DMA 子地址寄存器
31	PRD1	定时器 1 周期寄存器	56	DMSDN	DMA 子地址寄存器(随子地址自动增长)
32	TCR1	定时器 1 控制寄存器	57	DMSDN	DMA 子地址寄存器
33～37		保留	58	CLKMD	时钟模式寄存器
38	SPSA0	McBSP0 串口子地址寄存器	59－5F		保留

这些寄存器的具体功能将在后续章节内描述。

3 寻址方式及指令系统

3.0 引言

本章主要介绍三部分内容：寻址方式、流水线机制、指令系统。熟悉寻址方式有利于提高编制程序的效率，特别是有利于程序算法的设计；流水线机制是 DSP 高效率、高速运行的原因之一，尤其在编写程序时应当注意。

需说明的是 'C54X 的指令系统中的指令有两种表示形式，一种是类似于汇编语言的助记符形式（方便起见，本书后面将统称汇编），另一种是类似于高级语言的代数汇编形式。其指令系统较一般的单片机指令系统复杂，有许多需要特别注意的指令用法。尤其是涉及流水线操作和两次读/写的指令，更应该与芯片的硬件操作状态配合，以免产生错误结果。'C54X 共有指令 216 条，其中进行两次存储器操作指令 26 条，并行运算操作指令 13 条。

另外，由于硬件乘法器及桶行移位寄存器可以进行乘法、滤波及数字信号处理等单指令复杂运算，对于大多数数字信号处理程序来说使用方便、有效。

3.1 寻址方式

指令的寻址方式是指当硬件执行指令时，寻找指令所指定的参与运算的操作数的方法。不同的寻址方式为编程提供了极大的柔性编程操作空间，可以根据程序要求采用不同的寻址方式，减小程序的运行时间和提高代码效率。'C54X 有七种寻址方式，包括立即寻址、绝对寻址、累加器寻址、直接寻址、间接寻址、存储器映像寄存器寻址和堆栈寻址。

1）立即寻址

立即寻址的指令是在指令中包含了执行指令所需的操作数。因此，操作数就是放在程序存储区内的常数。

例如：

LD #10,A

表示将立即数 10（前面加 #，以区别于地址表示方法）送入累加器 A，这里的数字 10 是指令代码的一部分。因此，立即寻址的操作数在程序运行中不能改变，故常常用于程序的初始化部分。另外，立即寻址方式中的立即数有两种数值形式：3、5、8、9 位短立即数和 16 位长立即数。它们在指令中分别被编码为单字或双字指令。

2）绝对寻址

绝对寻址方式的指令中包含的是所寻址的 16 位单元地址。这些地址可以用其所在单元的地址标号或 16 位符号常数表示。由于指令中的绝对地址是 16 位，所以，绝对寻址指令长度至少为 2 个字节。

例如：

MVKD DATA1, ＊AR1

LD ＊(DATA2), A

第一条指令表示将数据存储器 DATA1 为地址的单元中的数据传送到由辅助寄存器 AR1 所指定的数据存储单元。DATA1 代表数据存储单元的地址。第二条指令表示将 DA-TA2 所指定的数据存储单元中的数据传送到累加器 A。DATA2 是一个 16 位带符号常数。绝对寻址用"＊"表示。

3）累加器寻址

累加器寻址是利用累加器的内容作为地址来读取程序存储器中的数据。有两条指令可以用于累加器寻址方式。

例如：

READA Smem

WRITA Smem

第一条指令表示将 A 中的数作为地址寻址程序存储器中的数据传送到 SMEM 指定的数据存储单元。第二条指令表示将 SMEM 指定的数据存储单元中的数，写入累加器 A 所指定的程序存储单元。这两条指令重复使用，累加器可以自动增减。

4）直接寻址

直接寻址是指在指令中包含有数据存储器的地址的低 7 位（DMA）。以 DMA 为偏移地址，与基地址（数据页指针 DP 或堆栈指针 SP 内容为高 9 位）一同构成 16 位数据存储器地址。利用这种寻址方式，可以在不改变数据页指针 DP 或堆栈指针 SP 内容的情况下，随机寻址 128 个存储单元中的任何一个单元。直接寻址的优点是每条指令只需要一个字。

图 3.1.1 所示为直接寻址方式的地址形成说明。状态寄存器 ST1 中的 CPL 控制这种寻址方式的指针选择。CPL＝0，选择数据页指针寄存器 DP 中的 9 位为高位与指令中指定的 7 位低位构成 16 位数据存储单元的地址。CPL＝1，选择堆栈指针 SP 中的 9 位为高位与指令中指定的 7 位低位构成 16 位数据存储单元的地址。

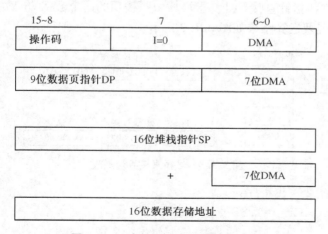

图 3.1.1 直接寻址存储器地址形成

直接寻址书写方式如下例所示，在变量前加@，或者用一个数 DMA 设定偏移地址值。

注意当 CPL＝0 时,由 DP 和 7 位 DMA 或取地址时存在着一定的计算规律,请读者思考。

【例 3.1.1】 观察如下程序,计算图 3.1.2 中存储器 X、Y 中数据之和。

DP 数据页指针直接寻址:

LD　　　♯,DP

LD　　　@X,A

ADD　　　@Y,A

由于变量 X,Y 在不同的页面上,采用直接寻址使得变量 Y 的地址错误

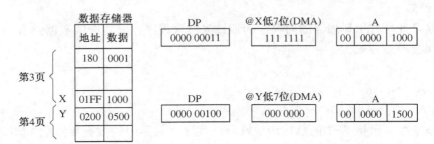

图 3.1.2　直接寻址原理

正确的做法是改变页指针 DP 的值为 4。此时,实际地址为:

0000 0010 0000 0000＝200H

X＋Y＝1000H＋0500H＝1500H

正确的指令书写为:

RSBX　　　CPL　　　; CPL＝0,DP 直接寻址

LD　　　♯3,DP

LD　　　@X,A

LD　　　♯4,DP

ADD　　　@Y,A

【例 3.1.2】 堆栈指针直接寻址。求堆栈中距栈顶的两个数 X 与 Y 的和。数据在数据存储区堆栈中的位置及运算结果如图 3.1.3 所示。

图 3.1.3　堆栈直接寻址原理

利用直接寻址指令写出程序:

SSBX　　　CPL　　　;CPL＝1,SP 直接寻址

LD　　　@1,A

ADD　　　@2,A

直接寻址方法中,利用页寻址 DP 与堆栈寻址 SP 只能选择其中之一。由状态寄存器

ST1 中的 CPL 的值决定。直接寻址表示为"@"。

　　5）间接寻址

　　间接寻址是根据八个辅助寄存器 AR0～AR7 中定义的任一寄存器给出的 16 位地址寻址。每一个寄存器都可以用来寻址 64K 数据存储空间中任何一个单位。间接寻址是一种可以实现流水线并行读/写的寻址方式，因此，这种寻址方式应用时应特别注意。它可以在单指令中对存储器进行 16 位数的读/写操作，同时，也可以在单条指令中完成读两个独立的数据存储单元、读和写两个顺序的数据存储单元、读一个存储单元的同时写另一个存储单元等并行操作功能。

　　'C54X 有两个辅助寄存器算术运算单元 ARAU0 和 ARAU1，它们与八个辅助寄存器一起，可以进行无符号数算术运算。

　　间接寻址除可以完成增量、减量、变址、循环等常规寻址要求外，还可以完成数字信号处理算法常用的寻址功能位码倒序和循环寻址。实际上这在间接寻址里是非常重要的两种寻址方式：反向进位法则和循环寻址法则。在表 3.1.1 中，凡是以 B 结尾的都是采用反向进位法则进行寻址的，凡是以％结尾的都是采用循环进位法则进行寻址的。我们下面将逐一进行介绍。

表 3.1.1　单操作数间接寻址形式

序　号	操作句法	功　能	说　明
1	* ARX	地址＝ARX	ARX 的内容为数据存储器地址
2	* ARX−	地址＝ARX ARX＝ARX−1	寻址结束后，ARX 地址减 1[①]
3	* ARX+	地址＝ARX ARX＝ARX+1	寻址结束后，ARX 地址加 1[①]
4	* +ARX	ARX＝ARX+1 地址＝ARX	ARX 地址加 1 后，再寻址[①、②、③]
5	* ARX−0B	地址＝ARX ARX＝B(ARX−AR0)	寻址结束后，用反向传送借位方法从 ARX 减去 AR0
6	* ARX−0	地址＝ARX ARX＝ARX−AR0	寻址结束后，从 ARX 减去 AR0
7	* ARX+0	地址＝ARX ARX＝ARX+AR0	寻址结束后，从 ARX 加上 AR0
8	* ARX+0B	地址＝ARX ARX＝B(ARX+AR0)	寻址结束后，用反向传送借位方法从 ARX 加上 AR0
9	* ARX−％	地址＝ARX ARX＝CIRC(ARX−1)	寻址结束后，ARX 中的地址值循环减 1[①]
10	* ARX−0％	地址＝ARX ARX＝CIRC(ARX−AR0)	寻址结束后，ARX 中的地址值循环减 AR0
11	* ARX+％	地址＝ARX ARX＝CIRC(ARX+1)	寻址结束后，ARX 中的地址值循环加 1[①]
12	* ARX+0％	地址＝ARX ARX＝CIRC(ARX+AR0)	寻址结束后，ARX 中的地址值循环加 AR0
13	* ARX(LK)	地址＝ARX+LK ARX＝ARX	以 ARX 与 16 位数值和作为数据存储器的地址，寻址结束后，ARX 的值不变

序　号	操作句法	功　　能	说　　明
14	＊＋ARX(LK)	地址＝ARX＋LK ARX＝ARX＋LK	将一个 16 位带符号数加 ARX，然后寻址③
15	＊＋ARX(LK)%	地址＝CIRC(ARX＋LK) ARX＝CIRC(ARX＋LK)	将一个 16 位无符号数按循环相加的方法加上 ARX，然后寻址③
16	＊(LK)	地址＝LK	利用 16 位无符号数作为地址，寻址数据存储器③

注：① 16 位字时增量或减量均为 1，32 位字时增量或减量均为 2；
　　② 这种方式只能用于写操作指令；
　　③ 这种方式不允许对存储器映像寄存器寻址。

（1）反向进位法则

在介绍反向进位法则之前，我们先回顾 FFT 算法中常用到的位码倒序。以 8 点蝶形 FFT 运算为例，FFT 变换前按顺序排列的数据，经蝶形变换后，各存储器中得到的变换结果的地址二进制表示的顺序与原存储器的数据排列顺序相反。如图 3.1.4 所示。

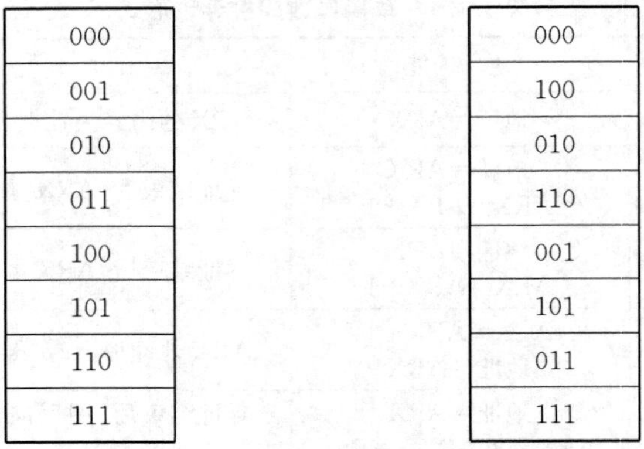

000
001
010
011
100
101
110
111

― 000
100
010
110
001
101
011
111

图 3.1.4　FFT 系数的倒序对比图

从图中大家能够得到什么样的规律？图中左右两列实际上是高位和地位进行互换。左边的列是从 0 开始逐渐加一，向高位进位，所以右边的列是从高位不断加一向低位进位。这就是反向进位法则，两数相加或相减，由高位向低位进位或借位。

【例 3.1.3】　＊AR3＋0B，AR3 的值为 1248h，AR0 的值为 8，请问该指令执行完之后 AR3、AR0 的值分别是多少？

0001001001001000

　　　　　1000 反向进位

0001001001000100

所以执行完之后，AR3 的值为 1244h，AR0 的值为 8 不变。

思考：请问 1024 点的 FFT 中，进行位码倒序时，AR0 的值应取多少？

（2）循环寻址法则

在卷积、相关、FIR 滤波算法中，要求在存储器中设置一个缓冲区作为滑动窗，保存最新一批数据。循环寻址过程中，不断有新的数据覆盖旧的数据，从而实现循环缓冲区寻址。这种情况下,将缓冲区的长度值存放于 BK 寄存器中。注意,长度为 R 的缓冲区必须从 N 位地址的边界开始,即循环缓冲区基地址的 N 个最低有效位必须为 0,N 是满足 $2^N > R$ 的最小整数。例如,循环缓冲区长度 $R = 31$,此缓冲区的开始地址为:

二进制地址:×××× ×××× ×××0 0000

$N = 5, 32 > 31$,地址低 5 位为 0,并将 R 加载至 BK 中。

循环寻址应指定一个辅助寄存器 ARX 指向循环缓冲区。ARX 的低 5 位为 0,将 R 加载至 BK。ARX 的低 N 位作为循环缓冲区的偏移量进行规定的操作。寻址操作完成后,再根据以下循环寻址算法修正这个偏移量。如果偏移量大于 0 且小于 BK,则偏移量加给定值;若偏移量大于 BK,则偏移量 = BK－偏移量;若偏移量小于 0,则偏移量等于 BK 加偏移量。即循环是以 BK 内容 R 为模进行的,但偏移量的步长与所用指令有关,必须小于 BK 定义的内容 R。如果 BK = 0,则为不作修正的辅助寄存器间接寻址。

从上面这段话可以总结如下:

(1) 设置循环缓冲区长度寄存器 BK,步长为 buf;

(2) 根据 BK < 2^N,N 取最小整数;

(3) 取 ARX 的低 N 位值,假设为 V_N,高 $16 - N$ 位值为 V_{16-N},那么新的 ARX 可以通过下面方法计算:

$$V_N = V_N + buf$$
$$If\ (V_N \geqslant BK)$$
$$V_N = V_N - BK$$
$$Else\ if\ (V_N < 0)$$
$$V_N = V_N + BK$$
$$ARX = V_{16-N} + V_N$$

思考:请问设定 ARX 在确定 BK 和步长的情况下,经过多少次循环寻址会出现重复? 次数与哪些参数有关? 可以通过图 3.1.5所示的圆盘进行模拟,了解这些特点能够使读者更深入地了解循环寻址法则,从而能够设计出更好、更高效的程序。

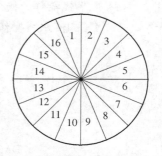

6) 存储器映像寄存器寻址

存储器映像寄存器寻址主要用于在不改变 DP、SP 的情况下,修改 MMR 中的内容。因此,这种寻址方式对 MMR 执行写操作开销小。存储器映像寄存器 MMR 寻址有如下两种方法:

图 3.1.5 循环寻址示意图

(1) 采用直接寻址方式,高 9 位数据存储器地址置 0,利用指令中的低 7 位地址直接访问 MMR。

(2) 采用间接寻址方式,高 9 位数据存储器地址置 0,按照当前辅助寄存器的低 7 位地址访问 MMR。这种方式访问 MMR,寻址操作完成后,辅助寄存器的高 9 位被强迫置成 0。

仅有 8 位指令可以进行存储器映像寻址操作,指令如下:

LDM　MMR,DST

MVDM　DMAD,MMR

MVMM　MMRX,MMRY

MVMD　MMR,DMAD

POPM MMR
PSHM MMR
STLM MMR
STM ♯LK,MMR

7）堆栈寻址

'C54X 的堆栈寻址就是利用 SP 完成寻址操作。共四条指令：PSHD、PSHM、POPD、POPM。立即寻址的特点是操作数在指令中，运行速度比较快，但是要求较多的程序存储空间并且数值不能改变。因此，主要用于表示常数或对寄存器初始化。绝对寻址允许寻址所有的数据空间，但运行速度慢，要求较多存储空间。因此，可用于对速度无苛刻要求的任何情况。累加器寻址是利用累加器指向程序存储单元地址，因此，主要用于在程序空间与数据空间之间传送数据。间接寻址是通过辅助寄存器和辅助寄存器指针，寻址数据存储空间的单元，可自动实现增量、减量、变址寻址、循环寻址。共有 16 种修正地址的方式，用于须按固定步长寻址的场合，这种寻址方式主要是针对数字信号处理算法而设计。直接寻址指令中包含数据存储器低 7 位地址，与 DP 或 SP 内容结合形成 16 位地址，可以实现单指令周期寻址 128 个单元，寻址速度快。流水线操作主要用于运算速度要求苛刻的场合。MMR 寻址是基地址为零的直接寻址方式。寻址速度快，可直接利用存储器映像寄存器 MMR 快速访问数据存储器的 0 页资源。

3.2 流水线

流水线操作是 DSP 不同于一般单片机的一种硬件工作机制。流水线操作使得 DSP 的指令可以并行执行，大大提高了 DSP 的运行速度。主要是 DSP 的 8 条总线可以彼此独立地同时工作，使得同一条指令在不同机器周期内占用不同总线资源。

1）流水线操作的概念

'C54X 的流水线操作由 6 级流水线深度组成，彼此互相独立，如图 3.2.1 所示。

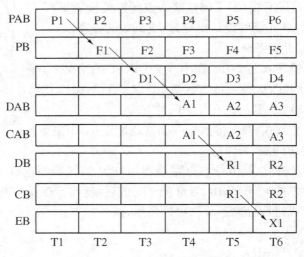

图 3.2.1 流水线操作示意图

图中 T1～T6 为六个机器周期，各字母定义如下：

P(Prefetch):预取指(数字为执行指令的序号,如 P1 为第一条指令预取指)。在这个机器周期内,CPU 通过程序地址总线 PAB 找到指令代码的存储单元。

F(Fetch):取指。在这个机器周期内,CPU 通过程序总线 PB 取出指令操作码送至指令寄存器 IR。

D(Decode):译码。对指令寄存器 IR 的内容译码。

A(Access):接受。根据所用指令的不同,可能同时对数据地址总线 DAB 及 CAB 操作,并对辅助寄存器或堆栈指针进行修正。

R(Read):分别从总线 DB 及 CB 读数据 1 及数据 2 送至指令指定存储器。如果并行操作指令,可以同时将数据 3 通过执行地址总线 EAB 写入目标存储单元。

X(Excute):执行指令。按照操作码要求,通过执行总线 EB 执行指令。

图 3.2.1 中箭头所指为一条指令执行的过程,不同机器周期内占用不同总线。同时,同一机器周期内各条总线上执行的是不同指令的数据流。需要注意的是,如果是多字节指令,可能需要若干个机器周期才能完成数据寻址的过程。并且,在读数时,还可以加载一个写操作数的地址,使得在流水线的最后一级将数据送到数据存储器中。

2) 流水线操作分类

流水线操作根据是否使用加延时的指令分为两种流水线工作类型,这两类指令的执行过程会有很大不同。

无延迟分支转移:分支转移指令流水线工作情况如图 3.2.2 所示,给定转移指令如下:

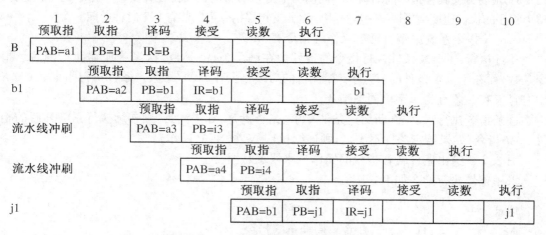

图 3.2.2 无延迟分支流水线操作示意图

由图 3.2.2 可见,分支转移指令预取只需 1 个周期,译码需要 1 个周期,共需要 3 个周期。而第 4 和第 5 个周期指令还不能执行。所以,第 4 和第 5 两个周期用来对相继的后续两条单周期单字指令操作,第 6 个周期才能执行跳转操作。采用延迟分支指令如下:

地　址	指　令	注　释
A1,A2	BD　B1	;四个机器周期,两个字的分支指令
A3	I3	;任意单周期,单字指令
A4	I4	;任意单周期,单字指令

……　　　　　　　……

　　B1　　　　　　　　　J1

　　如图 3.2.3 所示,延迟分支转移指令先执行紧随其后的两条指令,用于分支转移指令的时间就是第 6 和第 7 个周期。因此,执行整个延迟分支转移指令的时间为 2 个机器周期。

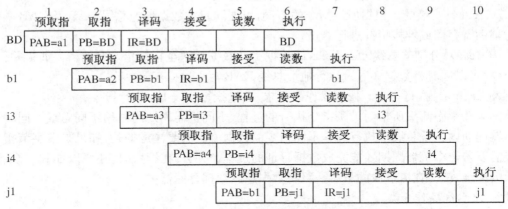

图 3.2.3　延迟分支流水线操作示意图

　　值得注意的是,由于延迟分支指令先执行紧随其后的两条单周期单字指令,所以,使用这种指令时,应将分支转移指令前的两条单周期单字指令书写位置安排在分支转移指令之后。这样,整个程序的执行速度会更快。一般采用延迟分支转移指令可以节省 2 个时钟周期。

　　′C54X 指令系统中带有延迟操作的指令有 14 条。

　　条件执行:′C54X 条件执行指令的条件为在满足条件 CND 时,N 为所需执行的后续指令条数,而在不满足条件时,N 为所需执行的后续空操作 NOP 个数。条件执行指令在 C54X 中有且仅有一条且为单字单周期指令。

　　这条指令执行时,先判断给定条件 CND 是否满足,如果满足,则连续执行紧随其后的相继 N 条指令;如果给定条件不满足,则连续执行 N 个 NOP 操作。

　　图 3.2.4 给出条件转移指令的操作流水线示意图。

　　采用条件执行指令如下:

地址	指令	注释
A1	I1	;任意单周期单字指令
A2	I2	;任意单周期单字指令
A3	I3	;任意单周期,单字指令
A4	XC N,CND	;单周期单字指令
A5	I5	;任意单周期,单字指令
A6	I6	;任意单周期,单字指令

　　由图 3.2.4 可见,当执行到 XC 指令的条件判断部分时,它前面的两条指令 I1、I2 还没有执行完毕。因此,这两条指令的执行结果不会对 XC 指令的条件判断产生影响。如果 XC 的判断条件由指令 I1 或 I2 的结果给出,则会产生判断错误。另外,这将更迅速地执行其后的条件执行指令。但是条件判断与实际执行之间有 2 个机器周期的时间空当,此期间内如

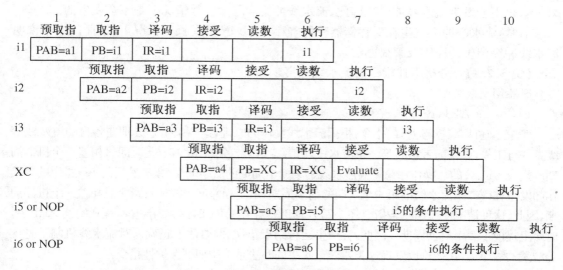

图 3.2.4　条件转移流水线操作示意图

果有其他运算改变条件,例如发生中断等,将会使运算结果产生错误。因此,应在条件执行指令前屏蔽所有可能产生的中断或其他改变指令规定条件的运算。

3) 存储器的流水线操作

(1) 双寻址存储器的流水线操作

'C54X 片内双寻址存储器 DARAM 分成若干独立模块,CPU 可以在单个周期内对不同的模块进行访问。因为两次访问分别在机器周期的前半周及后半周,也允许不同流水线上的不同指令访问不同模块上的存储器块,以及允许流水线不同级上两条指令访问同一模块。值得注意的是,CPU 正在处理的两条指令同时访问 DARAM 的同一存储模块时,可能会发生时序冲突。比如,同时从同一模块中取指和取操作数,或者同时对同一存储器模块进行写操作或读第二个数,就会造成时序上的冲突。此时,CPU 通过延迟写操作一个周期,或者插入一个空周期自动解决这类时序冲突。

(2) 单寻址存储器的流水线操作

'C54X 的单寻址存储器包括单寻址读/写存储器 SARAM 和单寻址只读存储器 ROM 或 DROM。这类存储器也是分块的,CPU 可以在单个周期内对每个存储器块访问一次,只要不同时访问同一存储器模块就不会产生时序冲突。

4) 流水线的等待周期

流水线机制允许多条指令同时利用 CPU 资源。但 CPU 资源有限,当多于一个流水线上的指令同时访问同一个资源时,可能产生时序冲突。这些冲突,有些可以由 CPU 通过延时自动解决,另一些就必须通过程序安排人解决。

可能产生流水线冲突的硬件资源:辅助寄存器 AR0～AR7、重复块长度寄存器 BK、堆栈指针 SP、暂存器 T、处理器工作方式寄存器 PMST、工作状态寄存器 ST0 和 ST1、块重复寄存器 RC、累加器 A 和 B。

如果采用 C 语言编写程序的源代码,经过 CCS 编译器产生的代码不会产生流水线冲突。如果采用汇编语言编写源程序,算术运算操作以及初始化时设置存储器映射寄存器

MMR,也不会发生流水线冲突。因此,流水线冲突问题大多数情况下是不会发生的。

通常,流水心冲突发生在对存储器映射寄存器 MMR 的写操作情况下,下面的例子说明流水线冲突产生的原因及解决办法。

【例 3.2.1】 分析下述指令的流水线冲突。

STLM　A。AR1

LD　　＊AR1,B

考察上述两条连续运行的指令,根据流水线操作的原理,这两条指令分别在各自的流水线等级上并行工作,如果前者定为第一条流水线,后者定为第二条流水线,取指时间只相差一个机器周期。指令 STLM 的写操作在第一条流水线的第 6 个周期的后半周期,紧随其后的 LD 指令的读操作却发生在第二条流水线的第 4 个周期的前半周期,由于相邻流水线执行指令只相差一个机器周期,因此,这种情况使得第一条指令还未写入辅助寄存器 AR1 时,第二条指令就开始读 AR1 了,时序上提前了 2 个机器周期。因此,会产生运行结果错误,但语法上正确。对流水线机制不是十分清楚的程序员,往往难以发现这类错误。解决的办法是采用如下保护性指令:

STM　　♯LK,AR1

LD　　＊AR1,B

指令 STM 的常数译码占用第二条流水线,与 STM 操作数译码的第一条流水线并行工作,在第二条流水线的第 3 个机器周期取出操作数,在紧随其后的机器周期内,第一条流水线上的写操作立即将所取常数写入辅助寄存器 AR1。

因此,对第一条流水而言,写操作发生在第 5 个时钟周期的后半周。由于取常数流水线操作的插入,指令 LD 工作于第三条流水线上,因此,与第一条流水线的指令执行时序相差了 2 个时钟周期。当 LD 指令在第三条流水线上的第 4 个时钟周期的前半周进行读操作时,时序上对应的是第一条流水线的第 6 个时钟周期,使得读—写—读三条流水线在相邻的先后 3 个始终周期内相继完成,既节省了指令操作时间,又避免了流水线的时序冲突。

两条指令的执行时间相同。也可以通过人为插入空操作 NOP 延时,一般是加 1 个 NOP 延时。上述情况加 2 个 NOP 就可以避免这种流水线冲突的发生,但程序的运行时间比原来延长了 1 个时钟周期。

因此,当指令对 MMR、ST0、ST1、PMST 等硬件资源进行连续操作时,有可能造成流水线冲突。对于这种情况,初学者利用加 NOP 指令是最简单的解决方法。表 3.2.1 给出了 MMR 及控制字段操作的各种指令所需插入的等待周期数,供读者参考。

流水线冲突是 DSP 特有的问题,对初学者往往比较难以理解。同时,编程的代码及时间效率影响较大,编译器发现了不少这类问题。因此,DSP 程序员对流水线机理的了解是灵活使用 DSP 的关键。

解决流水线冲突的方法如下:

(1) 算术运算不存在等待周期问题。

(2) 利用保护性指令。

(3) 初始化注意 MMR 的设置。

其实在 TI 公司的集成开发环境中有关于流水线冲突的检查选项。也就是说,在使用该开发环境进行开发时,只要设置正确是不会出现流水线冲突的,但是不使用集成开发环境就必须要了解一些指令的等待周期。表 3.2.1 是流水线操作等待周期表,表中第一列为指令操作的控制域，第二列到第六列分别是指令操作过程中应该加入的等待周期数对应的操作指令。

表 3.2.1　流水线操作等待周期表

控制范围	0周期	1周期	2周期	3周期	5周期	6周期

T	STM ♯lk,T
	MVDK Smem,T
	LD Smem,T
	LD Smem,T‖ST
		所有其他存储操作，包括 EXP				

ASM	LD ♯K5,ASM LD Smem,ASM	所有其他存储器操作				
DP CPL＝0	LD ♯K9,DP LD Smem,DP		STM ♯lk,ST0 ST ♯lk,ST0	所有其他存储器操作		
SXM C16 FRCT OVM		所有其他存储器操作				
A 或 B		修正累加器后，读 MMR				
RPTB[D] 之前 BRC	STM ♯lk,BRC ST ♯lk,BRC MVDK Smem,BRC MVMD MMR,BRC	所有其他存储器操作	SRCCD（循环）			
DROM	STM,ST MVDK MVMD			所有其他存储器操作		
OVLY IPTR MP/MC					STM,ST MVDK MVMD	所有其他存储器操作
BRAF						RSBX
CPL			RSBX SSBX			
ARX	STM,ST MVDK MVMM MVMD	POPM POPD 其他 MV 的	STLM STH STL			
BK		STM,ST MVDK MVMM MVMD	POPM 其他 MV 的	STLM STH STL		
SP	CPL＝0 STM,MVDK MVMM MVMD	CPL＝1 STM MVDK MVMM	CPL＝0 STLM STH STL	CPL＝1 STLM STH STL		
隐含 SP 改变		FRAME POM/POPD PSHM/ PSHD				

3.3　指令系统

'C54X 共有指令 129 条,由于寻址方式、数据类型的不同衍至 216 条。按指令的功能分类,可分为如下四类:

(1) 数据传送指令;

(2) 算术运算指令;

(3) 逻辑运算指令;

(4) 程序控制指令。

描述指令的符号定义见附录。

指令很多,我们不作一一解释,其实指令很容易看懂,所有指令表的第二列就是指令的执行结果(见表 3.3.1),也是代数汇编指令的表达式,常用的后面将作介绍。

表 3.3.1　常用符号及意义说明①

名　字	含　义
Smem	16 位单寻址操作数
Xmem	16 位双寻址操作数,用于双操作数或部分单操作数从 DB 获取数据
Ymem	16 位双寻址操作数,用于双操作数,从 CB 获取数据
Dmad	16 位立即数,数据存储器地址(0~65535)
Pmad	16 位立即数,程序存储器地址(0~65535)
PA	16 位立即数 I/O 端口地址
Scr	源累加器
Dst	目的累加器
Lk	16 位长立即数

3.3.1　数据传送指令

数据传送指令是把源操作数从源存储器中传送到操作指定的目的存储器中。'C54X 的数据传送指令包括装载指令、存储指令、条件存储指令、并行装载和存储指令、并行装载和乘法指令、并行存储和加/减法指令、并行存储和乘法指令、混合装载和存储指令。

装载指令是取数或赋值指令,将存储器内容或者把立即数赋给目的存储器。表 3.3.2 列出了这些指令的语法表示、运行结果说明及操作码长度、应用 DARAM 作为存储器的运行机器周期数。当从 Smem 中取数时,如果利用长偏移间接寻址,加 1 个字或 1 个周期,共 21 条指令。

表 3.3.2　装载指令

语 法 表 示	运 行 结 果	字　长	周　期
DLD Lmem,dst	dst=Lmem	1	1
LD Smem,dst	dst=Smem	1	1
LD Smem,TS,dst	dst=Smem≪TS	1	1

---

① 其他的符号及意义可参照附录。

语 法 表 示	运 行 结 果	字 长	周 期
LD Smem,16,dst	dst=Smem≪16	1	1
LD Smem[,SHIFT]①,dst	dst=Smem≪SHIFT	2	2
LD Xmem,SHFT,dst	dst=Xmem≪SHFT	1	1
LD #K,dst	dst=#K	1	1
LD #lk[,SHIFT],dst	dst=#lk≪SHIFT	2	2
LD #lk,16,dst	dst=#lk≪16	2	2
LD src,ASM[,dst]	dst=src≪ASM	1	1
LD src[,SHIFT][,dst]	dst=src≪SHIFT	1	1
LD Smem,T	T=Smem	1	1
LD Smem,DP	DP=Smem(8−0)	1	3
LD #k9,DP	DP=#k9	1	1
LD #k5,ASM	ASM=#k5	1	1
LD #k3,ARP	ARP=#k3	1	1
LD Smem,ASM	ASM=Smem(4−0)	1	1
LDM MMR,dst	dst=MMR	1	1
LDR Smem,dst	dst=rnd(Smem)	1	1
LDU Smem,dst	dst=uns(Smem)	1	1
LTD smem	T=Smem,(Smem+1)=Smem	1	1

存储指令是将原操作数或者立即数存入存储器或寄存器,表 3.3.3 列出了这些指令的语法表示、运行结果说明及操作码长度、应用 DARAM 作为存储器的运行机器周期数。当从 Smem 中取数时,如果利用长偏移间接寻址,加 1 个字或者 1 个周期,共 18 条指令。

表 3.3.3　存储指令

语 法 表 示	运 行 结 果	代码长度(字)	执行周期	备　注
DST src,Lmem	Lmem=src	1	2	
ST T,Smem	Smem=T	1	1	
ST TRN,Smem	Smem=TRN	1	1	
ST #lk,Smem	Smem=#lk	2	2	
STH src,Smem	Smem=src≪−16	1	1	
STH src,ASM,Smem	Smem=src≪(ASM−16)	1	1	
STH src,SHFT,Xmem	Xmem=src≪(SHFT−16)	1	1	
STH src,[SHIFT],Smem	Smem=src≪(SHIFT−16)	2	2	

---

① [ ]表示中间的内容可以不加入。

语 法 表 示	运 行 结 果	代码长度(字)	执行周期	备　注
STL src, Smem	Smem=src	1	1	
STL src, ASM, Smem	Smem=src≪ASM	1	1	
STL src, SHFT, Xmem	Smem=src≪SHFT	1	1	
STL src ,[SHIFT], Smem	Smem=src≪SHIFT	2	2	
STLM src, MMR	MMR=src	1	1	
STM ♯lk, MMR	MMR=♯lk	2	2	
CMPS src, Smem	IF(src(H)>src(L)), Smem=src(H); IF(src(H)≤src(L)), Smem=src(L);	1	1	条件存储 H 高 16 位 L 低 16 位
SACCD src ,Xmem, cond	IF(cond), Xmem=src≪ASM−16	1	1	条件存储
SRCCD Xmem, cond	IF(cond), Xmem=BRC	1	1	条件存储
STRCD Xmem, cond	IF(cond), Xmem=T	1	1	条件存储

混合装载和存储指令共 12 条,列于表 3.3.4。

表 3.3.4　混合装载和存储指令

语 法 表 示	运 行 结 果	字　长	周　期
MVDD Xmem, Ymem	Ymem=Xmem	1	1
MVDK Smem, dmad	dmad=Smem	2	2
MVDM dmad, MMR	MMR=dmad	2	2
MVDP Smem, pmad	pmad=Smem	2	4
MVKD dmad, Smem	Smem=dmad	2	2
MVMD MMR, dmad	dmad=MMR	2	2
MVMM MMRx, MMRy	MMRy=MMRx	1	1
MVPD pmad, Smem	Smem=pmad	2	3
PORTR PA, Smem	Smem=PA	2	2
PORTW Smem, PA	PA=Smem	2	2
READA Smem	Smem=A	1	5
WRITA Smem	A=Smem	1	5

3.3.2　算术运算

′C54X 的算术运算指令丰富,而且运算功能强大。包括加法指令减法指令、乘法指令、乘法—累加指令、乘法—减法指令、双子运算指令及特殊应用指令。现分别叙述如下:

加法指令共 13 条,列于表 3.3.5。

表 3.3.5　加法指令

语 法 表 示	运 算 结 果	代码长度(字)	执行周期
ADD Smem,src	src=src+Smem	1	1
ADD Smem,TS,src	src=src+Smem<<TS	1	1
ADD Smem,16,src[,dst]	dst=src+Smem<<16	1	1
ADD Smem,[,SHIFT],src[,dst]	dst=src+Smem<<SHIFT	2	2
ADD Xmem,SHFT,src	src=src+Smem<<SHIFT	1	1
ADD Xmem,Ymem,src	dst=Xmem<<16+Ymem<<16	1	1
ADD #lk,[,SHIFT],src[,dst]	dst=src+#lk<<SHIFT	2	2
ADD #lk,16,src[,dst]	dst=src+#lk≪16	1	1
ADD src[,SHIFT][,dst]	dst=dst+src≪SHIFT	2	2
ADD src,ASM[,dst]	dst=dst+src≪ASM	1	1
ADDC Smem,src	src=src+Smem+C	1	1
ADDM #lk,Smem	Smem=Smem+#lk	2	2
ADDS Smem,src	src=src+uns(Smem)	1	1

减法指令共 13 条,列于表 3.3.6。

表 3.3.6　减法指令

语 法 表 示	运 算 结 果	代码长度(字)	执行周期
SUB Smem,src	src=src−Smem	1	1
SUB Smem,TS,src	src=src−Smem≪TS	1	1
SUB Smem,16,src[,dst]	src=src−Smem≪16	1	1
SUB Smem[,SHIFT],src[,dst]	src=src−Smem≪SHIFT	2	2
SUB Xmem,SHFT,src	src=src−Smem≪SHIFT	1	1
SUB Xmem,Ymem,src	dst=Xmem≪16−Ymem≪16	1	1
SUB #lk,[,SHIFT],src[,dst]	dst=src−#lk≪SHIFT	2	2
SUB #lk,16,src[,dst]	dst=src−#lk≪16	1	1
SUB src[,SHFT][,dst]	dst=dst−src≪SHIFT	2	2
SUB src,ASM[,dst]	dst=dst−src≪ASM	1	1
SUBB Smem,src	src=src−Smem+∼C	1	1
SUBC Smem,src	IF((src−Smem≪15)≥0),Src=src−Smem≪15≪1+1,Else src=src≪1	2	2
SUBS Smem,src	src=src−uns(Smem)	1	1

乘法指令共 10 条,列于表 3.3.7。

表 3.3.7 乘法指令

语 法 表 示	运 算 结 果	代码长度(字)	执行周期
MPY Smem, dst	dst=T * Smem	1	1
MPYR Smem, dst	dst=rnd(T * Smem)	1	1
MPY Xmem, Ymem, dst	dst=Xmem * Ymem, T=Xmem	1	1
MPY Smem, #lk, dst	dst=Smem * #lk, T=Smem	2	2
MPY #lk, dst	dst=T * #lk	2	2
MPYA dst	dst=T * A(32—16)	1	1
MPYA Smem	B=Smem * A(32—16), T=Xmem	1	1
MPYU Smem, dst	dst=uns(T) * uns(Smem)	1	1
SQUR Smem, dst	dst=Smem * Smem, T=Smem	1	1
SQUR A, dst	dst=A(32—16) * A(32—16)	1	1

乘法—累加和乘法—减法指令共 22 条,列于表 3.3.8。

表 3.3.8 乘法—累加和乘法—减法指令

语 法 表 示	运 算 结 果	代码长度(字)	执行周期
MAC Smem, src	src=src+T * Smem	1	1
MAC Xmem, Ymem, src[,dst]	dst=src+T * Xmem * Ymem, T=Xmem	1	1
MAC #lk, src[,dst]	dst=src+T * #lk	2	2
MAC Smem, #lk, src[,dst]	dst=src+Smem * #lk, T=Smem	2	2
MAC Smem, src	dst=rnd(src+T * Smem)	1	1
MACR Smem, src	dst=rnd(src+T * Smem)	1	1
MACR Xmem, Ymem, src[,dst]	dst=rnd(src+Xmem * Ymem), T=Xmem	1	1
MACA Smem[,B]	B=B+Smem * A(32—16), T=Smem	1	1
MACA T, src[,dst]	dst=src+T * A(32—16)	1	1
MACAR Smem[,B]	B=rnd(B+Smem * A(32—16)), T=Smem	1	1
MACAR T, src[,dst]	dst(src+T * A(32—16))	2	3
MACD Smem, pmad, src	src=src+Smem * pmad, T=Smem, (Smem+1)=Smem	2	3
MACP Smem, pmad, src	src=src+Smem * pmad, T=Smem	1	1
MACSU Xmem, Ymem, src	src=src+uns(Xmem) * Ymem, T=Xmem	1	1
MAS Smem, src	src=src—T * Smem	1	1
MASR Smem, src	src=rnd(src+T * Smem), T=Xmem	1	1
MASR Xmem, Ymem, src[,dst]	dst=src—Xmem * Ymem, T=Xmem	1	1
MASR Xmem, Ymem, src[,dst]	dst=rnd(src—Xmem * Ymem), T=Xmem	1	1
MASA Smem[,B]	B=B—Smem * A(32—16), T=Smem	1	1

语 法 表 示	运 算 结 果	代码长度(字)	执行周期
MASA T,src[,dst]	dst=src-T*A(32-16)	1	1
MASAR T,src[,dst]	dst=rnd(src-T*A(32-16))	1	1
SQURA Smem,src	src=src+Smem*Smem,T=Smem	1	1
SQURS Smem,src	src=src-Smem*Smem,T=Smem	1	1

双字算术运算指令共 6 条,列于表 3.3.9。

表 3.3.9 双字算术运算指令

语 法 表 示	运 算 结 果	字长	周期
DAAD Lmem,src[,dst]	If(a),dst=Lmem+src,else,dst(w)=Lmem(w)+src(w)	1	1
DADST Lmem,dst	If(a),dst=Lmem+(T≪16+T), else,dst(H)=Lmem(H)+T,dst(L)=Lmem(L)-T	1	1
DRSUB Lmem,src	If(a),src=Lmem-src,else,dst(w)=Lmem(w)-src(w)	1	1
DSATD Lmem,dst	If(a),dst=Lmem-(T≪16+T), else,dst(H)=Lmem(H)-T,dst(L)=Lmem(L)+T	1	1
DSUB Lmem,src	If(a),src=Lmem-src,else,dst(w)=Lmem(w)-src(w)	1	1
DSUBT Lmem,dst	If(a),dst=Lmem-(T≪16+T),dst(w)=Lmem(L)+T	1	1

如果 C16=0,则 a=0;否则 a=1。W=字长(word),31～0,32 位,H=高 16 位,L=低 16 位。

特殊应用运算指令共 15 条,列于表 3.3.10。

表 3.3.10 特殊应用运算指令

语 法 表 示	运 算 结 果	字长	周期
ABDST Xmem,Ymem	B=B+|A(H)|,A=(Xmem-Ymem)≪16	1	1
ABS src[,dst]	dst=|src|	1	1
CMPL src[,dst]	dst=~src	1	1
DELAY Smem	(Smem+1)=Smem	1	1
EXP src	T=带符数(src)-8	1	1
FIRS Xmem,Ymem,pmad	B=B+A*pmad,A=(Xmem+Ymem)≪16	1	1
LMS Xmem,Ymem	B=B+Xmem*Ymem,A=(A+Xmem≪16)+2^{15}	2	3
MAX dst	dst=max(A,B)	1	1
MIN dst	dst=min(A,B)	1	1
NEG src[,dst]	dst=-src	1	1
NORM src[,dst]	dst=src≪TS,dst=norm(src,TS)	1	1
POLY Smem	B=Smem≪16,A=rnd(A(32-16)*T+B)	1	1

(续表 3. 3. 10)

语 法 表 示	运 算 结 果	字长	周期
RND src[,dst]	$dst=src+2^{15}$	1	1
SAT srx	Saturate(src)	1	1
SQDST Xmem,Ymem	$B=B+A(H)*A(H),A=(Xmem+Ymem)\ll16$	1	1

3.3.3　逻辑运算指令

'C54X 的逻辑运算指令包括与、或、异或、移位及测试指令,分别叙述如下:

"与"(AND)指令共 5 条,列于表 3.3.11。

表 3.3.11　AND 指令

语 法 表 示	运 算 结 果	字长	周期
AND Smem,src	src=src&Smem	1	1
AND #lk[,SHFT],src[,dst]	dst=src&#lk<<SHFT	1	1
AND #lk,16,src[,dst]	dst=src&#lk<<16	2	2
AND src[,SHIFT][,dst]	dst=dst&src<<SHIFT	2	2
ANDM #lk,Smem	Smem=Smem&#lk	1	1

"或"(OR)指令共 5 条,列于表 3.3.12。

表 3.3.12　OR 指令

语 法 表 示	运 算 结 果	字长	周期
OR Smem,src	src=src | Smem	1	1
OR #lk[,SHFT],src[,dst]	dst=src | #lk<<SHFT	2	2
OR #lk,16,src[,dst]	dst=src | #lk<<16	2	2
OR src[,SHFT][,dst]	dst=dst | src<<SHIFT	1	1
ORM #lk,Smem	Smem=Smem | #lk	2	2

"异或"(XOR)指令共 5 条,列于表 3.3.13。

表 3.3.13　XOR 指令

语 法 表 示	运 算 结 果	字长	周期
XOR Smem,src	src=src∧Smem	1	1
XOR #lk[,SHFT],src[,dst]	dst=src∧#lk<<SHFT	2	2
XOR #lk,16,src[,dst]	dst=src∧#lk<<16	2	2
XOR src[,SHFT][,dst]	dst=dst∧src<<SHIFT	1	1
XORM #lk,Smem	Smem=Smem | #lk	2	2

移位指令共 6 条,列于表 3.3.14。

表 3.3.14　移位指令

语 法 表 示	运 算 结 果	字长	周期
ROL src	循环左移带进位位	1	1
ROLTC src	循环左移带 TC	1	1
ROR src	循环左移带进位位		
SFTA src,SHIFT[,dst]	dst=src≪SHIFT{算术移位}		
SFTC src	If(src(31)=src(30)),then src=src≪1		
SFTL src,SHIFT[,dst]	dst=src≪SHIFT{逻辑移位}		

测试指令共 5 条,列于表 3.3.15。

表 3.3.15　测试指令

语 法 表 示	运 算 结 果	字长	周期
BIT Xmem,BITC	TC=Xmem(15−BITC)	1	1
BITF Smem,#lk	TC=(Smem&.&.#lk)	2	2
BITT Smem	TC=Smem(15−T(3−0))	1	1
CMPM Smem	TC=(Smem==#lk)	2	2
CMPR CC,ARX	比较 ARX 和 AR0	1	1

3.3.4　程序控制

′C54X 的程序控制指令包括分支转移指令、子程序调用指令、中断指令、返回指令、重复指令、堆栈处理指令及混合程序控制指令,分别叙述如下。

分支转移指令共 6 条,列于表 3.3.16。

表 3.3.16　分支转移指令

语 法 表 示	运 算 结 果	字长	周期
B[D] pmad	PC=pmad(15−0)	2	4/[2 延时]
BACC[D] src	PC=src(15−0)	1	6/[4 延时]
BANZ[D] pmad,Sind	IF(Sind≠0),then PC=pmad(15−0)	2	4 真/2 假/[2 延时]
BC[D] pmad,cond[,cond[,cond]]	IF(cond(s)),then PC=pmad(15−0)	2	5 真/3 假/3 延时
FB[D] extpmad	PC=pmad(15−0),XPC=pmad(22−16)	2	4/2 延时
FBACC[D] src	PC=src(15−0),XPC=src(22−16)	1	6/4 延时

子程序调用指令共 5 条,列于表 3.3.17。

表 3.3.17　子程序调用指令

语 法 表 示	运 算 结 果	字长	周期
CALA[D] src	——SP=PC,PC=src(15—0)	1	6/[4 延时]
CALL[D] pmad	——SP=PC,PC=pmad(15—0)	2	4/[2 假]
CC[D] pmad,cond[,cond [,cond]]	If(cond(s)),——SP=PC, PC=pmad(15—0)	2	5 真/3 假/[3 延时]
FCALA[D] src	——SP=PC,——SP=XPC PC=src(15—0),XPC=src(22—16)	1	6/[4 延时]
FCALL[D] extpmad	PC=pmad(15—0),XPC=pmad(22—16)	2	4/[2 延时]

中断指令共 2 条,列于表 3.3.18。

表 3.3.18　中断指令

语 法 表 示	运 算 结 果	字长	周期
INTR K	——SP=PC,PC=IPTR(17—7)+K≪2	1	3
TRAP K	——SP=PC,PC=IPTR(15—7)+K≪2	1	3

返回指令共 6 条,列于表 3.3.19。

表 3.3.19　返回指令

语 法 表 示	运 算 结 果	字长	周期
FRET[D]	XPC=SP++,PC=SP++	1	6/[4 延时]
FRETE[D]	XPC=SP++,PC=SP++,INTM=0	1	6/[4 延时]
RC[D] cond[,cond[cond]]	If(cond(s)) then PC=SP++	1	5 真/3 假/[3 延时]
RET[D]	PC=SP++	1	5/[3 延时]
RETE[D]	PC=SP++,INTM=0	1	5/[3 延时]
RETF[D]	PC=RTN,PC++,INTM=0	1	3/[1 延时]

重复指令共 5 条,列于表 3.3.20。

表 3.3.20　重复指令

语 法 表 示	运 算 结 果	字长	周期
RPT Smem	重复单次,RC=Smem	1	1
RPT ♯K	重复单次,RC=♯K	1	1
RPT ♯lk	重复单次,RC=♯lK	2	2
RPTB[D],pmad	块重复 RSA=PC+2[4],REA=pmad—1	2	4/[2 延时]
RPTZ dst,♯lk	重复单次,RC=♯lk,dst=0	2	2

堆栈处理指令共 5 条,列于表 3.3.21。

表 3.3.21 堆栈处理指令

语 法 表 示	运 算 结 果	字长	周期
FRAME K	SP=SP+K	1	1
POPD Smem	Smem=SP++	1	1
POPM MMR	MMR=SP++	1	1
PSHD Smem	——SP=Smem	1	1
PSHM MMR	——SP=MMR	1	1

混合程序控制指令双减号共 7 条,列于表 3.3.22。

表 3.3.22 混合程序控制指令

语 法 表 示	运 算 结 果	字长	周期
IDLE K	Idle(k)	1	4
MAR Smem	If CMPT=0,then 修正 ARX If CMPT=1,且 ARX<AR0,then 修正 ARX,ARP=X If CMPT=1,且 ARX=AR0,then 修正 AR(ARP)	1	1
NOP	空操作	1	1
RESET	软件复位	1	3
RSBX N,SBIT	STN(SBIT)=0	1	1
SSBX N,SBIT	STN(SBIT)=1	1	1
XC n,cond[,cond[,cond]]	If(cond(s)),then 执行后 n 条指令;n=1 或 2	1	1

3.3.5 单指令重复

'C54X 的重复指令包括单指令重复和多指令重复。指令重复次数为指令中的一个操作数加 1。

这个值存储在 16 位的重复计数存储器 RC 中,不能直接 RC 编程,而是通过重复指令本身装载的。指令中可以给定最大重复数值是 65 536。当利用重复指令时,绝对寻址重复次数会自动增加。

一旦重复指令被译码,所有中断包括不可屏蔽中断 NMI(不包括$\overline{RS}$)全部废除,直至重复循环完成。然而,'C54X 在执行重复循环时,可以响应$\overline{HOLD}$信号,但响应与否依赖于状态寄存器 ST1 中的 HM 位。

重复功能可以用于加法—累加、块移动等指令,以增加指令的执行速度,在重复循环之后,那些多周期指令就会有效地成为单周期指令。

可以通过重复指令由多周期变为单周期的指令共 11 条,列于表 3.3.23。

表 3.3.23 由重复转换为单周期的指令

语 法 表 示	运 算 结 果	周期*	周期
FIRS	对称 FIR 滤波	3	1
MACD	带延时的乘法和数据传送,结果在累加器中	3	1

(**续表** 3.3.23)

语 法 表 示	运 算 结 果	周期*	周期
MACP	乘法和数据传送,结果在累加器中	3	1
MVDK	数据存储区到数据存储区的传送	2	1
MVDM	数据存储器到 MMR 的数据传送	2	1
MVDP	数据区到程序区的数据传送	4	1
MVKD	数据区到数据区的数据传送	2	1
MVMD	MMR 到数据区的数据传送	2	1
MVPD	程序区到数据区的数据传送	3	1
READA	从程序存储区到数据存储区读写	5	1
WRITA	从数据存储区到程序存储区读写	5	1

注:* 为没有使用单指令重复时,指令所需要的周期数。

不可重复的指令:利用长偏移修正或绝对寻址,例如 AR(lk)、* ARn(lk)、* ＋ARn (lk)%、* (lk)等的指令都不能使用单指令重复。这些指令共 37 条,列于表 3.3.24。

表 3.3.24 不可重复的指令

指令	指令	指令	指令	指令
ADDM	CC[D]	IDEL	RET[D]	SSBX
ANDM	CMPR	INTR	RETE[D]	TRAP
B[D]	DST	LD ARP	RETF[D]	XC
BACC[D]	FB[D]	LD DP	RND	XORM
BANZ[D]	FBACC[D]	MVMM	RPT	
BC[D]	FCALA[D]	ORM	RPTB[D]	
CALA[D]	FCALL[D]	RC[D]	RPTZ	
CALL[D]	FRETE[D]	RESET	RSBX	

还有并行运算指令在第六章将会详细介绍。

4 'C54X 的片上外设

'C54X 系统中非常重要的片上外设有中断系统、主机接口 HPI、定时器以及串口通信。'C54X 的中断系统和单片机的中断系统是有所区别的。单片机的中断源数量很少,中断和中断程序的地址相对比较容易管理,而'C54X 的中断源非常多,因此在'C54X 的应用程序中专门有一段程序对中断进行管理,该段程序也称"中断向量程序",这段程序将在后续章节进行介绍。本节将详细介绍'C54X 中断的原理以及中断响应的过程。

'C54X 的定时器随着'C54X 型号的不同,数量也不一样。定时器包括定时寄存器 TIM、定时周期寄存器 PRD 和定时控制寄存器。本节将详细介绍定时器的原理及应用,应用实例将在后续章节详细介绍。

'C54X 的串口分成四种类型:标准同步串口 BP、缓冲同步串口 BSP、多路缓冲串口 McBSP 和时分多路同步串口 TDM。本节将依次详细介绍前三种的实现原理,由于本书以'C5402 为例,应用实例将在后续章节详细介绍 McBSP 的使用。

4.1 'C54X 中断系统概述

中断系统是计算机系统中提供实时操作及多任务多进程操作的关键部分。'C54X 的中断系统根据芯片型号的不同,共有 24～27 个软件及硬件中断源,分为 11～14 个中断优先级,可以实现多层任务嵌套。对于可屏蔽中断,用户可以通过软件实现中断的关断或开启。下面从应用的角度阐述'C54X 的中断系统工作过程及其编程方法。

4.1.1 中断请求

'C54X 的中断请求源按 CPU 的控制级别分为两大类:不可屏蔽中断和可屏蔽中断;按中断产生方式进行划分可分成:硬件中断和软件中断。

不可屏蔽中断:顾名思义,这一类中断无法通过软件屏蔽,只要此类中断发生,CPU 立即响应。'C54X 中这类中断共有 16 个,其中两个可以通过硬件控制,其余 14 个只能通过软件控制。两个可以通过硬件控制的不可屏蔽中断分别是中断优先级最高(1 级)的复位中断 $\overline{\text{RS}}$,以及优先级为 2 的 NMI。前者对芯片的所有操作产生影响,后者不会对任何 CPU 的现行操作产生影响,但是会禁止其他中断的响应。同时,这两个中断也可以通过软件产生。因此,在'C54X 中的 16 个不可屏蔽中断中,优先级分为两级:复位中断 $\overline{\text{RS}}$ 为 1 级,其余中断的全部为 2 级。

可屏蔽中断:这一类中断是可以通过软件屏蔽或开放的硬件或软件中断。'C54X 最多可以支持 16 个可屏蔽中断。这些中断全部可以通过软件或者硬件对它们进行初始化或控制。这里的软件中断是指利用程序指令实现中断触发的方式,例如 INTR、TRAP、RESET 等进行中断触发。硬件中断有两种形式:一是由片外信号触发的外部硬件中断;二是片内外设触发的内部硬件中断。

表 4.1.1 给出了'C54X 通用中断源的中断向量以及中断优先权的排列顺序。表中按各个中断的优先级顺序给出了中断的序号、中断名称、中断在内存中的地址、中断的功能。由表 4.1.1 可见，中断优先级为 2 的不可屏蔽中断 15 个，其中一个可以硬件中断，其他全部可以软件中断。显然，这 15 个中断中，1 号中断的硬件触发方式可能与软件触发的其余任何一个同等级中断发生冲突，因此，使用优先级相同的中断应在软件上作相应的处理。

另外，对于特殊不可屏蔽中断，不同的芯片可以使用的中断不同，尤其是串口通信的缓冲区中断和硬件接口中断有些芯片上没有。最后 4 个中断目前保留，不能使用。

中断请求源分别由芯片内部的中断标志寄存器 IFR 和中断屏蔽寄存器 IMR 的对应位表示。中断标志寄存器是一个存储器映像寄存器，当某个中断触发时，寄存器的相应位置 1，直到中断处理完毕为止。表 4.1.1 是'C54X 中断标志寄存器 IFR 的说明图，内存地址从第 2 章中获取。

不同型号芯片的 IFR 中 5～0 位对应的中断源完全相同，是外部中断和串口中断标志位。其他 15～16 位中断源根据芯片的不同，定义的中断源类型不同。当对芯片进行复位、中断处理完毕、写 1 于 IFR 的某位、执行 INTR 指令等硬件或软件中断操作时，IFR 的相应位置 1，表示中断发生。硬件中断分为片外中断和片内中断两种。以'C54X 为例，来自片外中断口的硬件中断有$\overline{RS}$、$\overline{NMI}$、$\overline{INT0}$～$\overline{INT3}$ 等 6 个中断源，来自片上外设的中断有串行口中断 RINT0、XINT0、RINT1、XINT1、BRINT0、BXINT0、BRINT1、BXINT1、定时器中断 TINT、并口中断 HIPINT。软件中断指令 INTR、TRAP、RESET。TRAP 指令执行时不需要设置 ST1 中的 INTM 位，这是一个不可屏蔽软件中断指令。RESET 指令执行时，ST1 中的 INTM 位自动置 1，禁止所有的可屏蔽中断。另外，使用 RESET 指令复位与硬件$\overline{RS}$复位在对 IPTR 和片上外设初始化方面是有区别的。

表 4.1.1　'C54X 中断源说明表

中断号	优先级	中断名称	中断地址	功　　能
0	1	RS/SINTR	0	复位（硬件/软件）
1	2	NMI/SINTR	4	不可屏蔽
2	—	SINT17	8	软件中断＃17
3	—	SINT18	C	软件中断＃18
4	—	SINT19	10	软件中断＃19
5	—	SINT20	14	软件中断＃20
6	—	SINT21	18	软件中断＃21
7	—	SINT22	1C	软件中断＃22
8	—	SINT23	20	软件中断＃23
9	—	SINT24	24	软件中断＃24
10	—	SINT25	28	软件中断＃25
11	—	SINT26	2C	软件中断＃26

(续表 4.1.1)

中断号	优先级	中断名称	中断地址	功　能
12	—	SINT27	30	软件中断♯27
13	—	SINT28	34	软件中断♯28
14	—	SIN29	38	软件中断♯29
15		SIN30	3C	软件中断♯30
16	3	INT0/SINT0	40	外部中断 0
17	4	INT1/SINT1	44	外部中断 1
18	5	INT2/SINT2	48	外部中断 2
19	6	TINT/SINT3	4C	内部定时中断
20	7	RINT0/SINT4	50	串口 0 接收中断
21	8	XINT0/SINT5	54	串口 0 发射送中断
22	9	RINT1/SINT6	58	串口 1 接收中断
23	10	XINT1/SINT7	5C	串口 1 发射送中断
24	11	INT3/SINT8	60	外部中断 3
25	12	HPINT/SINT9	64	HPI 中断
26	13	BRINT1/SINT10	68	缓冲串口接收
27	14	BXINT1/SINT11	6C	缓冲串口发送
28～31			70～7F	保留

如图 4.1.1,IFR 中断标志寄存器图同 IMR 中断屏蔽寄存器。

15　14	13	12	11	10	9	8	7
保留	DMAC5	DMAC4	BXINT1	BRINT1	HPINT	INT3	TINT1

6	5	4	3	2	1	0
DMAC0	BXINT0	BRINT0	TINT0	INT2	INT1	INT0

图 4.1.1　IFR 标志寄存器

4.2　中断控制

中断控制主要是屏蔽某些中断,避免其他中断对当前运行程序的干扰,以及防止同级中断之间的响应竞争。

4.2.1　中断屏蔽

'C54X 的 CPU 对中断源的开放和屏蔽,由片内存储器映像寄存器 IMR 控制。IMR 的内存地址为 0H。IMR 各位的意义如图 4.2.1 所示。

15　14	13	12	11	10	9	8	7
保留	DMAC5	DMAC4	BXINT1	BRINT1	HPINT	INT3	TINT1

6	5	4	3	2	1	0
DMAC0	BXINT0	BRINT0	TINT0	INT2	INT1	INT0

图 4.2.1　IMR 中断屏蔽寄存器

　　IMR 的某位置 1，则相应的中断放开。这个寄存器只是对屏蔽中断有效。

4.2.2　中断优先级

　　'C54X 有 14 个固定中断优先级，当执行优先级低的中断时，可以被优先级高的中断打断，也可以通过对中断屏蔽寄存器 IMR 编程，屏蔽高级中断的干扰。但是，当执行高级中断时，低级中断是无法响应的。因此，'C54X 中断的优先级编程余地不大也可以按照软件设计要求尽量按照器件设定的优先级组织中断系统。另外，不可屏蔽中断共有 16 个，当其中一个触发时其他中断全部被屏蔽，所以，不会发生中断冲突。

　　对于软件和硬件的不可屏蔽中断，CPU 立即响应。对于硬件可屏蔽中断必须满足以下条件，CPU 才能够响应中断：

　　（1）出现多个中断时，此中断的优先级别最高；

　　（2）ST1 中的 INTM 位为 0，允许全局中断；

　　（3）IMR 中的响应相应位为 1，开放此中断。

　　满足上述条件，CPU 响应中断，终止当前正在进行的操作，程序计数器 PC 自动转向相应的中断向量地址，取出中断服务程序地址，并发出硬件中断响应信号$\overline{\text{IACK}}$，清除相应的中断标志位。

　　整个中断响应过程如图 4.2.2 所示。过程如下：首先，将 PC 值压栈（存返回地址，保护现场）。其次，自动加载中断向量地址于 PC，从中断向量地址中取出下一步运行指令，如果是延迟分支转移指令，则可以在它后面安排一条双字节指令或者两条单字节指令，

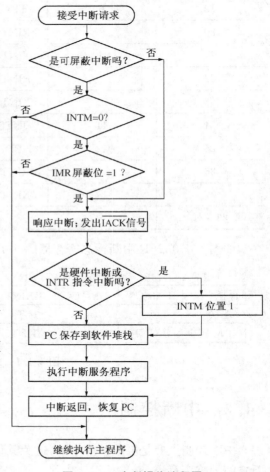

图 4.2.2　中断操作流程图

避开流水线冲突。CPU 也对这两个字取指，然后，执行分支转移指令，转至中断服务程序。执行中断服务程序，任务完成后，从堆栈弹出返回地址于程序计数器 PC，恢复现场，继续执行原来被中断的程序。

　　执行中断服务程序前，必须将中断程序中用到的寄存器中的内容全部保存到堆栈中去，

执行完中断服务程序,返回时应该按压栈相反的顺序依次恢复寄存器内容。注意,块计数寄存器 BRC 应比状态控制寄存器 ST1 中的块标志位 BRAF 先恢复,否则,如果中断程序中的 BRC=0,则先恢复的 BRAF 位将被清零,出现运行错误。

'C54X 中,中断向量地址由 PMST 中的 9 位中断向量地址指针 IPTR 和左移 2 位后的中断向量序号组成。例如:INT0=0001 0000B=10H,左移 2 位变成 100 0000B=40H,IPTR=001H,则中断向量地址为 0000 0000 1100 0000H=00C0H。

复位时,IPTR=1FFH,因此,复位中断向量一定映射到程序存储器的 511 页空间,因此,硬件复位后,程序地址总是 PC=1111 1111 1000 0000B=0FF80H,而且,硬件复位地址是固定不变的,其他中断向量可以通过改变 IPTR 的内容重新安排中断程序的地址。例如:IPTR=001H,中断向量移至 0080H 开始的程序存储空间。

4.2.3　外部中断响应时间和外部中断触发

外部中断输入电平在每一个机器周期被采样,并被锁存到 IFR 中,这个新置入的状态等待下一个机器周期被查询到。如果发生中断,并且满足响应条件,CPU 接着执行一条硬件指令并转移到中断服务子程序入口,这个指令需要 2 个机器周期。这样,从外部中断请求到开始执行中断服务程序的第一条指令之间至少需要 3 个完整的机器周期。

如果中断请求的三个条件中有一个不能满足,就需要更长的响应时间。如果已在处理同级或更高级中断时,额外的等待时间取决于正在进行的中断处理程序的处理时间。如果正在处理的指令没有执行到后面的机器周期,所需额外等待时间不会多于 6 个机器周期,因为最长的指令也只有 6 个周期。如果正在执行的指令为 RETE,额外的等待时间不会多于 6 个机器周期。因此,在单一的中断系统,外部中断响应的时间基本上在3~8个机器周期之间。

外部中断触发方式有电平触发和边沿触发两种。

电平触发方式是指外部的硬件中断源产生中断,用电平表示。例如,高电平表示中断申请,CPU 可以通过采集硬件信号电平响应中断信息。但此种触发方式要求在中断服务程序返回之前,外部中断请求输入必须无效,否则,CPU 会反复中断。因此,在这种触发方式下,CPU 必须有应答硬件信号通知外部中断源,当中断响应后,取消中断申请。

边沿触发方式:外部中断申请触发器能锁存外部中断输入线上的负跳变。即使 CPU 不能及时响应中断,中断申请标志也不会丢失。但是,输入脉冲宽度至少保持 3 个时钟周期,才能被 CPU 采样到。外部中断的边沿触发方式适用于以负脉冲方式输入的外部请求源。

4.3　定时器结构

4.3.1　定时器结构图

定时器结构图如图 4.3.1 所示。

定时器由定时寄存器 TIM、定时周期寄存器 PRD、定时控制寄存器 TCR 及相应的逻辑控制电路组成。TIM 是一个减 1 计数器,PRD 存放定时时间常数,TCR 存储定时器的控制及状态位。图 4.3.2 所示是一个 16 位 TCR 寄存器,其中,0~3 位为定时器的预标定分频系数 TDDR,最大的预标定值为 16,最小的预标定值为 1。按照这个分频系数定时期对时钟输

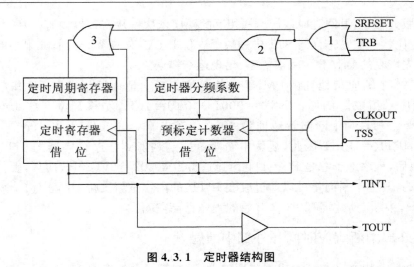

图 4.3.1　定时器结构图

出信号 CLKOUT 进行分频,分频是通过预标定计时器 PSC 进行的。复位或减为 0 时,分频系数 TDDR 自动加载到 PSC 上,开始新一轮记数。在 CLKOUT 的控制下,PSC 每个 CLK-OUT 脉冲减 1。第 4 位是定时器停 TSS,用于停止或启动定时器。当 TSS＝0 时,定时器启动开始工作;当 TSS＝1 时,预标定分频系数 TDDR 和定时器周期寄存器 PRD 中的数据分别加载至定时器预标定计数器和定时器 TIM 中。通常情况下 TRB＝0。第 9～6 位是 CLKOUT 的预标定计数器 PSC 的预置值,其标定范围为 1～16。第 10 位 free 和第 11 位 soft 为软件调试组合控制位,用于控制调试程序断点操作情况下的定时器工作状态。当 free＝0 且 soft＝0 时,定时器立即停止工作。当 free＝0 且 soft＝1 且计数器 TIM 减为 1 时,定时器停止工作。当 free＝1 且 soft＝×时,定时器继续工作。第 12～15 位为保留位,通常情况下读成 0。

15～12	11	10	9～6	5	4	3～0
保留	soft	free	PSC	TRB	TSS	TDDR

图 4.3.2　16 位 TCR 寄存器

soft——软件调试控制位
free——软件调试控制位
PSC——预定标值
TRB——定时器重新加载位
TSS——定时器停止状态
TDDR——定时器分频系数

定时器的工作过程是将定时分频系数 TDDR 和周期数 PRD 分别加载入 TCR 和 PRD 寄存器中,由组合逻辑电路控制定时器的运行。如图 4.3.1 所示,定时器的基准工作脉冲由 CLKOUT 提供,每来一个脉冲,预标定计数器 PSC 减 1,当 PSC 减至 0 时,下一个脉冲到来,PSC 产生借位。借位信号分别控制定时计数器 TIM 减 1 和或门 2 的输出,重新将 TD-DR 的内容加载到预标定计数器 PSC,完成定时工作的一个基本周期。因此,定时器的基本定时时间可由式(4.1)计算:

$$定时周期 = CLKOUT * (TDDR+1) * (PRD+1) \qquad (4.1)$$

从图 4.3.2 可见,可以通过对 TRC 寄存器的第 4 位 TSS 置"1"来控制与门、屏蔽 CLK-OUT 的脉冲输入,从而达到停止计数器工作的目的。当 TSS 为 0 时,与门打开,计数器正常工作。无论定时器工作于何种状态,硬件的系统复位端 SRESET 和软件对 TCR 的重复加载位 TRB,通过或门 1 和或门 3 重置 TIM,通过或门 1 和或门 2 重置 PSC,使定时器重新开始记数。定时器有两个输出端可以提供给外部电路。一个是外部定时中断输出 TINT,每个借位信号一方面通过或门 2 的控制将 TDDR 重新加载至 PSC,另一方面控制定时寄存器 TIM 减 1,当 TIM 减至 0 后,产生定时中断信号 TINT,传送到 CPU 和定时器输出引脚,就是这个信号的负脉冲读寄存器的内容。另一个是定时输出 TOUT,这个外部引脚上可以得到定时器的输出波形。

4.4 定时器/计数器应用步骤

定时器/计数器的主要功能就是进行定时或计数,从原理结构可以看出定时器或计数器其实就是一个可设置的计数器。因此它的功能主要是围绕计数展开的,包括定时功能实际也是按照一定频率进行计数,知道了频率,每记一次数的时间也就知道了。定时器的工作频率就是 CPU 的时钟频率。那么 CPU 的时钟频率是如何设定的,本书将在第 8 章的第 2 节进行介绍。本节均设时钟频率是已知的,并列出一部分定时器的应用,希望能够抛砖引玉,使读者在应用时激发更多灵感。

1)方波发生器

假设时钟频率为 4MHz,在 XF 端输出一个周期为 4 ms 的方波,占空比为 50%,方波的周期由片上定时器确定,采用中断方法实现。也就是先用定时器产生一个 2 ms 的定时,在定时器 0 的中断服务子程序里通过对引脚 XF 置反就可以得到周期为 4 ms 的占空比为 50% 的方波波形。

CLKOUT 主频 $f = 4MHz$,那么一个时钟周期 $T = 250$ ns,根据定时长度计算公式:$Tt = T * (1+TDDR) * (1+PRD)$,我们给定 TDDR=9,可以得到 PRD=79。

$$Tt = 250 * (1+9) * (1+79) = 2\,000\,000 (ns) = 2 (ms)$$

2)周期为 20 s 的方波发生器

'C54X 的定时器所能计时的长度通过公式 $T * (1+TDDR) * (1+PRD)$ 来计算。其中,TDDR 最大为 0FH,PRD 最大为 0FFFFH,所以能计时的最长长度为 $T * 1\,048\,576$,由所采用的机器周期 T 决定。例如,$f = 4$ MHz,则最长定时时间为:

$$Ttmax = 25 * 1\,048\,576 (ns) = 262.144 (ms)$$

若需要更长的计时时间,则可以在中断程序中设计一个计数器。

设计一个周期为 20 s 的方波,则可将定时器设置为 10 ms。程序中计数器设为 1\,000,则在计数 $1\,000 * 10$ ms$= 10$ s 输出取反一次,形成所要求的波形。

3)脉冲频率监测

通过外部中断请求输入,检测输入脉冲频率。根据所测输入信号的周期,设定定时器的定时时间。然后,根据设定时间内所测脉冲的个数,计算被测输入信号的频率。这类信号检测方法用于许多工业控制系数中,如利用码盘、光栅检测电机的速度等。第一个负跳变触发定时器工作,每输入一个负跳变计一个数。设定记忆负跳变计一个数,设定记忆负跳变的个数,当达到设定数字时,定时器停止工作,则此时定时器的时间值除以所计脉冲数,就是所测输入信号的周期。

4) 周期信号检测

信号一般为一个周期发出一个脉冲,程序可以精确计算出两个脉冲之间的时间。使用外部中断 INT0 来记录脉冲,当脉冲来临时,出发外部中断 INT0。使用定时器 0 来记录时间,为增加计时长度,在程序中设置一级计数器(若实际中需要长度更长,可类似设计二级乃至多级计数器)。时间的记录类似于时钟的分和秒,使用定时器 0 的寄存器来记录低位时间,用程序中的一个计数器来记录高位时间,在外部中断服务程序中读取时间。在定时器 0 中断服务程序中对计数器加一,实现低位时间的进位。

定时器的设计步骤如下:

(1) 定时器初始化

● 关闭定时器,TCR 中的 TSS=1。

● 加载 PRD。

● 启动定时器,初始化 TDDR,TSS=0,TRB=1。

(2) 中断初始化

● 中断允许寄存器 IFR 中的定时中断位 TINT=1,清除未处理完的定时中断。

● 中断屏蔽寄存器 IMR 中的定时屏蔽位 TINT=1,开放定时中断。

● 状态控制寄存器 ST1 中的中断标志位 INTM 位清零,开放全部中断。

4.5 ′C54X 串行及并行接口

′C54X 内部具有功能很强的高速、全双工串行口,可直接实现三种标准通信形式,也可以通过软件编程实现其他的标准通信形式。

′C54X 的串行口形式为标准同步串口 SP、缓冲同步串口 BSP、多路缓冲串口 McBSP 和时分多路同步串口 TDM 四种。这些串口可以提供丰富的多路及时分复用功能,实现高效的和双向串口器件的通信,例如编码解码器、A/D 转换器等,具有灵活的串口通信方式控制及转换接口。不同型号的芯片所带的串口类型不同,如表 4.5.1 所示。

表 4.5.1　′C54X 芯片串行口配置

芯片型号	SP	BSP	McBSP	TDM
′C541	2	0	0	0
′C542	0	1	0	1
′C543	0	1	0	1
′C545	1	1	0	0
′C546	1	1	0	0
′C548	0	2	0	1
′C549	0	2	0	1
′C5402	0	0	2	0
′C5409	0	0	2	0
′C5410	0	0	3	0
′C5420	0	0	6	0

4.5.1 SP 标准串口

图 4.5.1 是标准同步串行通信端口 SP 的硬件结构图。SP 由四个 16 位寄存器和逻辑电路组成,包括数据接受寄存器 DRR、数据发送寄存器 DXR、接收移位寄存器 RSR、发送移位寄存器 XSR、两个装载控制逻辑电路及两个位/字控制计数器等。SP 串口有 6 个外部引脚,即接收时钟引脚 CLKR、发送时钟引脚 CLKX、串行接收数据引脚 DR、串行发送数据引脚 DX、接收帧同步信号 FSR 引脚、发送帧同步信号 FSX 引脚。

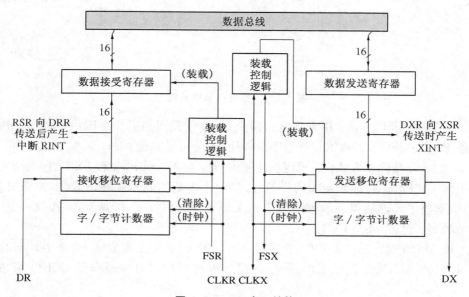

图 4.5.1 SP 串口结构

发送数据时,将准备发送的数据装载到发送数据寄存器 DXR 中,当上一个字发送完毕,发送移位寄存器 XSR 为空,DXR 的内容自动复制到 XSR 中。在帧同步信号 FSX 和发送时钟信号 CLKX 作用下,将 XSR 的数据通过引脚 DX 输出。

接收数据过程基本与发送过程类似,只是数据流方向相反。外部信号通过引脚 DR 输入,在接收帧同步信号 FSR 及始终 CLKR 的作用下,移位至接收移位寄存器 RSR,当 RSR 移满时,直接复制到接收数据寄存器 DRR 中。整个过程由 CPU 通过串口控制寄存器 SPC 控制,可以通过软件编程实现数据的完整收发通信。

'C54X 的串行口控制寄存器 SPC 用于控制串行口的操作。SPC 的各位定义如图 4.5.2 所示。

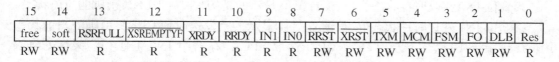

15	14	13	12	11	10	9	8	7	6	5	4	3	2	1	0
free	soft	RSRFULL	XSREMPTYF	XRDY	RRDY	IN1	IN0	RRST	XRST	TXM	MCM	FSM	FO	DLB	Res
RW	RW	R	R	R	R	R	R	RW	RW	RW	RW	RW	RW	RW	R

图 4.5.2 定时控制状态寄存器 SPC

SPC 共有 16 个控制位,其中 7 位为只读,9 位可以读/写,各位的功能如下:

第 0 位 Res:保留位,读出为 0,在 TDM 模式下为模式标志位。

第 1 位 DLB:数字返回方式控制位,用于单 'C54X 串口测试。DLB 通过控制片内的多路开关来控制串口的工作状态。DLB＝1，多路开关接通 DR 与 DX，FSR 与 FSX。此时，若时钟方式位 MCM＝1，片内时钟 CLKX（CLKOUT 的四分之一）驱动接收时钟 CLKR；若 MCM＝0，选择外部时钟驱动 CLKR，如图 4.5.3（c）所示。若 DBL＝0，串口工作于正常方式，DR、FSR、CLKR 均由外部信号驱动。

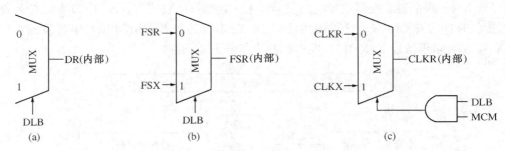

图 4.5.3　串行口多路开关

第 2 位 FO 数据格式位：用于规定串口发送/接收数据的字长。FO＝0，发送和接收的数据都是 16 位字；FO＝1，数据按 8 位字节传送，先传送最高位 MSB。

第 3 位 FSM 帧同步方式位：规定初始帧同步脉冲之后对 FSX 和 FSR 的要求。FSM＝0，串口工作于连续方式，即初始帧同步脉冲之后，不再需要同步脉冲。因此，如果出现定时错误，会引起整个传输错误。FSM＝1，串口工作于字符组方式，即每发送/接收一个字符都要求一个帧同步脉冲 FSX/FSR。

第 4 位 MCM 时钟选择方式位：MCM＝0，时钟 CLKX 配置成输入，采用外部时钟源。MCM＝1，时钟 CLKX 配置成输出，采用内部时钟源。片内时钟频率是 CLKOUT 的四分之一。

第 5 位 TXM 帧同步方式位：TXM＝1，FSX 设置成输入，外部提供帧同步信号。发送时，发送器等待 FSX 引脚提供的同步脉冲。TXM＝1，FSX 设置成输出，每次发送数据起始，片内产生一个同步脉冲。

第 6 位 $\overline{\text{XRST}}$ 发送复位：$\overline{\text{XRST}}$＝0，串行口处于复位状态。$\overline{\text{XRST}}$＝1，串行口处于工作状态。

第 7 位 $\overline{\text{RRST}}$ 接收复位：$\overline{\text{RRST}}$＝0，串行口处于复位状态。$\overline{\text{RRST}}$＝1，串行口处于工作状态。如果需要复位或重新配置串行口，需要对串口控制寄存器 SPC 操作两次。首先，对第 6、第 7 位写入 0 复位。其次，再对第 6、第 7 位写入 1，其余各位重新配置。另外，要求低功耗的情况下，如果不使用串口可以通过令 $\overline{\text{XRST}}$＝$\overline{\text{RRST}}$＝MCM＝0 挂起时钟 CLKX。

第 8 位 IN0 接收时钟状态位（只读）：IN0 显示的是接收时钟 CLKR 引脚的当前状态。

第 9 位 IN1 发送时钟状态位（只读）：IN1 显示的是发送时钟 CLKX 引脚的当前状态。用位操作指令 BIT、BITT、BITF、CMPM 读取 SPC 寄存器中 IN0、IN1 位。采样 CLKX、CLKR 引脚状态，整个采样过程约需 0.5～1.5 个 CLKOUT 周期的等待时间。

第 10 位 RRDY 接收准备好位（只读）：这位由 0 变到 1，表示接收移位寄存器 RSR 的内容已复制到接收数据寄存器 DRR 中，同时产生串口中断 RINT。可以通过查询该位方式判断数据接收的情况。

第 11 位 XRDY 发送准备好位（只读）：这位由 0 变到 1，表示发送寄存器 DXR 的内容已复制到发送移位寄存器 XSR 中,同时产生串口中断 XINT,可以通过查询该位方式判断数据接收的情况。

第 12 位 $\overline{\text{XSREMPTYF}}$ 发送移位寄存器空位(只读):当发生如下三种情况时,此位变低电平 0,有效。第一,发送移位寄存器 XSR 已移空,而数据发送寄存器 DXR 仍未加载;第二,发送复位 $\overline{\text{XRST}}$＝0;第三,芯片复位 $\overline{\text{RS}}$＝0。当处于这三种情况之一,串口会暂停发送数据,DX 为高阻状态,直到下一个帧同步脉冲到达。注意,在连续发送工作模式下,这种情况是错误状态。而字符发送状态下,这种情况属于正常。向 DXR 写一个数可以解除这种状态。

第 13 位 RSRFULL 接收移位寄存器满位(只读):RSRFULL＝1 表示接收移位寄存器 RSR 已满。字符组传送方式下,下述三个条件同时满足会使此位有效:第一,上次从 RSR 传送方式下,只需满足前两个条件。此时,串口暂停接收数据并等待读取 DRR,DR 发送过来的数据会丢失。当读入 DRR 中的数据或串口复位或芯片复位时,这一位就变为 0,失效。

第 14 位 soft 仿真控制位:与第 15 位共同作用,控制仿真调试。

第 15 位 free 仿真控制位:与第 14 位共同作用,控制仿真调试(见表 4.5.2)。

表 4.5.2　free、soft 组合功能

free	soft	串口时钟状态
0	0	立即停止串口时钟,结束传送数据
0	1	接收数据不受影响,若正在发送数据,则等到当前数据发送完后,停止
1	×	出现断点,时钟不停

4.5.2　BSP 串口

1) BSP 串口的结构

带缓冲区的 BSP 串行接口提供与其他串口工作器件的接口,例如编码器、串行 A/D 转换器等。双缓冲 BSP 允许使用 8 位、10 位、12 位、16 位连续通信流数据包,为发送和接收数据提供帧同步脉冲及一个可编程频率的串行时钟。最大的操作频率是 CLKOUT。BSP 发送部分包括脉冲编码模块 PMC,使得与 PMC 的接口很容易。带缓冲器的串口 BSP 由一个复用的双缓冲串行接口组成。它的各功能类似于标准串口,只是多了一个自动缓冲单元 ABU,如图 4.5.4 所示。ABU 是一个附加逻辑电路,允许串口直接对内存读/写,不需要 CPU 参与,可以节省时间,实现串口与 CPU 的并行操作。

ABU 有自己的循环寻址寄存器,每一个都有相应的地址产生单元。发送和接收缓冲区驻留在芯片的内存中一个 2KB 容量的块中。这部分内存也可以用作普通的存储器。这是自动缓冲可以寻址的唯一内存块。

利用自动寻址功能可以进行串口和内存的直接数据交换。2KB 存储块中缓冲区开始的地址和长度是可编程的,而缓冲区的空或满可以产生串口中断,通知 CPU。利用自动取消功能,可以很容易取消缓冲区数据传送。

BSP 自动缓冲功能可以对发送和接收部分分别使能。当自动缓冲取消时,串口的数据

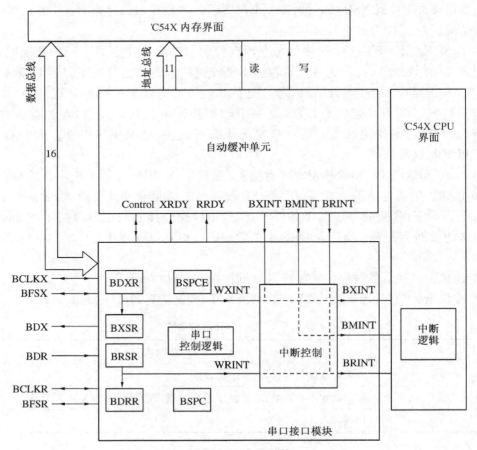

图 4.5.4　BSP 结构

转换的软件控制与标准串口相同。这种模式下,ABU 是透明的,每发送或接收一个字可以产生一个字就会产生一个中断 WXINT 和 WRINT,并被送入 CPU 作为发送中断 BXINT或接收中断 BRINT。当自动缓冲功能使能时,BXINT 和 BRINT 两个中断只在缓冲区的一半被传输时产生。

　　2) BSP 标准模式

　　这部分内容将讨论串口操作的标准模式 SP 与 BSP 操作的差别以及 BSP 提供的增强功能的特点。

　　BSP 增强功能在标准模式和自动缓冲模式下都是有效的。BSP 利用自己的内存映射的数据发送寄存器、数据接收寄存器、串口控制寄存器(BDXR、BDRR、BSPC)进行数据通信,也利用附加的控制寄存器 BSP 控制扩展寄存器 BSPCE,处理它的增强功能和控制 ABU。BSP 发送和接收移位寄存器(BXSP、BRSR)不能用软件直接存取,但是具有双向缓冲能力。如果没有使用串口功能,BDXR、BDRR 寄存器可以用作通用寄存器。此时,BFSR 设置为无效,以防止初始化引起的接收操作。注意,当自动缓冲使能时,对 BDXR、BDRR 的访问受限。ABU 废除时,BDRR 只能进行读操作,BDXR 只能进行写操作。复位时,BDRR 只可以写操作,BDXR 任何时间都可以读操作。

　　缓冲串口寄存器共六个,包括数据接收寄存器 BDRR、数据发送寄存器 BDXR、控制寄存器

BSPC、控制扩展寄存器 BSPCE、数据接收移位寄存器 BRSR、数据发送移位寄存器 BXSR。

标准串口 SP 与 BSP 的差别如表 4.5.3 所示。

表 4.5.3 SP 与 BSP 的差别

SPC 状态	SP	BSP
RSRFULL=1	要求 RSR 满,且 FSR 出现。连续模式下,只需 RSR 满	只需 BRSR 满
溢出时 RSR 数据保留	溢出时 RSR 数据保留	溢出时 BRSR 内容丢失
溢出后连续模式接收重新开始	只要 DRR 被读,接收重新开始	只有 BDRR 被读且 BFSR 到来,接收才重新开始
DRR 中进行 8 位、10 位、12 位转换时扩展符号	否	是
XSR 装载,$\overline{XSREMPTY}$ 清空,XRDY/XINT 中断触发	装载 DXR 时出现这种状况	装载 BDXR 且 BFSK 发生,出现这种状况
对 DXR 和 DRR 的程序存取	任何情况下都可以在程序控制下对 DRR 和 DXR 进行读/写。注意,当串口正在接收时,DRR 读不到以前由程序所写的结果。另外,DXR 的重写可能丢失以前写入的数据,这与帧同步发送信号 FSX 和写的时序有关	不启动 ABU 功能时,BDRR 只读,BDXR 只写,只有复位时 BDRR 可写,BDRR 任何情况下只能读
最大串口时钟速率	CLKOUT/4	CLKOUT
初始化时钟要求	只有在真同步信号出现初始化过程时完成,但是,如果在帧同步信号发生期间或之后 XRST/RRST 变为高电平,则帧同步信号丢失	标准 BSP 情况下,帧同步信号 FSX 出现后,需要一个时钟周期 CLKOUT 的延时,才能完成初始化过程。自动缓冲模式下,FSX 出现之后,需要 6 个时钟周期的延时,才能完成初始化过程
省电操作模式 IDLE2/3	无	有

BSP 的扩展功能包括可编程串口时钟速率、选择时钟和帧同步信号的正负极性,除了有串口提供的 8 位、16 位数据转换,还增加了 10 位、12 位字转换。另外,BSP 允许设置忽略帧同步信号或不忽略。同时,为 PCM 的操作模式提供了详细的说明,使得使用 PCM 更为方便。

BSPCE 寄存器包含控制和状态位,这些位是针对 BSP 和 ABU 的特殊增强功能。寄存器各位定义如图 4.5.5 所示。

15~10	9	8	7	6	5	4~0
ABU 控制	PCM	FIG	FE	CLKP	FSP	CLKDV

图 4.5.5 BSPCE 寄存器

现将寄存器各位的功能说明如下:

ABU 控制位(15~10):自动控制缓冲单元。

PCM(9):脉冲编码模式位。PCM 模式只影响发送器,BDXR 到 BXSR 转换不受 PCM 编码位的影响。PCM=0,清除脉冲编码模式;PCM=1,设置脉冲编码模式。在 PCM 模式下,只有它的最高位(2^{15})为 0,BDXR 才被发送。如果这一位被设置为 1,BDXR 不发送,且发送周期内 BDX 处于高阻态。

FIG(8):帧同步信号忽略。这一位控制连续发送模式且具有外部帧同步信号,以及连续接收模式下的工作状态。FIG=0,在第一个帧脉冲之后的帧同步脉冲重新启动发送;FIG=1,忽略帧同步信号。

FE(7):扩展格式位。此位与 SPC 中的 FO 位设定传输字的长度,如表 4.5.4 所示。

表 4.5.4　SPC 中的字长控制位

FO	FE	字长(位)
0	0	16
0	1	10
1	0	8
1	1	12

CLKP(6):时钟极性设置。这个控制位设定接收和发送数据采样时间特性。CLKP=0,接收器在 BCLKR 的下降沿采样数据,发送器在 BCLKX 的上升沿发送数据。CLKP=1,接收器在 BCLKR 的上升沿采样数据,发送器在 BCLKX 下降沿发送数据。

FSP(5):帧同步极性设置。这个控制位设定帧同步脉冲触发电平。FSP=0,帧同步脉冲为高电平;FSP=1,帧同步脉冲为低电平。

CLKDV(4~0):内部发送时钟分频因数。当 BSPC 的 MCM=1 时,CLKX 由片上的时钟源驱动,这个时钟的频率为 CLKOUT/(CLKDV+1),CLKDC 的取值范围是 0~31。当 CLKDV 为奇数或 0 时,CLKX 的占空比为 50%。当 CLKDV 为偶数时,令 P=CLKDV/2,其占空比依赖于 CLKP,CLKP=0 占空比为(P+1)/P,CLKP=1 占空比为 P/(P+1)。

上述扩展功能可以使串口在各方面的应用都十分灵活,尤其是帧同步忽略的工作方式,可以将 16 位传输字格式以外的各种传输字长压缩打包。这个特性可以用于外部帧同步信号的连续发送和接收工作状态。初始化之后,当 FIG=0,帧同步信号发生,转换重新开始。当 FIG=1,帧同步信号被忽略。例如,设置 FIG=1,可以在每 8 位、10 位、12 位产生帧同步信号的情况下实现连续 16 位的有效传输。如果不用 FIG,每一个低于 16 位的数据转换必须用 16 位格式,包括存储格式。利用 FIG 可以节省缓冲内存。

3) ABU 自动缓冲单元

ABU 的功能是自动控制串口与固定缓冲内存区中的数据交换,且独立于 CPU 自动进行。

ABU 利用了五个存储器映射寄存器,包括地址发送寄存器 AXR、块长度发送寄存器 BKX、地址接收寄存器 ARR、块长度接收寄存器 BKR、串口控制 BSPCE。前四个寄存器都是 11 位的片上外设存储器影射寄存器,但这些寄存器按照 16 位寄存器方式读,5 个高位为 0。如果不使用自动缓冲功能,这些寄存器可以作为通用寄存器用。

发送和接收部分可以分别控制。当两个功能同时应用时,通过软件控制相应的串口寄存器 BDXR 或 BDRR。当发送或接收缓冲区的一半或全部是满或空时,ABU 也可以向 CPU 发出中断。标准模式操作下,这些中断就是接收和发送中断。在自动缓冲模式下,便不会发生这种情况。

使用自动缓冲功能时,CPU 也可以对缓冲区进行操作。如果 ABU 和 CPU 同时对缓冲区操作,就会产生时间冲突。此时,ABU 的优先级更高,而 CPU 存取延时 1 个时钟周期。当 ABU 同时与串口进行发送和接收时,发送的优先级高于接收。此时,发送首先从缓冲区取出数据,然后延迟等待,当发送完成再开始接收。

ABU 寄存器功能如下:BSPCE 中的高 6 位控制位。

HALTR(15):自动缓冲区接收停止控制位。HALTR=0,当缓冲区接收到一半时,继续操作,HALTR=1,当缓冲区接收到一半时,自动缓冲区停止。此时,BRE 清零,串口继续按标准模式工作。

RH(14):表示这个接收位指明接收缓冲区的那一半已经填满。RH=0,表示缓冲区的前半部分被填满,当前接收的数据正存入后半部分缓冲区;RH=1,表示后半部分缓冲区被填满,当前接收数据正填入前半部分缓冲区。

BRE(13):自动接收使能控制。BRE=0,自动接收禁止,串口工作于标准模式,BRE=1,自动接收允许。

HALTX(12):自动发送禁止位。HALTX=0,当一半缓冲区发送完成后,自动缓冲区继续工作;HALTX=1,当一半缓冲区发送完成后,自动缓冲停止。此时,BRE 清零,串口继续工作于标准模式。

XH(11):发送缓冲禁止位。XH=0,缓冲区前半部分发射完成,当前发送数据取自缓冲区的后半部分;XH=1,缓冲区的后半部分发送完成,当前发送数据取自缓冲区前半部分。

BXE(10):自动发送使能位。BXE=0,禁止自动发送功能;BXE=1,允许自动发送功能。

自动缓冲单元 ABU 工作过程:自动缓冲单元操作是在串口与自动缓冲单元的 2KB 内存之间进行的。每一次在 ABU 的控制下,串口将取自指定内存的数据发送出去,或者将接收的串口数据存入指定内存。这种工作方式下,在传输每一个字的转换过程不会产生中断,只有当发送或接收数据超过存储长度要求一半的界限时才会产生中断。避免了 CPU 直接介入每一次传输带来的资源消耗。可以利用 11 位地址寄存器和块长度寄存器设定数据缓冲区的开始地址和数据区长度。发送和接收缓冲可以分别驻留在不同的独立存储区,包括重叠区域或同一个区域内。自动缓冲工作中,ABU 利用循环寻址方式对这个存储区寻址,而 CPU 对这个存储区的寻址则严格根据执行存储器操作的汇编指令所选择的寻址方式进行。

循环寻址原理如下:循环寻址装载 BKX/R 为实际要求缓冲区长度(长度-1),装载 ARX/R 给出 2KB 缓冲区的基地址和缓冲区数据起始,实现初始化。一般情况下,初始化起始地址为 0,为缓冲区的开端(即缓冲区顶端地址)。但是,也可以指定其为缓冲区内的任意一点。一旦初始化完成,BKX/R 可以认为由两部分组成:高位部分相对于

BKX/R 的所有的 0 位置,低位部分相对于高位出现第一个 1 及其以后的位,并表明这个 1 所处的位置为第 N 位。同时,这个 N 位的位置也定义寻址寄存器为 ARH 和 ARL 两部分。缓冲区顶部地址(TBA)由高位为 ARH 而低位为 N+1 个 0 组成的数定义。缓冲区底部地址(BBA)由 ARH 和 BKL−1 决定。而当前数据缓冲区的位置由 ARX/R 的内容决定。长度为 BXR/R 的循环缓冲区必须开始于 N 位地址边界(地址寄存器的低 N 位为零)。这里 N 必须是满足不等式 $2n>$BKX/R 的最小整数,或者是在 2KB 缓冲内存之内的最低端地址。缓冲区由两部分组成:第一部分的地址范围是 TBA～(BKL/2),第二部分 BKL/2～(BKL−1)。图 4.5.6 为循环寻址图,ABU 最小的缓冲区长度为 2,最大的缓冲区长度为 2 048。任何 2 048 到 1 024 个字的缓冲区开始于相对 ABU 存储区基地址的 0×0000 位置。如果地址寄存器(AXR、ARR)装载了当前指定的 ABU 缓冲范围之外的地址,就会产生错误。后续的存取从指定的位置开始,不管这些位置是否已经超出了指定缓冲区之外。ARX/R 的内容会随着每一次访问继续增加直至达到下一个允许的缓冲区开始地址。然后,在后续的存取操作中,作为更新的循环缓冲开始地址,新的 ARX/R 内容用来进行正确的循环缓冲地址计算。值得注意的是,任何由于不适当装载 ARX/R 的存取都可能会破坏某些存储空间的内容。如下的例子说明自动缓冲功能的应用。考虑一个长度为 5(BKX=5)的发送缓冲区,长度为 8(BKR=8)的接收缓冲区。

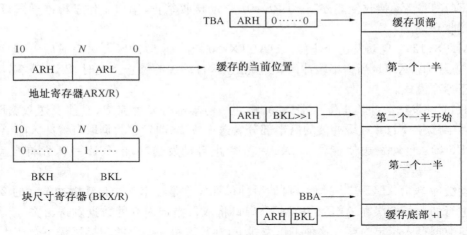

图 4.5.6　循环寻址示意图

发送缓冲区开始于任何一个 8 的倍数的地址:

　　　　0000H,0008H,0010H,0018H,...,007F8H

接收缓冲区开始于任何一个 16 的倍数的地址:

　　　　0000H,0010H,0020H,...,07F0H

设发送缓冲区开始于 0008H,接收缓冲区开始于 0010H。AXR 中可以是 0008H～000CH 中的任何一个值。ARR 的内容为 0010H～0017H 之间的任何一个值。如果本例中 AXR 已经被装载了 000DH(长度为 5 的模块不能接收),存储器的存取一直被执行,AXR 增加直到地址 0010H,它是一个可以接收的开始地址。注意,如果发生这种情况,AXR 就指定了一个与接收缓冲区相同的地址,从而产生发送接收冲突,出现运行错误。当 XRDY 或 RRDY 变高,串行接口激活自动缓冲功能,表明一个字已经收到,然后完成要求的内存存取。如果已经完成了接收数据超过定义的缓冲区长度的一半,则产生一个中断。当中断产生时,BSPEC 中的 RH 和 XH 表明是哪一半数据已经被发送和接收。当选择废除自动缓冲功能,在遇到下一半缓冲区边界时,BSPEC 中的自动使能位 BXE 和 BRE 被清零,以便禁止自动缓冲功能,不会产生任何进一步的请求。当发送缓冲被停止时,当前的 AXR 的内容和 DXR 内最后的值都会被发送完成。因为,这些转换都已经被初始化。因此,当利用 HALTX 功能时,在穿越缓冲边界与发送实际停止之间通常会有时间延迟。如果必须识别发送的实际停止时间,则需要利用软件查询到 XRDY=1,$\overline{\text{XSREMPTYF}}$=0。接收时,利用 HALTR 功能,由于越过缓冲区边界时自动功能被停止,进一步接收数据会丢失,除非软件从这一点开始响应接收中断,因为不再由 ABU 自动转换读 BDRR。

自动缓冲过程归纳如下:

ABU 完成对缓冲存储器的存取。

工作过程中地址寄存器自动增加,直至缓冲区的底部。到底部后,地址寄存器内容恢复到缓冲存储区顶部。

如果数据到了缓冲区的一半或底部,就会产生中断,并刷新 XH/XL。

如果选择禁止自动缓冲功能,当数据过半或到达缓冲区底部时,ABU 会自动停止自动缓冲功能。

4) 串口工作注意事项

串口工作过程中可能会发生许多意外传输错误的情况。这些情况往往是随机的,例如接收溢出、发送不满以及转换过程中的帧同步脉冲丢失等。了解串口如何处理这些错误和出现错误时的状况,对有效地使用串口是非常重要的。由于字符组与连续传输方式的错误稍有不同,因此分开讨论。

字符组模式下接收溢出错误,通过 SPC 的 RSRFULL 位标志显示。当 CPU 没有读到传输过来的数据,而更多的数据仍被接收时,CPU 会暂停串口接收,直到 DRR 中的数据被读出。因此,任何紧接的后续数据都会丢失。

溢出时,SP 和 BSP 处理方式不同。在标准串口 SP 情况下,溢出时 RSR 的内容被保留。但是,由于接收溢出错误发生后,下一个帧同步脉冲到来时,RSRFULL 才能被置 1,所以,当 RSRFULL 置位时,连续到来的数据可能丢失。只有利用软件控制在 RSRFULL 置位后迅速读取 DRR,才可以避免数据丢失。这要求接收时钟 CLKR 频率比 CLKOUT 慢。因为 RSRFULL 是在接收帧同步脉冲 FSR 期间接收时钟 CLKR 的下降沿被置位,而下一个数据的接收是在随后的 CLKR 的上升沿。因此,检测 RSRFULL,然后读出 DRR,以避免数据丢失的时间仅有半个 CLKR 周期。

带缓冲标准串口 BSP 中,RSRFULL 在收到最后一个有效位时置位,RSR 来不及转换到 DRR 中,因此,RSR 中全部转换内容丢失。如果在下一个帧同步脉冲到来前,DRR 被读(RSRFULL 清零),后续的转换数据可以正确收到。当接收数据期间(数据正在从 DR 移入 RSR 期间),如果出现帧同步信号,就会产生另一类接收错误。此时,当前的接收被废除,开始新数据的接收。因此,正在装载到 RSR 的数据丢失,但 DRR 中的数据保留(不会产生 RSR 到 DRR 拷贝)。图 4.5.7 给出了接收状态下 SP 和 BSP 串口工作于字符组模式时的正常和错误状态的工作流程图。

在发送情况下,当 XSR 的内容正在移入 DX 时,发生一个帧同步信号,发送就会停止,XSR 中的数据丢失。在帧同步发生的瞬间,无论 DXR 中的数据是什么都会送入 XSR,并发送出去。然而,值得注意的是,只要 DXR 的最后一位发送出去,就立即产生串口发送中断 XINT。另外,如果 $\overline{\text{XSREMPTYF}}$ 为 0,并且帧同步脉冲发生,DXR 中的原有数据移出。图 4.5.8 给出了在正常和错误状态下串口的发送流程图。

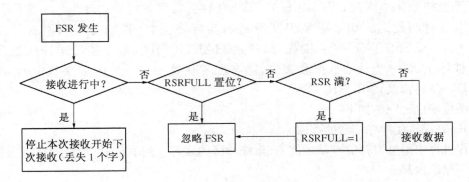

(a) SP 串口工作状态流程

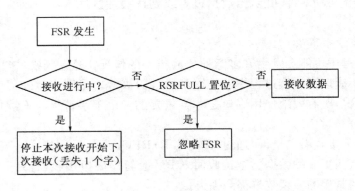

(b) BSP 串口工作状态流程

图 4.5.7　SP 和 BSP 接收工作状态流程

连续模式:在连续模式下,错误出现的形式更多,因为数据转换一直在进行。因此,发送停顿($\overline{\text{XSREMPTY}}$＝0)在连续工作模式下是一个错误。就像在字符组模式下溢出 RSRFULL＝1 是错误一样,连续模式下,溢出和欠入分别产生接收和发送的停顿。所幸的是这两种错误不会产生灾难性后果,常常可以利用简单的读 DRR 或写 XSR 进行矫正。

连续模式下溢出错误对 SP 和 BSP 的影响不同。在 SP 情况下,读 DRR 清 RSRFULL,为了恢复连续操作模式,并不要求帧同步脉冲。接收保持原有的字符接收边界,即使接收器没有接收到信号。因此,当 RSRFULL 由读 DRR 清零时,接收从正确的位置开始读。在 BSP 中,由于要求帧同步重新开始连续接收,因此,重新建立位队列,以便重新开始接收。图 4.5.9 为连续工作模式下接收状态流程图。

在连续模式接收期间,如果发生帧同步脉冲,接收就会停止,因此,会丢失一个数据包

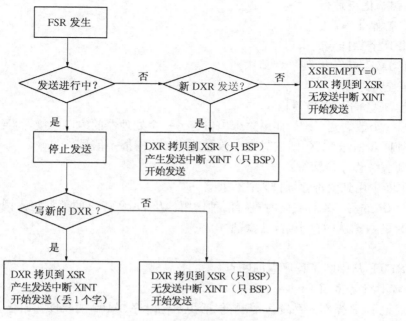

图 4.5.8　串口发送工作流程

（因为此时帧同步信号复位 RSR 计数器）。出现在 DR 的数据随后移入 RSR，再一次从第 1 位开始。注意，如果帧同步信号发生在 RSRFULL 清零之后，但下一个字的边界到来之前，也会产生一个接收停止状况。

　　另一种串口错误产生的原因是发送期间外部帧同步信号的出现，连续模式下，初始化帧同步之后，不再需要帧同步信号。如果发送期间有一个不合适的时序帧同步信号出现，就会停止当前的信号发送，XSP 中的数据丢失。新的发送周期被初始化，每个数据发送之后，只要 DXR 被刷新，发送转换就会继续，图 4.5.10 为连续模式下发送状态流程图。

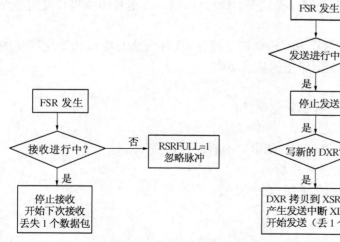

图 4.5.9　串口连续模式接收工作流程

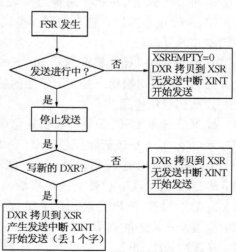

图 4.5.10　串口连续模式发送模式发送工作流程

SP 串口初始化步骤有：

（1）SPC 初始化串口。

（2）写 IFR 清除挂起的串口中断。

（3）改变 IMR 相关位，使能串口中断。

（4）使能全局中断。

（5）配置 SPC，开始串口传输。

（6）写第一个数据到 DXR（如果这个串口与另一个处理器的串口连接，而且这个处理器将产生一个帧同步信号 FSX，则在写这个数据之前必须有握手信号）。

串口中断服务程序步骤有：

（1）将中断中用到的寄存器推入栈保护。

（2）读 DRR 或写 DXR，或同时进行两种作用。从 DRR 读出的数据写入内存中给定区域，写入 DXR 的数据从内存中给定区域取出。

（3）恢复现场。

（4）用 RETE 从中断子程序返回断点。

5）BSP 操作注意事项

这部分讨论 BSP 操作的系统级情况，包括初始化时序、ABU 的软件初始化。

串口初始化时序：′C54X 系列充分利用了 DSP 的静态设计。串口时钟在转换或初始化之前不必工作，因此，如果 FSX/FSR 与 CLKX/CLKR 同时开始，仍然可以正常操作。不管串口时钟是否提前工作，串口初始化的时间以及最重要的串口脱离复位的时间是串口正常工作的关键。最重要的是串口脱离复位状态的时间和第一个帧同步脉冲的发生时间一致。

初始化时间要求在串口和 BSP 中是不同的。对于串口来说，可以在任何 FSX/FSR 的时间复位，但是，如果在帧同步信号之后或帧同步信号期间 $\overline{\text{XRST}}/\overline{\text{RRST}}$ 置位，帧同步信号可能被忽略。在标准模式下进行接收操作，或外部帧同步发送（TXM＝0）操作，BSP 必须在探测到激活的帧同步脉冲的那个时钟边沿之前至少两个 CLKOUT 周期加 1/2 个串口时钟周期时复位，以便正常操作。在自动缓冲模式下，具有外部帧同步信号的接收和发送必须至少 6 个周期才能复位。

为了开始或重新开始在标准模式 SP 下的 BSP 操作，软件完成与串口初始化同样的工作。此外，BSPCE 被初始化以配置所希望的扩展功能。

BSP 发送初始化步骤：

（1）写 0008H 到 BSPCE 复位和初始化串口；

（2）写 0020H 到 IFR 清除挂起的串口中断；

（3）用 0020H 与 IMR 进行或操作，使能串口中断；

（4）清 ST1 的 INTM 位使能全局中断；

（5）写 1400H 到 BSPCE 初始化 ABU 的发送器；

（6）写缓冲开始地址 AXR；

（7）写缓冲长度 BKX；

（8）写 0048H 到 BSPCE 开始串口操作。

上述步骤初始化串口仅进行发送操作，包括字符组工作模式、外部帧同步信号、外部时钟,其数据格式为 16 位,帧同步信号和时钟极性为正。发送缓冲通过设置 ABU 的 BXE 位使能,HALTX=1,使得数据达到缓冲区的一半时停止发送。

BSP 接收初始化步骤:

(1) 配置 BSPCE 复位和初始化串口;

(2) 配置 IFR 清除挂起的串口中断;

(3) 配置 IMR,使能串口中断;

(4) 清 ST1 的 INTM 位使能全局中断;

(5) 配置 BSPCE,初始化 ABU 的发送器;

(6) 写缓冲开始地址 AXR;

(7) 写缓冲长度 BKX;

(8) 配置 BSPCE,开始串口操作。

4.5.3　TDM 时分复用串口

时分多路串口功能 TDM 允许′C54X 器件可以与最多 7 个其他器件进行时分串行通信。因此,TDM 接口提供了简单有效的多处理器应用接口。TDM 是串口操作的扩展集,利用 TDM 串口控制寄存器 TSPC 的 TDM 位,串口可以被配置为多处理器模式 TDM=1,或独立模式 TDM=0。

时分操作是将与不同器件的通信按时间依次划分时间段,周期性是分别按时间顺序与不同的器件通信的工作方式。每一个器件占用各自的通信时段(通道),循环往复传送数据,图 4.5.11 所示是一个 8 通道的 TDM 系统,各通道的发送或接收相互独立。

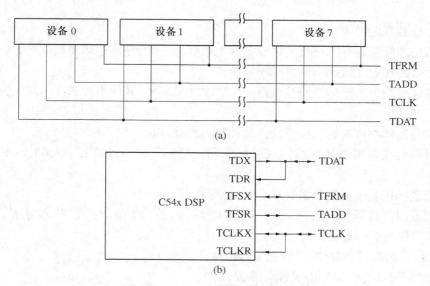

图 4.5.11　TDM 时分连接示意图

TDM 串口操作通过六个存储器映射寄存器 TRCV、TDXR、TSPC、TCSR、TRTA、TRAD 和两个其他专用寄存器 TRSR 和 TXSR(这两个寄存器不直接对程序存取,只用于双向缓冲)。各寄存器功能如下:

TDM 数据接收寄存器(TRCV)16 位,保存接收的串行数据,功能与 DRR 相同。

　　TDM 数据发送寄存器(TDXR)16 位,保存发送的串行数据,功能与 DXR 相同。

　　TDM 串口控制寄存器(TSPC)16 位,包含 TDM 的模式控制或状态控制位。第 0 位是 TDM 模式控制位：TDM＝1,多路通信工作方式；TDM＝0,普通串口工作方式。其他各位的定义与 SPC 相同。

　　TDM 通道选择寄存器(TCSR)16 位,规定所有与之通信器件发送的时间段。

　　TDM 发送/接收地址寄存器(TRTA)16 位,低 8 位(RA0～RA7)为 'C54X 的接收地址,高 8 位(TA0～TA7)为发送地址。

　　TDM 接收地址寄存器(TRAD)16 位,存留 TDM 地址线的各种状态信息。

　　TDM 数据接收移位寄存器(TRSR)16 位,控制数据的接收过程,从信号输入引脚到接收寄存器 TRCV,与 RSR 功能类似。

　　TDM 数据发送移位寄存器(TXSR),控制从 TDXR 来的数据到输出引脚 TDX 发送出去,与 XSR 功能相同。TDM 串口硬件接口连接,4 条串口总线上可以同时连接 8 个串口通信器件进行粉饰通信,这 4 条线的定义分别为：时钟 TCLK、帧同步 TFAM、数据 TDAT 及附加地址 TADD。

4.5.4　McBSP 多通道带缓冲串口

　　'C54X 提供高速、双向、多通道带缓冲串口 McBSP。它可以与其他 'C54X 器件、编码器、或其他串口器件通信。'C54X 芯片中只有三款有 McBSP 串口功能,分别是 'C5402 有两个、'C5410有三个、'C5420 有六个。

　　多通道带缓冲的串口 McBSP 的硬件部分是基于标准串口的引脚连接界面,具有如下特点：

　　(1) 充分的双向通信。

　　(2) 双倍的发送缓冲和三倍的接收缓冲数据存储空间,允许连续的数据流。

　　(3) 独立的接收、发送帧和时钟信号。

　　(4) 可以直接与工业标准的编码器、界面芯片(AICs)、其他串行 A/D、D/A 器件通信连接。

　　(5) 具有外部移位时钟发生器及内部频率可编程移位时钟。

　　(6) 可以直接利用多种串行协议接口通信,例如,T1/E1、MVIP、H100、SCSA、AC97、IIS、SPI 等。

　　(7) 发送和接收通道数最多可以达到 128 路。

　　(8) 宽范围的数据格式选择,包括 8 位、12 位、16 位、20 位、24 位、32 位字长。利用 μ-律或 A-律的压缩扩展通信。

　　(9) 8 位数据发送的高位、低位先发送可选。

　　(10) 帧同步和时钟信号的极性可编程。

　　(11) 可编程内部时钟和帧同步信号发生器。

4.5.5　McBSP 结构及工作原理

　　McBSP 结构如图 4.5.12 所示,包括数据通路和控制通路两部分,并通过 7 个引脚与外部器件相连。

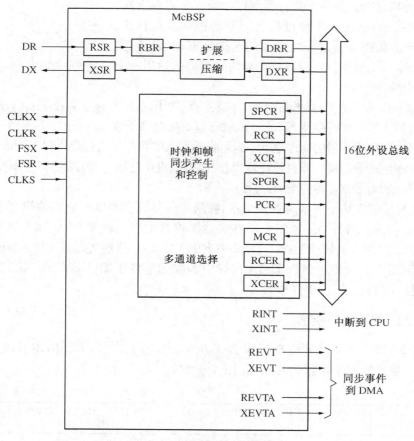

图 4.5.12 McBSP 内部结构

各引脚功能如下：

DX：发送引脚，与 McBSP 相连发送数据。

DR：接收引脚，与接收数据总线相连。

CLKX：发送时钟引脚。

CLKR：接收时钟引脚。

FSX：发送帧同步引脚。

FSR：接收帧同步引脚。

在时钟信号和帧同步信号控制下，接收和发送通过 DR 和 DX 引脚与外部器件直接通信。'C54X 内部 CPU 对 McBSP 的操作，利用 16 位控制寄存器，通过片内外设总线进行存取控制。如图 4.5.12 所示，数据发送过程为，首先，写数据于数据发送寄存器 DXR[1,2]，然后，通过发送移位寄存器 XSR[1,2]将数据经引脚 DX 移出发送。也可以选择按 A - 律或 μ - 律压缩传输。类似地，数据接收过程为，通过引脚 DR 接收的数据移入接收移位寄存器 RSR[1,2]并复制这些数据到接收缓冲寄存器 RBR[1,2]，然后再拷贝到 DRR[1,2]，最后由 CPU 或 DMA 控制器读出。如果接收到的是压缩数据，可直接压缩。这个过程允许内部和外部数据通信同时进行。如果接收或发送字长 R/XWDLEN 被指定为 8、12 或 16 模式时，DRR2、RBR2、RSR2、DXR2、XSR2 等寄存器不能进行写、读、移位操作。

子地址的概念是利用一个寄存器可以寻址多个内存空间。如图 4.5.13 所示,利用一个地址转换寄存器控制多点转换。只利用一个子数据寄存器对一组希望的子地址寄存器进行实际的读、写操作。用这种方式可以将大量的寄存器映射到一个很小的内存空间。

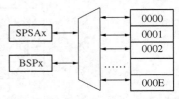

为了存取一个指定的子地址寄存器,首先将指定的子地址寄
存器的子地址写入组寻址寄存器 SPSAx 中,就可以直接连接子地

图 4.5.13　子地址寻址示意图

址转换开关转向指定寄存器的物理地址,然后,将要写入的数据送入指定串口 BSPx,x 为串口序号。当对一个子组的数据寄存器进行存取操作时,可以直接存取子寄存器组中指定寄存器的内容。下面程序说明对子寄存器的读/写过程:

McBSP 的控制模块由内部时钟发生器、帧同步信号发生器以及它们的控制电路和多通道选择四部分构成。两种中断和四个事件控制模块发生事件触发 CPU 和 DMA 控制器的中断,CPU 和 DMA 事件同步。图 4.5.12 中 RINT、XINT 分别为触发 CPU 的接收和发送中断;REVT,XEVT 分别为触发 DMA 的接收和发送事件中断;REVTA,XEVTA 分别为触发 DMA 接收和发送同步事件中断。

4.5.6　McBSP 串口配置

1) 进行 McBSP 串口配置的五个 16 位寄存器 SPCR[1,2]、PCR、SRGR[1,2]

(1) 串口接收控制寄存器 SPCR1(见图 4.5.14)

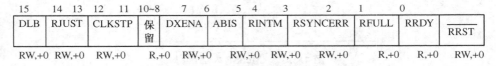

图 4.5.14　串口接收控制寄存器 SPCR1 结构

图中:R=读,W=写,+0=复位值为 0。

SPCR1 各位的功能如下:

DLB(15):数字循环返回模式。DLB=0,废除;DLB=1,使能,主要用作串口功能自测。

RJUST(14~13):接收符号扩展和判别模式。RJUST=00,右一判 DRR[1,2]最低位为 0;RJUST=11,保留。

CLKSTP(12~11):时钟停止模式位。CLKSTP=0×,废除时钟停止模式,对于非 SPI 模式为正常时钟。SPI 模式包括 CLKSTP=10,CLKXP=0,时钟开始于上升沿,无延时。CLKSTP=10,CLKXP=1,时钟开始于下降沿,有延时。

保留(10~8):保留。

DXENA(7):DX 使能位。DXENA=0,关断;DXENA=1,打开。

ABIS(6):ABIS 模式,即 PCM 编码模式。ABIS=0 废除;ABIS=1 使能。

RINTM(5~4):接收中断模式。RINTM=00,接收中断 RINT 由 RRDY(字结束)驱动,在 ABIS 模式下由帧结束驱动;RINTM=01,多通道操作中,由块结束或帧结束产生接收中断 RINT;RINTM=10,一个新的帧同步产生接收中断 RINT;RINTM=11,由接收同步错误 RSYNCERR 产生中断 RINT。

RSYNCERR(3)：接收同步错误。RSYNCERR＝0,无接收同步错误;RSYNCERR＝1,探测到接收同步错误。

RFULL(2)：接收移位寄存器 RSR[1,2]满。RFULL＝0,接收缓冲寄存器 RBR[1,2]未超限;RFULL＝1,接收缓冲寄存器 RBR[1,2]满,接收移位寄存器 RSR[1,2]移入新字满,而数据接收 DRR[1,1]未读。

RRDY(1)：接收准备位。RRDY＝0,接收器未准备好;RRDY＝1,接收器准备好从 DRR[1,2]读数据。

$\overline{\text{RRST}}$(0)：接收器复位,可以复位和使能接收器。$\overline{\text{RRST}}$＝0,串口接收器被废除,并处于复位状态;RRST＝1,串口接收器使能。

注意：所有的保留位都读为 0。如果写 1 到 RSYNCERR 就会设置一个错误状态,因此这一位只能用于测试。

（2）串口发送控制寄存器 SPCR2(见图 4.5.15)

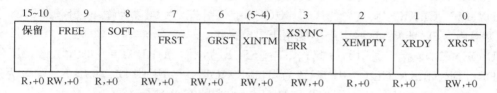

15~10	9	8	7	6	(5~4)	3	2	1	0
保留	FREE	SOFT	FRST	GRST	XINTM	XSYNC ERR	XEMPTY	XRDY	XRST
R,+0	RW,+0	R,+0	RW,+0	RW,+0	RW,+0	RW,+0	R,+0	R,+0	RW,+0

图 4.5.15　串口发送控制寄存器 SPCR2 的结构

串口发送控制寄存器 SPCR2 各位功能如下：

保留(15~10)：保留。

FREE(9)：全速运行模式。FREE＝0,废除;FREE＝1,使能。

SOFT(8)：软件调试模式。SOFT＝0,废除软件调试;SOFT＝1,使能软件调试。

$\overline{\text{FRST}}$(7)：帧同步发送器复位。$\overline{\text{FRST}}$＝0,帧同步逻辑电路复位,采样率发生器不会产生帧同步信号 FGS;FRST＝1,在时钟发生器 CLKG 产生了(FPER＋1)个脉冲后,发出帧同步信号 FGS;这里 FPER 为帧周期寄存器,它的内容决定了下一个帧同步信号的激活时间。FSG 为帧信号发生器,CLKG 为可编程数据时钟发生器。例如,所有的帧同步计数器由它们的编程值装载。

$\overline{\text{GRST}}$(6)：采样率发生器复位。$\overline{\text{GRST}}$＝0,采样发生器复位;GRST＝1,采样发生器启动。CLKG 按照采样率发生器中的编程值产生时钟信号。

XINTM(5,4)：发生中断模式。XINTM＝00,由发送准备好位 XRDY 驱动发送中断;XINTN＝01,块结束或多通道操作时的帧同步结束驱动发送中断请求 XINT;XINTM＝10,新的帧同步信号产生 XINT;XINTM＝11,发送同步错误位 XSYNCERR 产生中断。

XSYNCERR(3)：发送同步错误位。XSYNCERR＝0,无同步错误;XSYNCERR＝1,探测到同步错误。

$\overline{\text{XEMPTY}}$(2)：发送移位寄存器 XSR[1,2]空。$\overline{\text{XEMPTY}}$＝0,空;$\overline{\text{XEMPTY}}$＝1,不空。

XRDY(1)：发送准备。XRDY＝0,发送未准备好;XRDY＝1,发送准备好发送 DXR[1,2]中的数据。

XRST(0)：发送复位和使能位。XRST＝0,串口发送废除,且处于复位状态;XRST＝1,串口发送使能。

（3）串口引脚控制寄存器 PRC（见图 4.5.16）

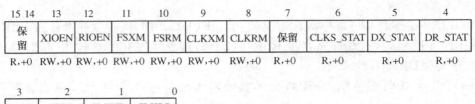

图 4.5.16　串口引脚控制寄存器 PCR 的结构

PCR 各位功能如下：

保留（15～14）：保留。

XIOEN（13）：发送通用 I/O 模式，只有 SPCR[1,2]中的 $\overline{\text{XRST}}$＝0 时才有效。XIOEN＝0，DX、FSX、CLKX 引脚配置为串口；XIOEN＝1，引脚 DX 配置为输出，FSX、CLKX 引脚配置为通用 I/O。此时，这些引脚不能用于串口操作。

RIOEN（12）：接收通用 I/O 模式，只有 SPCR[1,2]中的 $\overline{\text{RRST}}$＝0 时才有效。RIOEN＝0，DR、FSR、CLKR、CLKS 引脚配置为串口；RXIOEN＝1，引脚 DR 和 CLKS 配置为通用 I/O。CLKS 受接收复位信号 RRST 和 RIOEN 组合状态影响。

FSXM（11）：帧同步模式。FSXM＝0，帧同步信号由外部器件发生；FSXM＝1，采样率发生器中的帧同步位 FSGM 决定帧同步信号。

FSRM（10）：接收帧同步模式。FSRM＝0，帧同步脉冲由外部器件产生；FSR 为输入引脚；FSRM＝1，帧同步由片内采样率发生器产生，除采样率发生寄存器 SRGR2 中的时钟同步位 GSYNC＝1 情况外，FSR 为输出引脚。

CLKXM（9）：发送时钟模式。CLKXM＝0，CLKX 作为输入引脚输入外部时钟信号驱动发送时钟；CLKXM＝1，片上采样率发生器驱动 CLKX 引脚，此时，CLKX 为输出引脚。在 SPI 模式下（为非 0 值），CLKXM＝0，McBSP 为从器件，时钟 CLKX 由系统中的 SPI 器件驱动，CLKR 由内部 CLKX 驱动；CLKXM＝1，McBSP 为主器件，产生时钟 CLKX 驱动它的接收时钟 CLKR。

CLKRM（8）：接收时钟模式。SPCR1 中 DLB＝0 时，数字循环返回模式不设置，CLKRM＝0，外部时钟驱动接收时钟，CLKRM＝1，内部采样发生器驱动接收时钟 CLKR。SPCR1 中 DLB＝1 时，数字循环返回模式设置，CLKRM＝0，由 PCR 中 CLKXM 确定的发送时钟驱动接收时钟（不是 CLKR），CLKR 为高阻。CLKRM＝1，CLKR 设定为输出引脚，由发送时钟驱动，发送时钟由 PCR 中的 CLKM 位定义驱动。

保留（7）：保留。

CLKS_STAT（6）：CLKS 引脚状态。当被选作通用 I/O 输入时，反映 CLKS 引脚的电平值。

DX_STAT（5）：DX 引脚状态。作为通用 I/O 输出时，DX 的值。

DR_STAT（4）：DR 引脚状态。作为通用 I/O 输入时，DR 的值。

FSXP（3）：发送帧同步信号极性。FSXP＝0，帧同步脉冲上升沿触发；FSXP＝1，帧同步脉冲下降沿触发。

FSRP(2)：接收帧同步极性。FSRP＝0，帧同步脉冲上升沿触发；FSRP＝1，帧同步脉冲下降沿触发。

CLKXP(1)：发送时钟极性。CLKXP＝0，发送数据在 CLKX 的上升沿采样；CLKXP＝1，发送数据在 CLKX 的下降沿采样。

CLKRP(0)：发送时钟极性。CLKRP＝0，接收数据在 CLKR 的下降沿采样；CLKRP＝1，接收数据在 CLKR 的上升沿采样。

（4）采样率发生寄存器 SRGR（见图 4.5.17）

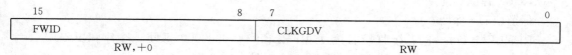

15	8	7	0
FWID		CLKGDV	
RW,+0		RW	

图 4.5.17　采样率发生寄存器 SRGR1

FWID(15～8)：帧脉冲宽度值。当一个帧脉冲开始时，值 FWID＋1 随着采样时钟 CLKG 的节拍减 1，直到这个值减为 0，一个帧脉冲结束。因此，FWID＋1 决定了帧脉冲的宽度：1～256 个采样时钟 CLKG 周期。

CLKGDV(7～0)：采样铝时钟分频器。这个值用作除数产生希望的采样时钟频率。默认值为 1。

（5）采样率发生寄存器 SRGR（见图 4.5.18）

15	14	13	12	11	0
GSYNC	CLKSP	CLKSM	FSGM	FPER	
RW,+0	RW,+0	RW	RW,+0	RW,+0	

图 4.5.18　采样率发生寄存器 SRGR2

GSYNC(15)：采样率发生器时钟同步控制位，只有当外部时钟驱动采样率发生时钟时起作用，CLKSM＝0。GSYNC＝0，采样率发生时钟 CLKG 不工作。GSYNC＝1，采样率时钟发生器 CLKG 工作。只有在探测到接收帧同步信号（FSR）后，CLKG 重新同步，且帧同步信号 FSG 被产生。另外，帧周期 FPER 不起作用，因为由于这个周期是外部帧同步脉冲决定的。

CLKSP(14)：外部输入时钟 CLKS 极性选择位，只有当外部时钟驱动采样率发生器时起作用，CLKM＝0。CLKSP＝0，CLKS 的上升沿产生 CLKG 和 FSG。CLKSP＝1，CLKS 的下降沿产生 CLKG 和 FSG。

CLKSM(13)：McBSP 采样发生器时钟模式。CLKSM＝0，采样率发生时钟由 CLKS 管脚引入的外部时钟控制。CLKSM＝1，采样率发生时钟由 CPU 时钟控制。

FAGM(12)：采样率发生器发送帧同步模式，只有当 PCR 中 FSXM＝1 时起作用。FS-GM＝0，在 DXR[1,2]拷贝到 XSR[1,2]期间，发送帧同步信号 FSX，此时，FPR 和 FWID 被忽略。FSGM＝1，发送帧同步信号由采样率产生的帧同步信号 FSG 产生。

FPER(11～0)：帧周期设置值。它决定了下一个帧同步信号到来的时间，在 CLKG 的节拍控制下进行减 1 操作，当这个值减为 0 时，下一个帧同步信号开始。FPER 的设定范围为：1～4 096 个 CLKG 脉冲。

2）接收和发送寄存器 RCR[1,2]和 XCR[1,2]

（1）接收寄存器 RCR[1,2]

分别配置了接收和发送操作的各种参数,各寄存器功能如下:

① 接收控制寄存器 RCR1(见图 4.5.19)

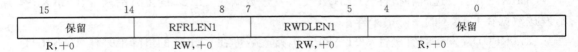

15	14	8	7	5	4	0
保留	RFRLEN1		RWDLEN1		保留	
R,+0	RW,+0		RW,+0		R,+0	

图 4.5.19　接收控制寄存器 RCR1

RCR1 各位功能如下:

保留(15):保留。

RFRLEN1(14~8):接收帧长度 1,RFRLEN1＝0000000 每帧 1 个字;RFRLEN1＝0000001 每帧 2 个字;…;RFRLEN1＝111 1111 每帧 128 个字。

RWDLEN1(7~5):接收字长 1,RWDLEN1＝000,8 位;RWDLEN1＝001,12 位;RWDLEN1＝010,16 位;RWDLEN1＝011,20 位;RWDLEN1＝100,24 位;RWDLEN1＝101,32 位;RWDLEN1＝11×,保留。

保留(4~0):保留。

② 接收控制寄存器 RCR2(见图 4.5.20)

15	14~8	7~5	4~3	2	1~0
RPHASE	RFRLEN2	RWDLEN2	RCOMPAND	RFIG	RDATDLY
WR,+0	RW,+0	RW,+0	WR,+0	WR,+0	WR,+0

图 4.5.20　接收控制寄存器 RCR2

RCR2 各位功能如下:

RPHASE(15):接收相位。RPHASE＝0,单相帧;RPHASE＝1,双相帧。

RFRLEN2(14~8):接收帧长度 2,RFRLEN2＝0000000 每帧 1 个字;RFRLEN2＝0000001 每帧 2 个字;…;RFRLEN2＝1111111 每帧 128 个字。

RWDLEN2(7~5):接收字长 2,RWDLEN2＝000,8 位;RWDLEN2＝001,12 位;RWDLEN2＝010,16 位;RWDLEN2＝011,20 位;RWDLEN2＝100,24 位;RWDLEN2＝101,32 位;RWDLEN2＝11X,保留。

RCOMPAND(4~3):接收扩展模式。除了 00 模式外,当相应的 RWDLEN＝000 时,这些模式被使能,8 位数据。RCOMPAND＝00,无扩展,数据转换开始于最高位 MSB;RCOMPAND＝01,8 位数据,数据转换开始于最低位 LSB;RCOMPAND＝10,接收数据利用 μ-率扩展;RCOMPAND＝11,接收数据利用 A-率扩展。

RFIG(2):接收帧忽略。RFIG＝1,第一个帧同步接收脉冲之后,重新开始转换;RFIG＝0,第一个帧同步脉冲之后,忽略帧同步信号(连续模式)。

RDATDLY(1~0):接收数据延时。RDATDLY＝00,0 位数据延时;RDATDLY＝01,1 位数据延时时;RDATDLY＝10,2 位数据延时;RDATDLY＝11,保留。

(2) 发送控制寄存器 XCR[1,2]

① 发送控制寄存器 XCR1(见图 4.5.21)

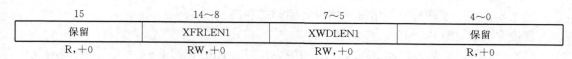

15	14~8	7~5	4~0
保留	XFRLEN1	XWDLEN1	保留
R,+0	RW,+0	RW,+0	R,+0

图 4.5.21　发送控制寄存器 XCR1

XCR1 各位功能如下：

保留(15)：保留。

XFRLEN1(14~8)：发送帧长度 1，XFRLEN1＝0000000 每帧 1 个字，XFRLEN1＝0000001 每帧 2 个字；…；XFRLEN1＝1111111 每帧 128 个字。

XWDLEN1(7~5)：发送字长 1，XWDLEN1＝000,8 位；XWDLEN1＝001,12 位；XEDLEN1＝010,16 位；XWDLEN1＝011,20 位；XWDLEN1＝100,24 位；XWDLEN1＝101,32 位；XWDLEN1＝11X,保留。

保留(4~0)：保留。

② 发送控制寄存器 XCR2(见图 4.5.22)

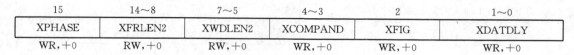

15	14~8	7~5	4~3	2	1~0
XPHASE	XFRLEN2	XWDLEN2	XCOMPAND	XFIG	XDATDLY
WR,+0	RW,+0	RW,+0	WR,+0	WR,+0	WR,+0

图 4.5.22　发送控制寄存器 XCR2

XCR2 各位功能如下：

XPHASE(15)：发送相位。XPHASE＝0,单相帧；XPHASE＝1,双相帧。

XFRLEN2(14~8)：发送帧长度 2，XFRLEN2＝0000000 每帧 1 个字；XFRLEN2＝0000001 每帧 2 个字；…；XFRLEN1＝1111111 每帧 128 个字。

XWDLEN1(7~5)：发送字长 2，XWDLEN1＝000,8 位；XWDLEN1＝001,12 位；XEDLEN1＝010,16 位；XWDLEN1＝011,20 位；XWDLEN1＝100,24 位；XWDLEN1＝101,32 位；XWDLEN1＝11×,保留。

XCOMPAND(4~3)：发送压缩模式。除了 00 模式外，当相应的 XCOMPAND＝000 时,这些模式被使能,8 位数据。XCOMPAND＝00,无压缩,数据转换开始于最高位 MSB；XCOMPAND＝01,8 位数据,数据转换开始于最低位 LSB；XCOMPAND＝10,发送数据利用 μ率压缩；XCOMPAND＝11,发送数据利用 A率压缩。

XFIG(2)：发送帧忽略。XFIG＝1,第一个帧同步接收脉冲之后重新开始转换；XFIG＝0,第一个帧同步脉冲之后,忽略帧同步信号(连续模式)。

XDATDLY(1~0)：发送数据延时。XDATDLY＝00,0 位数据延时；XDATDLY＝01,1 位数据延时；XDATDLY＝10,2 位数据延时；XDATDLY＝11,保留。

3) 发送和接收工作步骤

McBSP 串口复位。有如下两种复位方式：

(1) 芯片复位$\overline{RS}$＝0 引发的串口发送器、接收器、采样率发生器复位。当$\overline{RS}$＝1 芯片复位完成后,串口仍然处于复位状态,$\overline{GRST}$＝$\overline{FRST}$＝$\overline{RRST}$＝$\overline{XRST}$＝0。

(2) 串口的发送器和接收器可以利用串口控制寄存器中$\overline{XRST}$和$\overline{RRST}$位分别独立复位。采样率发生器可以利用 SPCR2 中的位$\overline{GRST}$复位。

表 4.5.5 列出了两种复位情况下串口各引脚的状态。

复位完成后,串口初始化。步骤如下:

(1) 设定串口控制寄存器 SPCR[1,2]中的$\overline{XRST}=\overline{RRST}=\overline{FRST}=0$。如果刚刚复位完毕,不必进行这一步操作。

(2) 按照表 4.5.5 中串口复位要求,编程特定的 McBSP 的寄存器配置。

表 4.5.5　McBSP 的复位状态

McBSP 引脚	引脚状态	芯片复位 RS	McBSP 复位	
			接收复位 $\overline{RRST}=0,\overline{GRST}=0$	发送复位 $\overline{XRST}=0,\overline{GRST}=0$
DR	输入	输入	输入	
CLKR	输入/输出/高阻	输入	如果为输入,状态已知如果输出,CLKR 运行	
FSR	输入/输出/高阻	输入	如果为输入,状态已知如果输出,FSRP 未激活	
CLKS	输入/输出/高阻	输入	输入	
DX	输出	输入	高阻	高阻
CLKX	输入/输出/高阻	输入		如果为输入,状态已知如果输出,CLKR 运行
FSX	输入/输出/高阻	输入		如果为输入,状态已知如果输出,FSRP 未激活
CLKS	输入	输入		输入

(3) 等待 2 个时钟周期,以保证适当的内部同步。

(4) 按照 DXR 的要求,给出数据。

(5) 设定$\overline{XRST}=1,\overline{RRST}=1$以使能串口。注意此时对 SPCR[1,2]所写的值应该仅仅将复位位改变到 1,寄存器中的其余位与步骤 2 相同。

(6) 如果要求内部帧同步信号,设定$\overline{FRST}=1$。

(7) 等待 2 个时钟周期后,接收器和发送器激活。

上述步骤可用于正常工作情况下发送器和接收器的复位。

4) 多通道选择配置

用单相帧同步配置 McBSP 可以选择多通道独立的发送和接收工作模式。每一个帧代表一个时分多路(TDM)数据流。由(R/X)FRLEN1 指定的每帧的字数指明所选的有效通道数。

当利用 TDM 数据流时,CPU 仅需要处理少数通道。因此,为了节省内存和总线带宽,多通道选择总是独立地使能所选定的发送器和接收器。

控制寄存器用于多通道操作,多通道接收控制寄存器 MCR1,其结构如图 4.5.23 所示。

15~9	8~7	6~5	4~2	0	1
保留	RPBBLK	RPABLK	RCBLK	保留	RMCM
R,+0	RW,+0	RW,+0	R,+0	WR,+0	WR,+0

图 4.5.23　McBSP 多通道寄存器 MCR1

MCR1 各位功能如下：

保留(15～9)：保留。

RPBBLK(8～7)：接收区域 B 块划分：RPBBLK＝00，块 1，对应通道 16～31；RPBBLK＝01，块 3，对应通道 48～63；RPBBLK＝10，块 5，对应通道 80～95；RPBBLK＝11，块 7，对应通道 112～127。

RPABLK(6～5)：接收区域 A 划分：RPABLK＝00，块 0，对应通道 0～15；RPABLK＝01，块 2，对应通道 32～47；RPABLK＝10，块 4，对应通道 64～79；RPABLK＝11，块 6，对应通道 96～111。

RCBLK(4～2)：接收当前块：RCBLK＝000，块 0，通道 0～15；RCBLK＝001，块 1，通道 16～31；RCBLK＝010，块 2，通道 32～47；RCBLK＝011，块 3，通道 48～63；RCBLK＝100，块 4，通道 64～79，RCBLK＝101，块 5，通道 80～95；RCBLK＝110，块 6，通道 96～111；RCBLK＝111，块 7，通道 112～127。

保留(1)：保留。

RMCM(0)：接收多通道选择使能位。RCRM＝0，所有 128 个通道使能；RCRM＝1，默认废除所有通道。由使能 RP(A/B)BLK 块和相应的 RCER(A/B)选择所需要的通道。

多通道发送控制寄存器 MCR2，其结构如图 4.5.24 所示。

15～9	8～7	6～5	4～2	1～0
保留	XPBBLK	XPABLK	XCBLK	XMCM
R,+0	RW,+0	RW,+0	R,+0	WR,+0

图 4.5.24　McBSP 多通道寄存器 MCR2

MCR2 各功能如下：

保留(15～9)：保留。

XPBBLK(8～7)：发送区域 B 块划分：XPBBLK＝00，块 1，对应通道 16～31；XPBBLK＝01，块 3，对应通道 48～63；XPBBLK＝10，块 5，对应通道 80～95；XPBBLK＝11，块 7，对应通道 112～127。

XPABLK(6～5)：发送区域 A 块划分：XPABLK ＝00，块 0，对应通道 0～15；XPABLK ＝01，块 2，对应通道 32～47；XPABLK ＝10，块 4，对应通道 64～79；XPABLK ＝11，块 6，对应通道 96～111。

XCBLK(4～2)：发送当前块：XCBLK＝000，块 0，通道 0～15；XCBLK＝001，块 1，通道 16～31；XCBLK＝010，块 2，通道 32～47；XCBLK＝011，块 3，通道 48～63；XCBLK＝100，块 4，通道 64～79；XCBLK＝101，块 5，通道 80～95；XCBLK＝110，块 6，通道 96～111；XCBLK＝111，块 7，通道 112～127。

XMCM(1～0)：发送多通道选择使能：XMCM＝00，所有通道无屏蔽使能，数据发送期间总是 DX 驱动。在下述情况下，DX 被屏蔽呈高阻状态：(1) 两个数据包之间的间隔内；(2) 当一个通道被屏蔽，无论这个通道是否被使能；(3) 通道未使能。XMCM＝01，所有通道被废除，因此，默认屏蔽。所需的通道由使能 XP(A/B)BLK 和 XCER(A/B)的相应位选择。另外，这些选定的通道不能被屏蔽，因此，DX 总是被驱动。XMCM＝10，除了被屏蔽的以外，所有通道使能。由 XP(A/B)BLK 和 XCER(A/B)所选择的通道不可屏蔽。XMCM＝

11,所有通道被废除,因此,默认为屏蔽状态。利用置位 RP(A/B)和 RCER(A/B)选择所需通道。利用置位 RP(A/B)BLK 和 XCER(A/B)选择不可屏蔽通道。这个模式用于对称发送和接收操作。通道使能寄存器(R/X)CER(A/B),接收通道使能分区 A 和 B(RCER(A/B))和发送通道使能分区 A 和 B(XCER[A/B])寄存器分别用于使能接收和发送的 32 个通道的任何一个,32 个通道中 A 和 B 区分别有 16 个。

A 区接收通道使能寄存器 RCERA 如图 4.5.25 所示。

15	14	13	12	11	10	9	8
RCEA15	RCEA14	RCEA13	RCEA12	RCEA11	RCEA10	RCEA9	RCEA8
WR,+0	RW,+0	RW,+0	WR,+0	WR,+0	WR,+0	WR,+0	WR,+0

7	6	5	4	3	2	1	0
RCEA7	RCEA6	RCEA5	RCEA4	RCEA3	RCEA2	RCEA1	RCEA0
WR,+0	RW,+0	RW,+0	WR,+0	WR,+0	WR,+0	WR,+0	WR,+0

图 4.5.25　A 区接收通道使能寄存器 RCERA

图 4.5.25 中各位的功能为:RCEA(15~0):接收通道使能,RCEAn=0,在 A 区的相应块中,废除第 n 通道的接收。RCEAn=1,在 A 区的相应块中,使能第 n 通道的接收。

B 区接收通道使能寄存器 RCERB 如图 4.5.26 所示。

15	14	13	12	11	10	9	8
RCEB15	RCEB14	RCEB13	RCEB12	RCEB11	RCEB10	RCEB9	RCEB8
WR,+0	RW,+0	RW,+0	WR,+0	WR,+0	WR,+0	WR,+0	WR,+0

7	6	5	4	3	2	1	0
RCEB7	RCEB6	RCEB5	RCEB4	RCEB3	RCEB2	RCEB1	RCEB0
WR,+0	RW,+0	RW,+0	WR,+0	WR,+0	WR,+0	WR,+0	WR,+0

图 4.5.26　B 区接收通道使能寄存器 RCERB

图 4.5.26 中各位的功能为:RCERB(15~0):接收通道使能,RCEBn=0,在 B 区的相应块中,废除第 n 通道的接收。RCEBn=1,在 B 区的相应块中,使能第 n 通道的接收。

A 区发送通道使能寄存器 XCERA 如图 4.5.27 所示。

15	14	13	12	11	10	9	8
XCERA15	XCERA14	XCERA13	XCERA12	XCERA11	XCERA10	XCERA9	XCERA8
WR,+0	RW,+0	RW,+0	WR,+0	WR,+0	WR,+0	WR,+0	WR,+0

7	6	5	4	3	2	1	0
XCERA	XCERA6	XCERA5	XCERA4	XCERA3	XCERA2	XCERA1	XCERA0
WR,+0	RW,+0	RW,+0	WR,+0	WR,+0	WR,+0	WR,+0	WR,+0

图 4.5.27　A 区发送通道使能寄存器 XCERA

图 4.5.27 中各位的功能为:XCERA(15~0):发送通道使能,XCERAn=0,在 A 区的相应块中,废除第 n 通道的发送。XCERAn=1,在 A 区的相应块中,使能第 n 通道的发送。

B 区发送通道使能寄存器 XCERB 如图 4.5.28 所示。

15	14	13	12	11	10	9	8
XCERB15	XCERB14	XCERB13	XCERB12	XCERB11	XCERB10	XCERB9	XCERB8
WR,+0	RW,+0	RW,+0	WR,+0	WR,+0	WR,+0	WR,+0	WR,+0

7	6	5	4	3	2	1	0
XCEBA	XCERB6	XCERB5	XCERB4	XCERB3	XCERB2	XCERB1	XCERB0
WR,+0	RW,+0	RW,+0	WR,+0	WR,+0	WR,+0	WR,+0	WR,+0

图 4.5.28　B 区发送通道使能寄存器 XCERB

图 4.5.28 中各位的功能为：XCERB(15～0)：发送通道使能，XCERBn＝0，在 B 区的相应块中，废除第 n 通道的发送。XCERBn＝1，在 B 区的相应块中，使能第 n 通道的发送。

利用多通道选择特性，无需 CPU 干涉就可以使能 32 个一组静态的通信传输通道，除非需要重新分配通道。一帧内随机选用通道数、通道组等可以在帧出现的时间内，响应块结束中断刷新块分配寄存器完成。注意，当改变所需通道时，决不能影响当前所选择的块。利用接收寄存器 MCR1 的 RCBLK 和发送寄存器 MCR2 的 XCBLK 可以分别读取当前所选块的内容。但是，如果 MCR[1,2] 中的 (R/X)P(A/B)BLK 位指向当前块，则辅助通道使能寄存器不可修改。同样，当指向或被改变指向当前选择的块时，MCR[1,2] 中的 (R/X)P(A/B)BLK 位也不能被修改。注意，如果选择的通道总数小于等于 16，总是指向当前的区，这种情况下，只有串口复位才能改变通道使能状态。

另外，如果 SPCR[1,2] 中 RINT＝01 或 XINT＝01，在多通道操作期间，每一个 16 通道块边界外，接收或发送中断 RINT 和 XINT 就向 CPU 发出中断申请。这个中断表明一个区已经通过，如果相应的寄存器不指向该区，用户可以改变 A 区或 B 区的划分。这些中断的时间长度为 2 个时钟周期。如果 (R/X)MCM＝0，则不会产生这个中断。

5 程序开发过程

5.0 引言

前面章节介绍了′C54X的内部硬件结构以及一些常用的片上外设的原理,当我们把自己的程序灌入′C54X芯片中,′C54X才有具体的意义。问题是我们如何利用′C54X进行编程? 可编程DSP芯片的开发需要一套完整的开发工具和对应的开发方法。下面介绍了TI公司C5000系列的程序开发过程,侧重于代码的生成过程,代码生成是指将高级语言或汇编语言编写的DSP程序转换为可执行的DSP芯片目标代码,这将主要使用包括汇编器、链接器、和C编译器在内的一些辅助工具程序。本章主要介绍代码生成工具,一个或多个DSP汇编语言程序经过汇编和链接后,生成目标文件。目标文件格式为COFF公共目标文件格式。COFF在编写汇编语言程序时采用代码块和数据块段的形式,更利于模块化编程。汇编器和链接器提供伪指令来产生和管理段。采用COFF格式编写汇编程序或高级语言程序时,不必为程序代码或变量指定目标地址,程序的可读性和可移植性能够得到增强。可执行的COFF格式目标文件通过软件仿真器调试后,最后将程序加载到用户的应用系统。

5.1 ′C54X 软件开发过程

′C54X的应用软件开发主要完成以下的工作。

首先是选择编程语言编写源程序,′C54X提供两种编程语言,三种编程方式。两种语言是汇编语言和C/C++语言;三种开发方式是单纯的采用汇编语言的方式进行开发、单纯的采用C/C++语言的方式进行开发、采用汇编语言和C/C++语言混合进行开发。单纯地以汇编语言进行开发,开发效率低、可移植性差,一旦程序员熟悉后,能够大幅度提高代码效率;单纯地使用C/C++进行开发,容易入门,可移植性好,容易实现代码的复用。对于一般的任务,这两种语言都可以,对于一些运算量很大的关键代码,最好采用汇编语言来完成,以提高程序的运算效率;对于主程序框架,最好使用C/C++编写,以方便移植与复用。

其次是源程序编写好后,就要选择开发工具和环境,′C54X提供了两种开发环境。一种是非集成开发环境;另一种集成开发环境。′C54X常用的开发环境是集成开发环境CCS (Code Composer Studio)。CCS在Windows操作系统下运行,它集成了非集成开发环境的所有功能,并扩展了许多其他功能。但是,各个环节所需的参数和非集成开发环境是一样的,本章先对非集成开发环境下的开发过程进行简要的说明。

最后如果源程序是C/C++语言,需调用′C54X的C编译器将其编译成汇编语言,汇编后产生COFF(公共目标文件格式)格式的目标文件,再用链接器进行链接,生成在′C54X上可执行的COFF格式的目标代码,并利用调试工具对可执行的目标代码进行调试,以保证应

用软件正确无误。如果需要,可调用 Hex 代码转换工具,将 COFF 格式的目标代码转换成
EPROM 编译器能接受的代码,将代码烧到 EPROM 中。

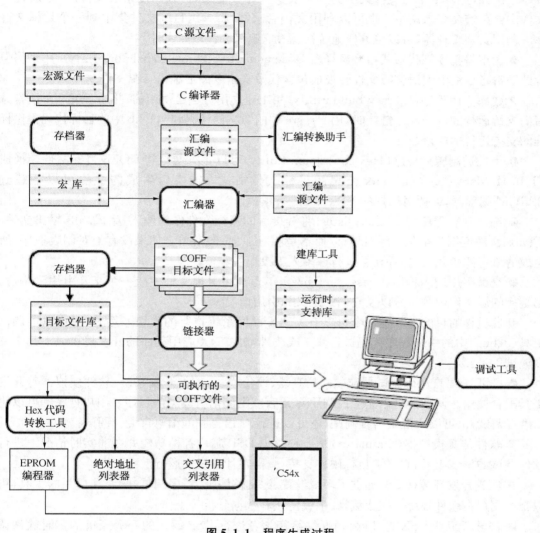

图 5.1.1　程序生成过程

下面简要说明图 5.1.1 程序的生成过程:

● C 编译器(C Compiler)用来将 C/C++语言源程序自动的编译为′C54X 的汇编语言
源程序。C 编译器和汇编语言工具包分开的工具。

● 汇编器(Assembler)用来将汇编语言源文件汇编成机器语言 COFF 目标文件,源文件
中包括指令、汇编伪指令以及宏伪指令。用户可以用汇编器伪指令控制汇编过程的各个方
面,例如源文件清单的格式、数据调整和段内容。

● 链接器(Linker)将汇编生成的、可重定位的 COFF 目标模块组合成一个可执行的
COFF 目标模块。当链接器生成可执行模块时,它要调整对符号的引用,并解决外部引用的
问题。它也可以接收来自文档管理器中的目标文件,以及链接以前运行时所生成的输出

模块。

● 文档管理器（Archiver）允许用户将一组文件（源文件或目标文件）集中为一个文档文件库。例如，把若干个宏文件集中为一个宏文件库。汇编时，可以搜索宏文件库，并通过源文件中繁荣宏命令来调用。也可以利用文档管理器，将一组目标文件集中到一个目标文件库。利用文档管理器，可以更方便地替换、添加、删除和提取库文件。

● 助记符指令到代数式指令翻译器（Mnemonic-to-algbraic translator utility），用来将包含助记符指令的汇编语言源文件转换成包含代数式指令的汇编语言源文件。

● 建库实用程序（Library-build utility）用来建立用户自己使用的、并用 C/C++语言编写的支持运行的库函数。链接时，用 rts. src 中的源文件代码和 rts. lib 中的目标代码提供标准的支持运行的库函数。

● 十六进制转换程序（Hex conversion utility）可以很方便地将 COFF 目标文件转换成 TI、Intel、Motorola、Tektronix 公司的目标文件格式。转换后生成的文件可以下载到 EPROM 编程器，以便对用户的 EPROM 进行编程。

● 绝对制表程序（Absolute lister）将链接后的目标文件作为输入，生成. abs 输出文件。对. abs 文件汇编产生包含绝对地址（而不是相对地址）的清单。如果没有绝对制表程序，所生成清单可能是冗长的，并要求进行许多人工操作。

● 交叉引用制表程序（Cross-reference lister）利用目标文件生成一个交叉引用清单，列出链接的源文件中的符号以及它们的定义和引用情况。

开发过程的目的是产生一个可以有'C54X 目标系统执行的模块。然后，可用以下调试工具（debug）中的一个程序代码进行修正或改进，对'C54X 应用程序的开发提供以下几个开发调试工具：

● C/汇编语言源码调试器与软件仿真器、评价模块、软件开发系统、软件模拟器等开发工具配合使用。调试器可以完全控制用 C 语言或汇编语言编写的程序。用户程序既可以用 C 语言调试，也可以用汇编语言调试，还可以进行 C 语言和汇编语言混合调试。

● 软件仿真模拟器（Simulator）是一种模拟 DSP 芯片各种功能并在非实时情况下进行软件调试的调试工具，它不需目标硬件支持，只需在计算机上运行。

● 集成开发环境（CCS）提供了环境设置、源文件编辑、程序调试、跟踪和反系的工具，可以帮助用户在软件环境下完成编辑、汇编链接和数据分析等工作。

● 初学者工具 DSK 是 TI 公司提供给初学者进行 DSP 编程的一套廉价的实时软件调试工具。

● 软件开发系统 SWDS 是一块 PC 插卡，可提供低成本的评价和实时软件开发，还可用来进行软件调试，程序在 DSP 芯片上实时运行。与仿真器不同的是软件开发系统不提供实时硬件调试功能。

● 可扩展的开发系统仿真器 XDS510、XDS560 用来进行系统级的集成调试，是进行 DSP 芯片软硬件开发的最佳工具。

● 评价模块（EVM 板）是一种低成本的开发板，在 EVM 板上一般配置了一定数量的硬件资源，可以进行 DSP 芯片评价、性能评估和有限的系统调试。

5.2　COFF 的一般概念

汇编器和链接器生成的目标文件是一个可以由'C54X 器执行的文件。这些目标文件的格式称为公共目标文件格式(Common Object File Format,COFF)。

由于在编写汇编语言程序时,COFF 采用代码段和数据段的形式,因此便于模块化的编程,使编程和管理变得更加方便。这些代码段和数据段简称段。汇编器和链接器提供一些伪指令来建立和管理各种各样的段。本节主要介绍 COFF 段的一般概念,以帮助读者理解汇编语言程序的编写、汇编和链接过程。

5.2.1　COFF 文件的基本单元

COFF 文件有三种类型:COFF0、COFF1、COFF2。每种类型的 COFF 文件的标题格式都有所不同,但数据部分却是相同的。'C54X 汇编器和 C 编译器产生的是 COFF2 文件。链接器能够读/写所有类型的 COFF 文件,默认时链接器生成的是 COFF2 文件,采用"-vn"链接选项可以选择不同类型的 COFF 文件。

段(sections)是 COFF 文件中最重要的概念。每个目标文件都分成若干段。所谓段,就是在存储器图中占据相邻空间的代码或数据块。一个目标文件中的每一个段都是分开的和各不相同的。所有的 COFF 目标文件都包含以下三种形式的段:

● .text 段(文本段),通常包含可执行代码;
● .data 段(数据段),通常包含初始化数据;
● .bss 段(保留空间段),通常为未初始化变量保留存储空间。

此外,汇编器和链接器可以建立、命名和链接自定义段。这种自定义段是程序自定义的段,使用起来与.data、.text 以及.bss 段类似。它的好处是在目标文件中与.data、.text 以及.bss 分开汇编,链接时作为一个单独的部分分配到存储器中。COFF 目标文件有以下两种基本类型的段。

1) 初始化段(Initialized sections)

初始化段中包含有数据或程序代码。它包括:

● .text 段是已初始化段;
● .data 段是已初始化段;
● .sect 汇编器伪指令建立的自定义段也是已初始化段。

2) 未初始化段(Uninitialized sections)

在存储空间中,它为未初始化数据保留存储空间。它包括:

● .bss 段是未初始化段;
● .usect 汇编命令建立的自定义段也是未初始化段。

有几个汇编器伪指令可以用来将数据和代码的各个部分与相应的段相联系。汇编器在汇编的过程中,根据汇编命令用适当的段将各部分程序代码和数据连在一起,构成目标文件。链接器的任务就是分配存储单元,即把各个段重新定位到目标存储器中,如图5.2.1所示。

链接器的功能之一是将目标文件中的段重新定位到目标系统的存储器中,该功能称为定位或分配(allocation)。由于大多数系统都包含有几种存储器,通过对各个段的重新定位,可以使目标存储器得到更加有效的利用。所有段都可以独立地重新定位,能将任意段放到目标存储器任何已经分配的块。例如,可定义一个包含有初始化程序的段,然后将它分配到包含 EPROM 的存储器映射部分。图 5.2.1 说明了在目标文件和虚拟的目标存储器中段之间的关系。

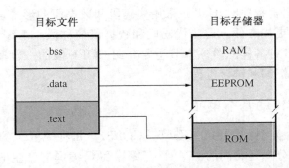

图 5. 2. 1　目标文件和虚拟的目标存储器中段之间的关系

5.2.2　汇编器对段的处理

汇编器对段的处理是通过伪指令来区别各个段,并将段名相同的语句汇编在一起。汇编器有五条命令可识别汇编语言程序的各个部分,这五条命令是:
- .bss(未初始化段)
- .usect(未初始化段)
- .text(已初始化段)
- .data(已初始化段)
- .sect(已初始化段)

1) 未初始化段

.bss 和.usect 命令生成未初始化段,未初始化段就是'C54X 存储器中保留空间,通常将它们定位到 RAM 区。在目标文件中,这些段中没有确切的内容;在程序运行时,可以利用这些存储空间存放变量。两条初始化命令的句法如下:

$$.bss　　符号,字数[[,块标志][,对齐标志]]$$

$$符号　　　.usect　　"段名",字数$$

其中,符号——对应于保留的存储空间第一个字的变量名称。这个符号可以让其他段引用,也可以用.global 命令定义为全局符号;

字数——表示在.bss 段或标有名字的段中保留多少个存储单元;

段名——程序员为自定义未初始化段起的名字。

块标志——一个可选项,指定一个非零参数,在字数小于一个页大小的情况下,使编译器分配一段连续的空间给段。

对齐标志——一个可选项,指定其字节边界指定对齐方式。该选项仅在'C54X 中使用。

2) 已初始化段

.text、.data 和.sect 命令生成已初始化段,已初始化段中包含可执行代码或初始化数据。这些段中的内容都在目标文件中,当加载程序时再放到'C54X 的存储器中。每一个已初始化段都是可以重新定位的,并且可以引用其他段中所定义的符号。链接器在链接时会自动地处理段间的相互引用。三条初始化命令的句法如下:

- .text 〔段起点〕
- .data 〔段起点〕
- .sect "段名"〔,段起点〕

其中,段起点是任选项。如果选用,它就是为段程序计数器(SPC)定义的一个起始值。SPC 值只能定义一次,而且必须在第一次遇到这个段定义。如果默认,则 SPC 从 0 开始。当汇编器遇到.text 或者.data、或者.sect 命令时,将停止对当前段的汇编(相当于一条结束当前段汇编的命令),然后将紧接着的程序代码或数据汇编到指定的段中,直到再遇到另一条.text、.data、.sect 命令为止。

当汇编器遇到.bss 或.usect 命令时,并不结束当前段的汇编,只是暂时从当前段脱离出来,并开始对新的段进行汇编。.bss 和.usect 命令可以出现在一个已初始化段的任何位置,而不会对它的内容发生影响。

段的构成要经过一个反复的过程。例如,当汇编器第一次遇到.data 命令时,这个.data 段是空的。接着将紧跟其后的语句汇编到.data 段,直到汇编器遇到一条.text 或.sect 命令。如果汇编器再遇到一条.data 命令,它就将紧跟这条命令的语句汇编后加到已经存在的.data 段中。这样就建立了单一的.data 段,段内数据都是被连续地安排到存储器中。

3) 命名段

命名段由用户指定,与默认的.text、.data 和.bss 段的使用相同,但它们被分开汇编。例如,重复使用.text 段建成单个.text 段,在链接时被作为单个单元定位。假如不希望一部分可执行代码(例如初始化程序)和.text 段分配在一起,可将它们汇编进一个命名段,这样就可定位在与.text 段不同的地方,也可将初始化的数据汇编到与.text 段不同的地方,或者将为初始化的变量保留在与.bss 段不同的位置。此时,可用以下两个产生命名段的伪指令:

- .usect 伪指令产生类似.bss 的段,为变量在 RAM 中保留存储空间。
- .sect 伪指令产生类似.text 和.data 的段,可以包含代码和数据。.sect 伪指令产生地址可重新定位的命名段。

这两个伪指令的使用句法为:

符号 .usect "段名",字数〔〔,块标志〕〔,对齐方式〕〕
.sect "段名"

可以产生多达 32 767 个不同的命名段。段名可长达 200 个字符。COFF1 文件仅前 8 个字符有意义。对于.sect 和.usect 伪指令,段名可以作为子段的参考;每次用一个新名字调用这些伪指令时,就产生一个新的命名段。每次用一个已经存在的名字调用这些伪指令时,汇编器将代码或数据(或保留空间)汇编进相应名称的段。不同的伪指令不能使用相同的名字。也就是说,不能用.usect 创建命名段,然后又用.sect 再创建一个相同名字的段。

说明:(1) .usect 创建的段和.bss 创建的段类似,存在保存在 RAM 中,用来声明变量。

(2) .sect 创建的段类似于默认的.text 或.data,用来创建代码或数据,.sect 主要创建那些可重分配地址的段。

4) 子段

子段是较大段中的小段。链接器可以像处理段一样处理子段。子段结构可用来对存储

器空间进行更紧凑的控制,可以使存储器图更紧密。子段命名的句法为:

　　　基段名:子段名

　　子段的前面为基段名。当汇编器在基段名后面发现冒号,则紧跟其后的段名就是子段名。对于子段,可以单独为其分配存储单元,或者在相同的基段名下与其他段组合在一起。例如,若要在.text 段内建立一个称之为_func 的子段,可以用如下命令:

　　　.sect ".text:_func"

　　子段也有两种:用.sect 命令建立的是已初始化段,而用.usect 建立的段是未初始化段。

5) 段程序计数器(SPC)

　　汇编器为每个段都安排了一个单独的程序计数器——段程序计数器(Section Program Counts,SPC)。SPC 表示一个程序代码或数据段内当前的地址。开始时汇编器将每个 SPC 置 0。当汇编器将程序代码或数据加到一个段内时相应的 SPC 就增加。如果再继续对某个段汇编,则相应的 SPC 就在先前的数值上继续增加。链接器在链接时要对每个段进行重新定位。

　　下面举一个应用段命令的例子。例 5.2.1 列出的是一个汇编语言程序经汇编后的.lst。.lst 文件,由以下四个部分组成,即:

　　Field1:源程序的行号;

　　Field2:段程序计数器:

　　Field3:目标代码;

　　Field4:源程序。

【例 5.2.1】　段命令应用举例。

```
Field1  Field2  Field3                        Field4
2                       * * * * * * * * * * * * * * * * * * * * * * * * * *
3                       * *汇编一个初始化表到.data 段
4                       * * * * * * * * * * * * * * * * * * * * * * * * * *
5       0000                    .data
6       0000    0011    coeff   .word 011h,022h,033h
        0001    0022
        0002    0033
7                       * * * * * * * * * * * * * * * * * * * * * * * * * *
8                       * *在.bss 段中为变量保留空间
9                       * * * * * * * * * * * * * * * * * * * * * * * * * *
10      0000                    .bss buffer,10
11                      * * * * * * * * * * * * * * * * * * * * * * * * * *
12                      * *仍然在.data 段中
13                      * * * * * * * * * * * * * * * * * * * * * * * * * *
14      0003    0123    prt .word     0123h
15                      * * * * * * * * * * * * * * * * * * * * * * * * * *
16                      * *汇编代码到.text 段
17                      * * * * * * * * * * * * * * * * * * * * * * * * * *
```

```
18    0000                      .text
19    0000   100f  add:      LD   0fh,A
20    0001   f010  aloop：    SUB  #1,A
      0002   0001
21    0003   f842            BC    aloop,AGEQ
      0004   0001'
22                  * * * * * * * * * * * * * * * * * * * * * * * * * * * *
23                  * * 汇编另一个初始化表到.data 段
24                  * * * * * * * * * * * * * * * * * * * * * * * * * * * *
25    0004                      .data
26    0004   00aa ivals       .word  0aah,0bbh,0cch
      0005   00bb
      0006   00cc
27                  * * * * * * * * * * * * * * * * * * * * * * * * * * *
28                  * * 为更多的变量定义另一个段
29                  * * * * * * * * * * * * * * * * * * * * * * * * * * *
30    0000              var2  .usect "newvars",1
31    0001              inbuf .usect "newvars",7
32                  ****** * * * * * * * * * * * * * * * * * * * * * *
33                  * * 汇编更多代码到.text 段
34                  ****** * * * * * * * * * * * * * * * * * * * *
35    0005                      .text
36    0005   110a  mpy:      LD   0Ah,B
37    0006   f166  mloop     MPY   #0Ah,B
      0007   000a
38    0008   f868            BC     mloop,BNOV
      0009   0006'
39                  *********** * * * * * * * * * * * * * * * * * *
40                  * * 为中断向量.vectors 定义一个自定义段
41                  *********** * * * * * * * * * * * * * * * * * *
42    0000                      .sect    ". vectors"
43    0000   0011            .word    011h,033h
      0001   0033
```

［husy2］

在此例中,共建立了 5 个段:

● .text 段内有 10 个字的程序代码。

● .data 段内有 7 个字的数据。

● .vectors 是一个用.sect 命令生成的自定义段,段内有 2 个字的已初始化数据。

● .bss 在存储器中为变量保留 10 的存储单元。

● newvars 是一个用.usect 命令建立的自定义段,它在存储器中为变量保留 8 个存储单元。

【例 5.2.2】 创建的 5 个段如图 5.2.2 所示。

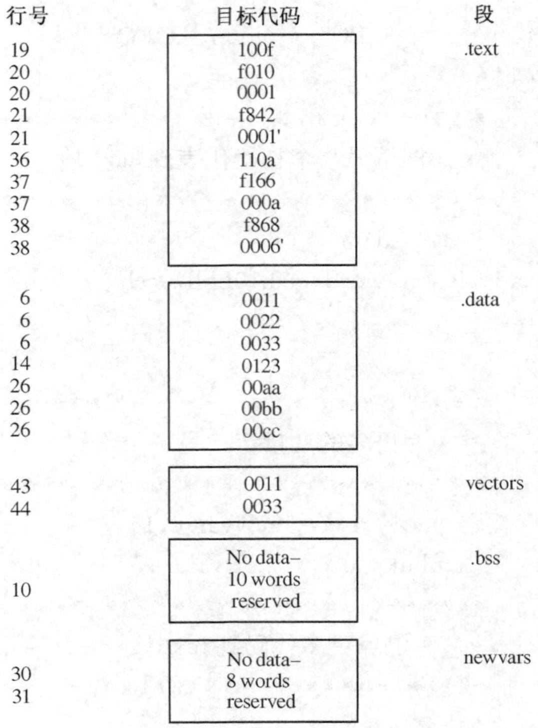

行号	目标代码	段
19	100f	.text
20	f010	
20	0001	
21	f842	
21	0001'	
36	110a	
37	f166	
37	000a	
38	f868	
38	0006'	
6	0011	.data
6	0022	
6	0033	
14	0123	
26	00aa	
26	00bb	
26	00cc	
43	0011	vectors
44	0033	
10	No data– 10 words reserved	.bss
30 31	No data– 8 words reserved	newvars

图 5.2.2　例 5.2.2 形成的段

5.2.3　链接器对段的处理

链接器(Linker)是开发 TMS320C54X 器件必不可少的开发工具之一,它对段处理时有两个主要任务:其一是将一个或多个 COFF 目标文件中的各个段作为链接器的输入段,经链接后在一个执行的 COFF 输出模块中建立各个输出段;其二是为各个输出段选定存储器地址。链接器有两条伪指令支持上述任务。

● MEMORY 伪指令。用来定义目标系统的存储器配置空间,包括对存储器各部分命名,以及规定它们的起始地址和长度。

● SECTIONS 伪指令。此命令告诉链接器如何将输入段组合成输出段,以及将输出段放在存储器中的什么位置。

以上伪指令是链接命令文件(.cmd)的主要内容。

1) 默认的存储器分配

图 5.2.3 说明了两个文件的链接过程。图中,链接器对目标文件 file1.obj 和 file2.obj 进行链接。每个目标文件中,都有.text、.data 和.bss 段,此外还有自定义段。链接器将两个文件的.text 段组合在一起,以形成一个.text 段,然后再将两个文件的.data 段和.bss 段以及最

后自定义段组合在一起。如果链接命令文件中没有 MEMORY 和 SECTIONS 命令（默认情况），则链接器就从地址 0080H 开始，一个段接着一个段进行配置，链接过程如图 5.2.3 所示。大多数情况下，系统中配置有各种类型的存储器（RAM、ROM 和 EPROM 等），因此必须将各个段放在所指定的存储器中。

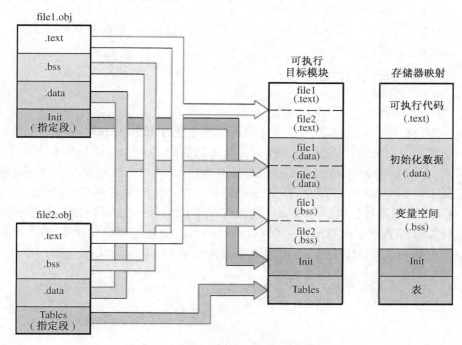

图 5.2.3　两个文件的链接过程

2）段放入存储器空间

图 5.2.3 说明了链接器结合段的默认方法，有时希望采用其他的结合方法。例如，可能不希望将所有的.text 段结合在一起形成单个的.text 段，或者希望将命名段放在.data 的前面。大多数存储器空间里有各种存储器（RAM、ROM 和 EPROM 等），数量也各不相同。往往希望将段放在指定类型的存储器中，此时可采用 MEMORY 和 SECTIONS 伪指令。

5.2.4　链接器对程序的重新定位

1）链接器重新定位

汇编器处理每个段都是从地址 0 开始，而所有需要重新定位的符号（标号）在段内都是相对于地址 0 的。事实上，所有段都不可能从存储器中地址 0 单元开始，因此链接器必须通过以下方法对各个段进行重新定位：

● 将各个段定位到存储器空间中，这样一来每个段都能从一个恰当的地址开始；

● 将符号变量调整到相对与新的段地址的位置；

● 将引用调整到重新定位后的符号，这些符号反映了调整后的新符号值。

汇编器在需要引用重新定位后的符号处都留了一个重定义入口。链接器在对符号重新定位时，利用这些入口修正对符号的引用值。我们将通过一个例子进行说明。

【例 5.2.3】　有一段采用助记符指令汇编后的程序（列表文件）如下。

```
1                          .ref      X
2                          .ref      Z
3    0000                  .text
4    0000    F073          B         Y              ;产生一个重定位入口
     0001    0006'
5    0002    F073          B         Z              ;产生一个重定位入口
     0003    0000!
6    0004    F020          LD        ♯X，A           ;产生一个重定位入口
     0005    0000!
7    0006    F7E0          Y：  RESET
```

在此例中，符号 X、Y 和 Z 需要重新定位。Y 是在这个模块的.text 段中定义的；X 和 Z 是在另一个模块中定义的。当程序汇编时，X 和 Z 的值为 0（汇编器假设所有未定义的外部符号的值为 0），Y 的值为 6（相对于.text 段地址 0 的值）。就这一段程序而言，汇编器形成了两个重定义入口；一个是 X，一个是 Y，另一个是 Z。在.text 段对 X 和 Z 的引用是一次外部引用（列表文件中用符号! 表示），而.text 段内对 Y 的引用是一次内部引用（用符号' 表示）。

假设链接时 X 重新定位在地址 7100H，.text 段起始地址重新定位在 7200H 开始，那么 Y 的重新定位值为 7204H。链接器利用两个重定位入口，对目标文件中的两次引用进行修正：

```
f073   B   Y            变成       f073
0004'                              7204
f020   LD   ♯X，A         变成       f020
0000!                              7100
```

在 COFF 目标文件中有一张重定位入口表。链接器在处理完之后就将重定位入口消去，以防止在重新链接或加载时重新定位。一个没有重新定位入口的文件称为绝对文件，它的所有的地址都是绝对地址。

2）运行时间重新定位

假如希望将代码装入存储器的一个地方，而在另一个地方运行。例如一些关键的执行代码必须装在系统的 ROM 中，但希望在较快的 RAM 中运行，链接器提供了一个处理该问题的简单方法，利用 SECTIONS 伪指令选项可以让链接器定位两次，第一次使用装入关键字设置装入地址，再使用运行关键字设置它的运行地址。装入地址确定段的原始数据或代码装入的地方，而任何对段的使用（例如其中的标号）则参考它的运行地址。在应用中必须将该段从装入地址复制到运行地址，这并不能简单地自动进行，因为指定的运行地址是独立的。

如果只为段提供了一次定位（装入或运行），则该段将只定位一次，并且装入和运行地址相同。如果提供了两个地址，则段将被自动定位，就好像是两个同样大小的不同段一样。

未初始化的段（例如.bss）不能装入，所以它仅有的有意义的地址为运行地址，链接器只对没有初始化的段定位一次。如果为它指定了运行和装入地址，则链接器将会发出警告并忽略装入地址。

5.2.5　程序装入

链接器产生可执行的 COFF 目标文件。可执行的目标文件模块与链接器输入的目标文件具有相同的 COFF 格式，但在可执行的目标文件中，对段进行结合并在目标存储器中进行重新定位。为了运行程序，在可执行模块中的数据必须传输或装入目标系统存储器。有几种方法可以用来装入程序，选用哪种方法取决于执行环境。下面说明两种常用的情况。

（1）TMS320C54X 调试工具（Debugging tools）包括软件模拟器、XDS 仿真器和集成系统 CCS。它们都具有内部的装入器，这些工具都包含调用装入器的 LOAD 命令。装入器读取可执行文件，将程序复制到目标系统的存储器中。

（2）采用 Hex 转换工具（Hex conversion utility）。例如，作为汇编语言软件包一部分的 Hex500，将可执行 COFF 目标模块转换成其他目标格式文件，然后将转换后的文件用 EPROM 编程器将程序装（烧）进 EPROM。

5.2.6　COFF 文件中的符号

COFF 文件中有一个符号表，主要用来存储程序中有关符号的信息，链接时对符号进行重新定位和调试程序都要用到它。

1）外部符号

所谓外部符号，是在一个模块定义、又在另一个模块中引用的符号。可以用伪指令 .def、.ref 或 .global 来定义某些符号为外部符号。

● .def 指令在当前模块中定义、在别的模块中使用的符号。

● .ref 指令在当前模块中使用、在别的模块中定义的符号。

● .global 指令可以是上面的任何一种情况。

【例 5.2.4】　以下的代码段说明上面的定义。

```
x:      ADD    #56h,A      ;定义 x
        B      y           ;引用 y
        .def   x           ;x 在此模块中定义,可为别的模块引用
        .ref   y           ;y 在这里引用,它在别的模块中定义
```

汇编时，汇编器把 x 和 y 都放在目标文件的符号表中。当这个文件与其他目标文件链接时，遇到符号 x，就定义了其他文件不能识别的 x。同样，遇到符号 y 时，链接器就检查其他文件对 y 的定义。总之，链接器必须使所引用的符号与相应的定义相匹配。如果链接器不能找到某个符号的定义，它就给出不能辨认所引用符号的出错信息。

2）符号表

每当遇到一个外部符号（无论是定义的还是引用的），汇编器都将在符号表（Symbol table）中产生一个条目。汇编器还产生一个指到每段的专门符号，链接器使用这些符号来对其他符号重新定位。

汇编器通常不对除以上述符号之外的任何符号产生符号表入口，因为链接器并不使用它们。例如，标号不包括在符号表中，除非 .global 将声明为全局符号。为了符号调试目的，有时希望程序中的每一个符号都在符号表中有一个入口，此时可以在汇编器使用—s 选项来实现。

5.3　汇编程序

5.3.1　汇编语言源程序格式

汇编语言程序以.asm 为扩展名,可以用任意的编辑器编写源文件。一句程序占源程序的一行,长度可以是源文件编辑器格式允许的长度,但汇编器每行最多读 200 个字符,若一行源语句的字符数的长度超过了 200 个字符,则汇编器将自行截去行尾的多余字符,并发出一个警告。因此,语句的执行部分必须限制在 200 个字符以内。

1) 源文件格式

助记符指令源语句的每一行通常包含四个部分:标号区、助记符区、操作数区和注释区。助记符指令语法格式如下:

　　　　　［label］［：］　　　　mnemonic　　　　［operand list］　　　　［;comment］

　　　　　　标号区　　　　　　助记符区　　　　　操作数区　　　　　　注释区

【例 5.3.1】　助记符指令源语句距举例。

　　　　One　　　　　　　　.set 1　　　　　　　　　;符号 One＝1

　　　　Start：　　　　　　LD ♯One,AR1　　　　;将 1 加载到 AR1

汇编语句的书写格式应当遵循一定的规则。这些规则包括:

(1) 所有语句必须以一个标号、空格、星号或分号开始;

(2) 标号是可选项,若使用标号,则标号必须从第一列开始;

(3) 包含有一个汇编伪指令的语句必须在一行完全指定;

(4) 每个区必须用一个或多个空格分开,Tab 字符与空格等效;

(5) 程序中注释是可选项。如果注释在第一列开始时,前面必须标上星号(＊)或分号(;),在其他列开始的注释前面必须以分号开头;

(6) 如果源程序很长,需要书写若干行,可以在前一行用反斜杠字符(\)结束,余下部分接着在下一行继续书写。

2) 标号区

所有汇编指令和大多数汇编伪指令(.set 和.equ 例外,它们需要标号)前面都可以选择带有语句标号。使用语句标号时,必须从源语句第一列开始。标号最多为 32 个字符,由字母、数字及下划线和美元符号(A～Z,a～z, 0～9,　_和＄)等组成。标号分大小写,且第一个字符不能用数字。标号后面可以带冒号(;),但冒号并不属于标号名的一部分。若不使用标号,则语句的第一列必须是空格、星号或者分号。

在使用标号时,标号的值是段程序计数器(SPC)的当前值。例如,若使. Word 伪指令初始化几个字,则标号将指到第一个字。

【例 5.3.2】　标号格式举例。

标号 Start 的值为 40H:

　　　　…　　　　　…

9　　000000　　　　　　　　　　　　　　　　　　　　　　　　　　　;假设汇编了某个其他代号

10　000040　000A　Start：.word　0Ah，3，　7

```
      000041   0003
      000042   0007
```

在一行中的标号本身是一个有效的语句。标号将段程序计数器(SPC)的当前值赋给标号,等效与下列伪指令语句:

　　label　.set　$　　　　　　　；$提供 SPC 的当前值

如果标号单独占一行时,它将指到下一行的指令(SPC 不增加)

```
3    000043                Here:
4    000043      003       .word    3
```

3) 助记符指令区

在助记符汇编语言中,紧接在标号区后面的是助记符区和操作数区。

(1) 助记符区

助记符区跟在标号区的后面。助记符指令可以是汇编语言指令、汇编伪指令、宏伪指令。助记符区不能从第一列开始,若从第一列开始,将被认为是标号。助记符区可以包含如下的操作码:

① 机器指令助记符,一般用大写;

② 汇编伪指令、宏伪指令。以英文句号".”开头,且为小写;

③ 宏调用。

(2) 操作数区

操作数区是跟在助记符区后面的一系列操作数,由一个和多个空格分开。操作数可以是符号、常数或是符号与常数组合的表达式。操作数之间一定要用逗号",”分开。有的指令没有操作数,如:NOP、RESET、RET 等。

对操作数前缀的规定。汇编器允许将常数、符号或表达式作为地址、立即数或间接地址。指令的操作数遵循以下规定:

· 前缀"♯"后面的操作数是一个立即数。使用"♯"符号作为前缀,则汇编器将操作数作为立即数。如果操作数是地址,汇编器会把地址处理为一个值,而不使用地址的内容。例如:

　　Label:　　ADD　　♯99,B

操作数♯99(十进制)是一个立即数。汇编器将 99(十进制)加到指定的累加器 B 中。

如果用户执行一个位移操作,就要在位移数前面加上前缀"♯"。

· 前缀"﹡"后面的操作数是一个间接地址。使用"﹡"符号作为前缀,则汇编器将操作数作为间接地址,即把操作数的内容作为地址。例如:

　　　　Label:　LD　﹡AR3,B

操作数﹡AR3 指定一个间接地址。该指令将引导汇编器找到寄存器 AR3 的内容指定的地址,然后将该地址中的内容装进指定的累加器 B。

对伪指令的立即数的规定。通常,把符号"♯"加在立即数前面来构成立即数代码,主要与指令一同使用。例如:

　　　　SUB　　　　　♯18,B

此语句使汇编器将累加器 B 的内容与立即数 18 相减后的结果放到累加器 B 中。某些情况下,立即数也可以作为伪指令的操作数,但伪指令并不常使用立即数。例如:

```
        .byte    18
```

此语句中没有使用立即数,汇编器把操作数看做是一个值。

4) 注释区

注释是任选项。注释可以由 ASCII 码和空格组成。注释在汇编源清单中要显示,但不影响汇编。源语句中仅有注释时也是有效语句。如果注释从某一行的任意一列开始,注释必须以";"开头;如果注释从第一列开始,可以用";"或"＊"开头。例如:

```
11      000000          .bss         sym,19           ;保留空间于.bss
    ;＊＊＊＊＊＊＊＊＊＊＊＊＊＊＊＊＊＊＊＊＊＊＊＊＊＊＊＊＊
    ＊              改变段,允许第五个"mylab"定义                ＊
    ;＊＊＊＊＊＊＊＊＊＊＊＊＊＊＊＊＊＊＊＊＊＊＊＊＊＊＊＊＊
```

5.3.2　汇编语言中的常数与字符串

汇编器支持以下几种类型的常数(常量)。

(1) 二进制整数

二进制整型常量最多由 16 位二进制数字(0 或 1)组成,后缀为 B(或 b)。如果数字小于 16 位,汇编器将其右边对齐,并在前面补零。例如:

```
10001000B                 136(十进制)或 88(十六进制)
0111100b                  60(十进制)或 3C(十六进制)
10b                       2(十进制)或 2(十六进制)
10001111B                 143(十进制)或 8F(十六进制)
```

(2) 八进制整数

八进制整型常量最多由 6 位八进制数字(0～7)组成,后缀为 Q(或 q)或前缀为 0(零)。例如:

```
100011Q                   32777(十进制)或 8009(十六进制)
124q                      84(十进制)或 54(十六进制)
```

对八进制常数也可使用 C 语言的记号,即加前缀 0。

```
0100011                   32777(十进制)或 8009(十六进制)
0124                      84(十进制)或 54(十六进制)
```

(3) 十进制整数

十进制整型常量由十进制数字串组成,无后缀。取值范围为:－32768～32767 或 0～65535。例如:

```
2118                      2118(十进制)或 846(十六进制)
65535                     65535(十进制)或 0FFFF(十六进制)
－32768                   －32768(十进制)或 8000(十六进制)
```

(4) 十六进制整数

十六进制整型常量最多由 4 位十六进制数字(十进制数 0～9 及字母 A～F,a～f,不分大小写)组成,带后缀 H(或 h)。它必须以数字(0～9)开始,也可以加前缀 0x。若数字小于 4 位十六进制数字,则汇编器将其向右边对齐。例如:

```
0DH                       14(十进制)或 000D(十六进制)
```

12BCH	4796(十进制)或 12BC(十六进制)

对十六进制常数也可使用 C 语言的记号,即加前缀 0x:

0x0D	14(十进制)或 000D(十六进制)
0x12BC	4796(十进制)或 12BC(十六进制)

（5）浮点数

浮点整型常量由一串十进制数字组成,可以带小数点、分数和指数部分。浮点数的表示方法为:

$$[\pm][n].[n][E][e][\pm][n]$$

这里 n 代表一串十进制数,浮点数前可带加/减号(十或一),且小数点必须指定。例如 99.e9 是有效的数,但 99e9 非法。以下表示方法都是合法的:.314,3.14,−.314e−19.

（6）汇编时间常数

在程序中使用.set 伪指令给一个符号赋值,该符号就成为一个汇编时间常数,等效于一个常数。为了使用表达式中的常数,赋给符号的必须是绝对值。例如将常数值 18 赋给符号 nan_hua,即

nan_hua	.set	18
LD	♯nan_hua,	A

也可以用.set 伪指令将符号常数赋给寄存器名。此时,该符号变成了寄存器的替代名。例如:

AuxR1	.set	AR1
MVMM	AuxR1,	SP

一般来讲,汇编器在内部都用 32 位保存常量。注意,常量不能进行符号扩展。例如 0ACH 等于十六进制的 00AC 或十进制 172,不等于−84。

（7）字符常数

字符常数是包括单引号内的字符串。若单引号之间没有字符,则值为 0。每个字符在内部表示为 8 位 ASCII 码。例如:

'a'	内部表示为 61h
'B'	内部表示为 42h

（8）字符串

字符串是由双引号括起来的一串字符。字符串的最大长度是可以变化的,由要求字符串的伪指令来设置。字符在内部用 8 位 ASCII 码来表示。例如:

"example"	定义了一个长度为 7 的字符串:example

字符串可以用在.copy 伪指令中的文件名、.set 伪指令中的段名、.setsect 伪指令中的段地址初始化及.byte 数据初始化伪指令中的变量名等场合。应当特别注意字符常数与字符串的差别,即字符常数代表单个整数值,而字符串只是一串字符。

5.3.3　汇编源程序中的符号

汇编源程序中的符号用于标号、常数和替代字符。符号名最多可长达 200 个字符,由字母、数字以及下划线和美元符号(A～Z,a～z, 0～9, _和 $)等组成。标号分大小写,例如:

ABC、Abc、abc 是 3 个不同的符号。在调用汇编器时使用-c 选项,可以不分大小写。在符号中,第 1 位不能是数字,并且符号中不能含空格。

1) 标号

用做标号(labels)的符号代表在程序中对应位置的符号地址。通常标号是局部变量,在一个文件中局部使用的标号必须是唯一的。助记符操作码和汇编伪指令名(不带前缀".")为有效标号。标号还可以作为.global、.ref、.def 或.bss 等汇编伪指令的操作数。如:

```
            .global      label
Label1      NOP
            ADD          label, B
            B            label1
```

2) 符号常数

符号也可被设置成常数值,这样可以用有意义的名称来代表一些重要的常数值,提高程序的可读性。伪指令.set 和.struct/.tag/.endstruct 可以用来将常数赋给符号名。注意,符号常数不能被重新定义。

【例 5.3.3】 定义符号常数举例。

```
N            .set         512                    ;定义常数
Buffer       .set         4 * N
nzg1         .set         1
nzg2         .set         2
nzg3         .set         3
item         .struct                             ;item 结构定义
             .int         nzg1                   ;常数偏移 nzg1＝1
             .int         nzg2                   ;常数偏移 nzg2＝2
             .int         nzg3                   ;常数偏移 nzg2＝3
tang_ning    .endstruct
array        .tag         item                   ;声明数组
             .bss         array,tang_ning * N
```

3) 定义符号常数(-d 选项)

使用－d 选项可以将常数值与一个符号等同起来。定义以后,在汇编源文件中可用符号代替和它等同的值。-d 选项的格式如下:

```
        asm500   -d   name＝[value]
```

name 是所要定义的符号名称。value 是要赋给符号的值。若 value 省略,则符号的值设置为 1。在汇编源程序中,可以用表 5.3.1 所列的伪指令来检测符号。

注意,内部函数 ＄isdefed 中的变量必须括在双引号内。引号表明变量按字面解释而不是作为替代字符。

表 5.3.1　检测类型及伪指令

检 测 类 型	使用的伪指令
存在	.if　　$ isdefed("name")
不存在	.if　　$ isdefed("name")＝0
与值相等	.if　　name ＝ value
与值不相等	.if　　name! ＝value

4）预先定义的符号常数

汇编器有若干预先定义的符号，包括：

（1）$，美元符号，代表段程序指针（SPC）的当前值；

（2）寄存器符号（register symbols）包括 AR0～AR7；

（3）_large_model 指定存储器模式。默认值为 0，由－mk 选项可以设置为 1。

5）替代符号

可将字符串值（变量）赋给符号，这时符号名与该变量等效，成为字符串的别名。这种用来代表变量的符号称为替代符号。当汇编器遇到替代符号时，将用字符串值替代它。和符号常数不同，替代符号可以被重新定义。可以在程序中的任何地方将变量赋给替代符号。例如：

　　　　　　　　.asg　　　"high"，AR2　　　;寄存器 AR2

6）局部标号

局部标号是一种特殊的标号，使用的范围和影响是临时性的。局部标号可用以下方法定义：

（1）用 $ n 来定义，这里 n 是 0～9 的十进制数。

（2）用 name? 定义，其中 name 是任何一个合法的符号名。汇编器用后面跟着一个唯一的数值的句点（period）代替问号。当源代码被扩展时，在清单文件中看不到这个数值。用户不能将这种标号声明为全局变量。正常的标号必须是唯一的（仅能声明一次），在操作数区域中可以作为常数使用。然而，局部标号可以被取消定义，并可以再次被定义或自动产生。

局部标号不能用伪指令来定义。局部标号可以用以下四种方法之一来取消定义或复位：使用.newblock 伪指令；改变段（利用伪指令.set，.text 或.data）；通过进入一个 include 文件（指定.include 或.copy 伪指令）；通过离开一个 include 文件（达到 include 文件的结尾）。

下面以实例说明局部标号 $ n 的格式。该例中假设符号 ADDRA，ADDRB，ADDRC 已经在前面作了定义。

【例 5.3.4】　合法、非法局部标号 $ n 举例。

① 合法使用局部标号的代码段

```
Label1:  LD        ADDRA,A      ;将 ADDRA 装入累加器 A
         SUB       ADDRB,A      ;减去地址 B
         BC        $1,ALT       ;如果小于 0,分支转移到 $1
         LD        ADDRB,A      ;否则将 ADDRB 装入累加器 A
         B         $2           ;分支转移到 $2
```

```
        $1        LD          ADDRA,A          ;$1:将 ADDRA 装入累加器 A
        $2        ADD         ADDRC,A          ;$2:加上 ADDRC
                  .newblock                    ;取消$1的定义,使它可被再次使用
                  BC          $1,ALT           ;若小于0,分支转移到$1
                  STL         A,ADDRC          ;存 ACC 的低 16 位到 ADDRC
        $1        NOP
```

② 非法使用局部标号的代码段

```
    Label1:       LD          ADDRA,A          ;将 ADDRA 装入累加器 A
                  SUB         ADDRB,A          ;减去地址 B
                  BC          $1,ALT           ;若小于0,分支转移到$1
                  LD          ADDRB,A          ;否则将 ADDRB 装入累加器 A
                  B           $2               ;分支转移到$2
        $1        LD          ADDRA,A          ;$1:将 ADDRA 装入累加器 A
        $2        ADD         ADDRC,A          ;$2:加上 ADDRC
                  BC          $1,ALT           ;若小于0,分支转移到$1
                  STL         A,ADDRC          ;将 ACC 的低 16 位存入 ADDRC
        $1        NOP                          ;错误:$1被多次重复定义
```

下面的例子说明了 name? 形式的局部标号的使用。

【例 5.3.5】 name? 形式的局部标号的使用方法。

```
    ;* * * * * * * * * * * * * * * * * * * * * * * * * * * * * * *
    ;          局部标号'mylab'的第 1 个定义
    ;* * * * * * * * * * * * * * * * * * * * * * * * * * * * * * *
                  nop
    mylab?        nop
                  b           mylab?
    ;* * * * * * * * * * * * * * * * * * * * * * * * * * * * * * *
    ;  .copy    "a.inc"              ;包括文件中有'mylab'的第 2 个定义
    ;* * * * * * * * * * * * * * * * * * * * * * * * * * * * * * *
    mylab?        nop               ;从包括文件中退出复位后,'mylab'的第 3 个定义
                  b           mylab?
    ;* * * * * * * * * * * * * * * * * * * * * * * * * * * * * * * *
    ;在宏中'mylab'的第 4 个定义,为了避免冲突,宏使用不同的名称空间
    ;* * * * * * * * * * * * * * * * * * * * * * * * * * * * * * * *
    maymac        .macro
    mylab?        nop
                  b           mylab?
                  .endm
    ;* * * * * * * * * * * * * * * * * * * * * * * * * * * * * * * *
    ;mymac    ;宏调用。引用'mylab'的第 3 个定义,注意定义
```

```
;b mylab?      ;既不被宏调用复位也不和定义在宏中的相同名称冲突
;* * * * * * * * * * * * * * * * * * * * * * * * * * * * * * * * *
;          改变段,允许'mylab'的第5个定义
;* * * * * * * * * * * * * * * * * * * * * * * * * * * * * * * * *
            .set           "Secto_One"
            nop
mylab?      .word          0
            nop
            nop
            b              mylab?
;* * * * * * * * * * * * * * * * * * * * * * * * * * * * * * * * *
;          newblock 伪指令,允许'mylab'的第6个定义
;* * * * * * * * * * * * * * * * * * * * * * * * * * * * * * * * *
            .newblock
mylab?      .word          0
            nop
            nop
            b              mylab?
```

5.3.4　汇编源程序中的表达式

表达式可以是常数、符号,或者是由算术运算符分开的一系列常数和符号。有效表达式值的范围为从 $-32\,768 \sim 32\,767$。影响表达式计算顺序的因素主要有以下三个。

(1) 圆括号()。圆括号内的表达式最先计算。特别应当注意的是,不能用大括号{ }或中括号[ ]代替圆括号()。

(2) 优先级。TMS320C54X 汇编器使用与 C 语言相似的优先级(见表 5.3.1)。优先级高的运算先计算,例如: $8+4/2=10$,先进行 $4/2$ 运算。

(3) 从左到右运算。当圆括号和优先级不决定运算顺序时,具有相同的优先级的运算按从左到右的顺序计算,与 C 语言相似。例如: $8/4*2=4$,而 $8/(4*2)=1$ 。

1) 运算符

可用在表达式中的运算符的优先级如表 5.3.2 所示。TMS320C54X 汇编器使用与 C语言相似的优先级。注意,表中取正 $(+)$,负 $(-)$ 和乘 $(*)$ 比二进制形式有较高的优先级。

表 5.3.2　运算符优先级

符　号	运　算	运算的优先级
＋　－　～　!	取正、取负、按位求补、逻辑负	从右到左
*　/　%	乘法、除法,求援	从左到右
＋　－	加法,减法	从左到右
^	指数	从左到右

符　号	运　算	运算的优先级
≪　≫	左移,右移	从左到右
<　≤	小于,小于或等于	从左到右
>　≥	大于,大于或等于	从左到右
≠　!＝	不等于	从左到右
＝	等于	从左到右
&	按位与运算(AND)	从左到右
∧	按位异或运算(exclusive OR)	从左到右
|	按位或运算(OR)	从左到右

2) 条件表达式

汇编器支持关系运算符,可以用于任何表达式,这对条件汇编特别有用。有以下几种关系运算符:

　　　　= 等于;　　　　　　　　== 等于;　　　　　　　! = 不等于;
　　　　>= 大于或等于;　　　<= 小于或等于;　　　> 大于;　　　　　< 小于

3) 有效定义的表达式

某些汇编器要求有效定义的表达式作为操作数。操作数是汇编时间常数或链接时可重定位的符号。有效定义的表达式指表达式中的符号或汇编时间常数在表达式之前就已经定义了。有效定义的表达式的计算必须是绝对的。

【例 5.3.6】　有效定义的表达式。

```
            .data
label1      .word     0
            .word     1
            .word     2
label2      .word     3
X           .set      50h
goodsym1    .set      100h＋X    ;因为 X 的值在引用前已经定义,故这是一个
                                 ;有效定义的表达式
goodsym2    .set      $          ;对前面定义的局部标号的所有引用,包括当
                                 ;前的 SPC($),都被认为是定义良好的
goodsym3    .set      label1
goodsym4    .set      label2－label1 ;虽然标号 label1 和 label2 不是绝对符号,
                                 ;因为它们是定义在同一段内的局部标号,
                                 ;故可以在汇编器中计算它们的差。这个
                                 ;差绝对的,所以,表达式是定义良好的
```

【例 5.3.7】　无效定义的表达式。

```
            .global   Y
badsym1     .set      Y          ;由于 Y 是外部的且在当前文件中未定义,故对汇
```

;编器而言是未知的。所以不能用于有效定义的表
达式

badsym2	.set	50h＋Y	
badsym3	.set	50h＋Z	;尽管 Z 在当前文件定义了,但定义出现在使用了定 ;义的表达式之前。所有出现在有效定义中的表达 ;式的符号和常量都必须在引用前进行定义
Z	.set	60h	

4) 表达式上溢和下溢

汇编时执行了算术运算以后,汇编器检查上溢和下溢的条件为无论上溢和下溢出现,它都会发出一个值被截断了的警告。汇编器不检查乘法的溢出状态。

5) 可重新定位符号和合法表达式

表 5.3.2 列出了有关绝对符号、可重新定位符号,以及外部符号的有效操作。表达式不能包含可重新定位符号和外部符号的乘或除,表达式中也不能包含对其他的段可重新定位但不能被分辨的符号。

用.global 伪指令定义为全局的符号和寄存器也可以用在表达式中。在表 5.3.3 中,这些符号和寄存器被声明为外部符号。可重新定位的寄存器也可以用在表达式中,这些寄存器的地址相对于定义它们的寄存器段是可重新定位的,除非将它们声明为外部符号。

表 5.3.3　带有绝对符号和可重新定位符号的表达式

如果 A 为…	并且如果 B 为…	A＋B 为…	A－B 为…
绝对	绝对	绝对	绝对
绝对	外部	外部	非法
绝对	可重新定位	可重新定位	非法
可重新定位	绝对	可重新定位	可重新定位
可重新定位	可重新定位	非法	绝对
可重新定位	外部	非法	非法
外部	绝对	外部	外部
外部	可重新定位	非法	非法
外部	外部	非法	非法

A 和 B 必须在同一个段里,否则非法。

以下例子说明了在表达式中绝对符号和可重新定位符号的使用。

.global	extern_1		;定义在外部模块中
intern_1：	.word	"D"	;可重新定位,在现行模块中定义
LAB1：	.set	2	;LAB1＝2 不可重新定位(绝对符号)
intern_2			;可重新定位,在现行模块中定义

【例 5.3.8】 所有合法表达式可以化简为以下两种形式之一:可重新定位符号±绝对符号或绝对值。

单操作数运算仅能应用于绝对值,不能应用于可重新定位符号。表达式简化为仅含有

可重新定位符号是非法的。例如：

   LD extern_1 — 10,B   ;合法

   LD 10—extern_1,B   ;不能将可重新定位符号变为负

   LD extern_1/10,B   ;不能将可重新定位符号乘除

   LD intern_1＋extern_1,B   ;无效的加操作

　　【例 5.3.9】　下面语句中的第一句是合法的,尽管 intern_1 和 intern_2 是可重新定位符号,但因为它们在相同的段,故它们的差是绝对的,然后减一个可重新定位符号,该句可化简为"绝对值＋可重新定位符号"变成可重新定位,因而是合法的。第二句非法是因为两个可重新定位符号的和不是一个绝对的值。

   LD intern_1—intern_2＋extern_1,B   ;合法

   LD intern_1＋intern_2＋extern_1,B   ;非法

   LD intern_1＋extern_1—intern_2,B   ;非法

　　第三句看起来和第一句一样,但因为计算顺序是从左到右,汇编器会先将 intern_1 与 extern_1 相加,因而非法。可见,表达式的计算应当考虑外部符号在表达式中的位置。

5.3.5　汇编伪指令

　　汇编器用于为程序提供数据,并控制汇编程序如何汇编源程序,是汇编语言程序的一个重要内容。汇编器伪指令可完成以下工作：

- 将代码和数据汇编进指定的段；
- 为未初始化的变量在存储器中保留空间；
- 控制清单文件是否产生；
- 初始化存储器；
- 汇编条件代码块；
- 定义全局变量；
- 为汇编器指定从中可以获得宏的库；
- 考察符号调试信息。

　　伪指令和它所带的参数必须书写在一行。在包含汇编伪指令的源程序中,伪指令可以带有标号和注释。虽然标号一般不作为伪指令语法的一部分列出,但是有些伪指令必须带有标号,此时,标号将作为伪指令的一部分出现。

　　'C54X 汇编器共有 64 条汇编伪指令,根据它们的功能,可以将其分成以下八类：

　　(1) 对各种段进行定义的命令

　　如：.bss、.data、.sect、.text、.usect 等。

　　(2) 对常数(数据和存储器)进行初始化的命令

　　如：.bes、.byte、.field、.float、.int、.log、.space、.string、.pstring、.xfloat、.xlong、.word 等。

　　(3) 调整 SPC(段寄存器)的指令

　　如：.align 等。

　　(4) 对输出列表文件格式化的命令

　　如：.drlist、.drnolist 等。

　　(5) 引用其他文件的命令

如:.copy、.def、.global、.include、.mlib、.ref 等。

（6）控制条件汇编的命令

如:.break、.else、.elseif、.endif、.endloop、.if、.loop 等。

（7）在汇编时定义符号的命令

如:.asg、.endstruct、.equ、.eval、.label、.set、.sruct 等。

（8）执行其他功能的命令

如:.algebraic、.emsg、.end、.mmregs、.mmsg、.newblock、.sblock、.version、.vmsg 等。

1）定义段的伪指令

定义段的伪指令用于定义相应的汇编语言程序的段。表 5.3.4 列出了定义段的伪指令的助记符（粗体字部分）以及语法格式和注释。

表 5.3.4　定义段的伪指令

伪指令助记符及语法格式	描　述
.bss symbol, size in words［,blocking］［,alignment］	为未初始化的数据段.bss 保留存储空间
.data	指定.data 后面的代码为数据段,通常包含初始化的数据
.sect "section name"	定义初始化的命名段,可以包含可执行代码或数据
.text	指定.text 后面的代码为文本段,通常包含可执行的代码
symbol .usect "section name", size in words［,blocking］［,alignment flag］	为未初始化的命名段保留空间。类似.bss 伪指令,但允许保留与.bss 段不同的空间

【例 5.3.10】　定义段伪指令的使用。

```
1          * * * * * * * * * * * * * * * * * * * * * * * * * * * * * * *
2          *                 开始汇编到.text 段                        *
3          * * * * * * * * * * * * * * * * * * * * * * * * * * * * * * *
4    000000              .text
5    000000   0001       .word   1,2
     000001   0002
6    000002   0003       .word   3,4
     000003   0004
7
8          * * * * * * * * * * * * * * * * * * * * * * * * * * * * * * *
9          *                 开始汇编到.data 段                        *
10         * * * * * * * * * * * * * * * * * * * * * * * * * * * * * * *
11   000000              .data
12   000000   0009       .word   9,10
     000001   000A
13   000002   000B       .word   11,12
     000003   000C
```

```
14
15              * * * * * * * * * * * * * * * * * * * * * * * * * * * * * * * * *
16              *                    开始汇编到命名的初始化段                    *
17              *                         var_defs                              *
18              * * * * * * * * * * * * * * * * * * * * * * * * * * * * * * * * *
19   000000                 .sect "var_defs"
20   000000   0011          .word  17,18
     000001   0012
21
22              * * * * * * * * * * * * * * * * * * * * * * * * * * * * * * * * *
23              *                     再继续汇编到.data 段                       *
24              * * * * * * * * * * * * * * * * * * * * * * * * * * * * * * * * *
25   000004                 .data
26   000004   000D          .word  13,14
     000005   000E
27   000000                 .bss   sym,19
28   000006   000F          .word  15,16
     000007   0010
29
30              * * * * * * * * * * * * * * * * * * * * * * * * * * * * * * * * *
31              *                     再继续汇编到.text 段                       *
32              * * * * * * * * * * * * * * * * * * * * * * * * * * * * * * * * *
33   000004                 .text
34   000004   0005          .word  5,6
     000005   0006
35   000000   usym          .usect "xy",20
36   000006   0007          .word  7,8
     000007   0008
```

例 5.3.10 以实例说明了如何应用定义段的伪指令。该例是一个输出清单文件,第一列为行号,第二列为 SPC(程序计数器)的值,每段都有它自己的 SPC。当代码第一次放在段中时,其 SPC 等于 0。

在例 5.3.8 中的伪指令执行以下任务:

.text 初始化值为 1、2、3、4、5、6、7、8 的字;

.data 初始化值为 9、10、11、12、13、14、15、16 的字;

var_defs 初始化值为 17、18 的字;

.bss 保留 19 个字的空间;

.usect 保留 20 个字的空间。

.bss 和.usect 伪指令既不结束当前的段也不开始新段,它们保留指定数量的空间,然后汇编器开始将代码或数据汇编进当前的段。

2) 初始化常数的伪指令

初始化常数的伪指令为当前段的汇编常数值。表 5.3.5 列出了初始化常数的伪指令符以及语法格式和注释。

表 5.3.5 初始化常数的伪指令

助记符及语法格式	说明
.byte value [,…, value]	初始化当前段里的一个或多个连续字,每个值的宽度被限制为 8 位。即把 8 位的值放入当前段的连续字
.char value [,…, value]	初始化当前段里的一个或多个连续字,每个值的宽度被限制为 8 位。即把 8 位的值放入当前段的连续字
.field value [, size in bits]	初始化一个可变长度的域,将单个值放入当前字的指定位域中
.float value [,…, value]	初始化一个或多个 IEEE 的单精度(32 位)浮点数,即计算浮点数的单精度(32 位)IEEE 浮点数
.xfloat value [,…, value]	初始化一个或多个 IEEE 的单精度(32 位)浮点数,即计算浮点数的单精度(32 位)IEEE 浮点表示,并将它保存在当前段的两个连续的字中,不自动对准最接近的长字边界
.int value [,…, value]	初始化一个或多个 16 位整数,即把 16 位的值放到当前段的连续的字中
.short value [,…, value]	初始化一个或多个 16 位整数,即把 16 位的值放到当前段的连续的字中
.word value [,…, value]	初始化一个或多个 16 位整数,即把 16 位的值放到当前段的连续的字中
.double value [,…, value]	初始化一个或多个双精度(64 位)浮点数,即计算浮点数的单精度(32 位)浮点表示,并将它存储在当前段的 2 个连续的字中,该伪指令自动对准长字边界
.long value [,…, value]	初始化一个或多个 32 位整数,即把 32 位的值放到当前段的 2 个连续的字中
.string "string [,…,"string"]"	初始化一个或多个字符串,把 8 位字符从一个或多个字符串放进当前段

【例 5.3.11】 比较 .byte、.int、.long、.xlong、.float、.xfloat、.word 和 .string 伪指令,本例假定已经汇编了以下的代码。

```
1  000000  00aa  .byte   0AAh,0BBh
   000001  00bb
2  000002  0ccc  .word   0CCCh
3  000003  0eee  .xlong  0EEEEFFFh
   000004  efff
4  000006  eeee  .long   0EEEEFFFFh
   000007  ffff
5  000008  dddd  .int    0DDDDh
6  000009  3fff  .xfloat 1.99999
   00000a  ffac
```

```
7   00000c   3fff   .float   1.99999
    00000d   ffac
8   00000e   0068   .string "help"
    00000f   0065
    000010   006c
    000011   0070
```

3）对准段程序计数器的伪指令

对准段程序计数器的伪指令包括：.align 伪指令和.even 伪指令。表 5.3.6 列出了对准段程序计数器的伪指令的助记符以及语法格式和注释。

.align 伪指令的操作数必须是在 20～216 之间且等于 2 的幂。

例如：操作数为 1 时，对准 SPC 到字的边界；

      操作数为 2 时，对准 SPC 到长字/偶字的边界；

      操作数为 128 时，对准 SPC 到页面的边界；

      没有操作数时，.align 伪指令默认为页面边界。

表 5.3.6　对准段程序计数器的伪指令

伪指令助记符及语法格式	描　　述
.align [size in words]	用于将段程序计数器（SPC）对准在 1～128 字的边界
.even	用于使 SPC 指到下一个字的边界（偶字边界）

.even 伪指令等效于指定.align 伪指令的操作数为 1 的情形。当.even 操作数为 2 时，将 SPC 对准到下一个长字的边界。任何在当前字中没有使用的位都填充 0。

【例 5.3.12】 .align 伪指令的使用情况。假定汇编了以下代码。

```
1   000000       4000         .field     2,3
2   000000       4160         .field     11,8
3                             .align     2
4   000002       0045         .string    "Errorcnt"
    000003       0072
    000004       0072
    000005       006f
    000006       0072
    000007       0063
    000008       006e
    000009       0074
5                             .align
6   0000800004                .byte      4
```

4）格式化输出清单文件的伪指令

格式化输出清单文件的伪指令用于格式化输出清单文件，如表 5.3.7 所示。

表 5.3.7 格式化输出清单文件的伪指令

伪指令助记符及语法格式	描 述
.drnolist	用于抑制某些伪指令在清单文件中的出现
.drlist	允许.drnolist 抑制的伪指令在清单文件中重新出现
.fclist	允许按源代码在清单文件中列出条件为假的代码块 汇编器默认状态
.fcnolist	只列出实际汇编的条件为真的代码块
.length page length	调节清单文件输出页面的长度。可针对不同的输出 设备灵活调节输出页面的长度
.list	允许汇编器将所选择的源语句输出到清单文件
.nolist	禁止汇编器将所选择的源语句输出到清单文件
.mlist	允许列出所有的宏扩展和循环块
.mnolist	禁止列出所有的宏扩展和循环块
.option {B	L	M	R	T	W	X}	用于控制清单文件的某些功能
.page	把新页列在输出清单文件中
.sslist	允许列出替代符号扩展
.ssnolist	禁止列出替代符号扩展
.title "string"	在每页的顶部打印文件标题
.width page width	调节清单文件页面的宽度

5）引用其他文件的伪指令

引用其他文件的伪指令为引用其他文件提供信息，如表 5.3.8 所示。

表 5.3.8 引用其他文件的伪指令

伪指令助记符及语法格式	描 述
.copy ["]filename["]	通知汇编器开始从其他文件读取源程序语句
.include ["]filename["]	通知汇编器开始从其他文件读取源程序语句
.def symbil [,…,symbil]	识别定义在当前模块中，但可被其他模块使用的符号
.global symbil [,…,symbil]	声明当前符号为全局符号 对定义了的符号，其作用相当于.def 对没有定义的符号，其作用相当于.ref
.ref symbil[,…,symbil]	识别在当前模块中使用的，但在其他模块中定义的符号

6）条件汇编伪指令

条件汇编伪指令用来通知汇编器按照表达式计算出的结果的真假，决定是否对某段代码进行汇编（见表 5.3.9）。有两组伪指令用于条件代码块的汇编：

（1）.if/.elseif/.else/.endif 伪指令

用于通知汇编器按照表达式的计算结果，对某段代码块进行条件汇编。要求表达式和伪指令必须完全在同一行指定。

（2）.loop/.break/.endloop 伪指令

用于通知汇编器按照表达式的计算结果重复汇编一个代码块。要求表达式和伪指令必须完全在同一行指定。

表 5.3.9　条件汇编伪指令

伪指令助记符及语法格式	描　述
.if well-defined expression	标记条件块的开始。仅当.if 条件为真时，对紧接着的代码块进行汇编
.elseif well-defined expression	若.if 条件为假，而.elseif 条件为真时，对紧接着的代码块进行汇编
.else well-defined expression	若.if 条件为假，对紧接着的代码块进行汇编
.endif	标记条件代码块的结束，并终止该条件代码块
.loop [well-defined expression]	按照表达式确定的次数进行重复汇编的代码块的开始。表达式是循环的次数
.break [well-defined expression]	若.break 表达式为假，通知汇编器继续重复汇编；而当表达式为真时，跳到紧接着.endloop 后面的代码
.endloop	标记代码块的结束

7）定义宏的伪指令

常用的定义宏的伪指令如表 5.3.10 所示。

表 5.3.10　定义宏的伪指令

伪指令助记符及语法格式	描　述
macname .macro [parameter][,…parameter] model statements or macro directives .endm	定义宏
.endm	中止宏
.var sym [,sym2,…, sym]	定义宏替代符号

8）汇编时间符号伪指令

汇编时间符号伪指令用于使符号名与常数值或字符串等价。汇编时间符合伪指令如表 5.3.11所示。

表 5.3.11　汇编时间符合伪指令

伪指令助记符及语法格式	描　述
.asg ["]character string["], substitution symbol	把一个字符串赋给一个替代符号。替代符号也可以重新被定义
.eval well-defined expresion, substitution symbol	计算一个表达式，将其结果转换成字符，并将字符串赋给替代符号用于操作计数器
.label symbol	定义一个特殊的符号，用来指向在当前段内的装载时间地址
symbol .set value	用于给符号赋值，符号被存放在符号表中，而且不能被重新定义

（续表 5.3.11）

伪指令助记符及语法格式	描　　述
.struct	设置类似 C 语言的结构体,.tag 伪指令把结构体赋给一个标号
.endstruct	结束结构体
.union	建立类似 C 语言的 union(联合)定义
.endunion	结束 union(联合)

　　.struct/.endstruct 伪指令允许将信息组织到结构体中,以便将同类的元素分在一组,然后由汇编器完成结构体成员偏离地址的计算。.struct/.endstruct 伪指令不分配存储器,只是简单地产生一个可以重复使用的符号模板。

　　.tag 将结构体与一个标号联系起来,.tag 伪指令不分配存储器,且结构体的标记符必须在使用之前先定义好。

【例 5.3.13】　.struct/.endstruct 伪指令举例。

```
1                 REAL_REC   .struct        ;结构体标记
2       0000      NOM        .int           ;member1 = 0
3       0001      DEN        .int           ;member2 = 1
4       0002      RRAL_LEN   .endstruct     ;real_len = 2
5
6  000000 0001-   ADD   REAL+REAL_REC.DEN, A
7                                           ;访问结构体成员
8
9  000000                    .bss REAL, REAL_LEN
```

　　.union/.endunion 伪指令通过创建符号模板,提供在相同的存储区域内管理多种不同的数据类型的方法。.union 不分配任何存储器,它允许类型和大小不同的定义临时地存储在相同存储器空间。.tag 伪指令将 union 属性与一个标号联系起来,可以定义一个 union 并给定一个标记符,以后可用.tag 伪指令将它声明为结构体的一个成员。当 union 没有标记符时,它的所有成员都将进入符号表,每一个成员有唯一的名称。当 union 定义在结构体内时,对这样的 union 的引用必须通过包括它的结构体来实现。

【例 5.3.14】　.union/.endunion 伪指令举例。

```
1                          .global employid
2                 xample .union        ;union 标记
3       0000      ival   .word         ;menber1 = int
4       0000      fval   .float        ;menber2 = float
5       0000      sval   .string       ;menber3 = string
6       0002      real_len .endunion   ;real_len = 2
7
8  000000         .bss employid,real_len    ;指定空间
9
10                employid .tag xample       ;声明结构的实例
```

11 000000　0000—　　　　　　ADD employid,fval,A　　　　;访问 union 成员

9）混合伪指令

表 5.3.12 列出了常用的混合伪指令。

表 5.3.12　常用的混合伪指令

伪指令助记符及语法格式	描　　述
.end	终止汇编,位于程序源程序的最后一行
.far_mode	通知汇编器调用为远调用
.mmregs	为存储器映像寄存器定义符号名,使用.mmregs 的功能和对所有的存储器映像寄存器执行.set 伪指令
.newblock	用于复位局部标号
.version　[value]	确定运行指令的处理器,每个'C54X 器件都有一个与之对应的值
.emsg　string	把错误消息送到标准的输出设备
.mmsg　string	把汇编时间消息送到标准的输出设备
.wmsg　string	把警告消息送到标准的输出设备

.newblock 伪指令用于复位局部标号,局部标号是形式为 $n 或 name? 的符号,当它们出现在标号域时被定义。局部标号可用作跳转指令的操作数的临时标号,.newblock 伪指令通过在它们被使用后将它们复位的方式来限制局部标号的使用范围。

以下三个伪指令可以允许用户定义自己的错误和警告消息：

（1）.emsg 伪指令以和汇编器同样的方式产生错误,增加错误的计数并防止汇编器产生目标文件。

（2）.mmsg 伪指令的功能与.emsg 和.wmsg 伪指令相似,但它不增加错误计数或警告计数,也不影响目标文件的产生。

（3）.wmsg 伪指令的功能与.emsg 伪指令相似,但它增加警告计数,而不增加错误计数,它也不影响目标文件的产生。

5.3.6　宏定义和宏调用

'C54X 汇编器支持宏指令语言,如果程序中有一段程序需要执行多次,就可以把这一段程序定义（宏定义）为一条宏指令,然后在需要重复执行这段程序的地方调用这条宏指令（宏调用）。利用宏指令,可以使源程序变得简短。

宏的使用分以下三个步骤：

（1）定义宏　在调用宏时,必须首先定义宏,有两种方法定义宏：

● 可在源文件的开始定义宏,或者在.include 或.copy 的文件中定义；

● 在宏库中定义。宏库是由存档器（archiver）以存档格式产生的文件集。宏库中的每一成员包含一个与成员对应的宏定义。可通过.mlib 指令访问宏库。

（2）调用宏　在定义宏之后,可在源程序中调用宏。

（3）扩展宏　在源程序调用宏指令时,汇编器将对宏指令进行扩展。扩展时汇编器将变量传递给宏参数,按宏定义取代调用宏语句,然后再对源代码进行汇编。在默认的情况

下,扩展宏将出现在清单文件中,若不需要扩展宏出现在清单文件中,则可通过伪指令.mnol-ist 来实现。当汇编器遇到宏定义时,将宏名称放进操作码表中并将重新定义前面已经定义过的与之具有相同名称的宏、库成员,伪指令或指令助记符。用这种方法可以扩展指令和伪指令的功能以及加入新的指令。

宏指令与子程序一样,都是重复执行某一段程序,但两者是有区别的,主要区别有:

(1) 宏指令和子程序都可以被多次调用,但是把子程序汇编成目标代码的过程只进行一次,而在用到宏指令的每个地方都要对宏指令中的语句逐条地进行汇编。

(2) 在调用前,由于子程序不使用参数,故子程序所需要的寄存器等都必须事先设置好;而对于宏指令来说,由于可以使用参数,调用时只要直接代入参数就行了。

宏指令可以在源程序的任何位置上定义,当然必须在用到它之前先定义好。宏定义可以嵌套,即在一条宏指令中调用其他的宏指令。

宏定义的格式如下:

macname　　.macro [parameter 1][,⋯, parameter n]

model statements or macro directives

[.mexit]

.endm

其中,macname —— 宏程序名称,必须将名称放在源程序标号域。

.macro—— 用来说明该语句为宏定义的第一行伪指令,必须放在助记符操作码区域。

[Parameters] ——为任选的替代参数,作为宏指令的操作数。

model statements —— 每次宏调用时要执行的指令或汇编命令。

macro directives —— 用于控制宏指令展开的命令。

[.mexit] ——相当于一条 goto　　.endm 语句。

.endm ——结束宏定义。

如果希望在宏定义中包含有注释,但又不希望这些注释出现在扩展宏中,可以在注释前面加上感叹号"!"。如果希望这些注释出现在扩展宏中,需在注释前面加上符号"＊"或";"。

在定义宏之后,可以在源程序中使用宏名进行宏调用。

宏调用的格式如下:

[label][:]　　macname　[parameter 1][,⋯, parameter n]

其中,标号是任选项,macname 为宏指令名,写在助记符操作码的位置上,其后是替代的参数,参数数目应与宏指令定义的相等。

当源程序中调用宏指令时,汇编时就将宏指令展开。在宏展开时,汇编器将实际参数传递给宏参数,再用宏定义替代宏调用语句,并对其进行汇编。

5.3.7　汇编器命令及参数

汇编器(汇编程序)的作用是将汇编语言源程序转换成机器语言目标文件,这些目标文件都是公共目标文件格式(COFF)。汇编语言源程序文件可以包含汇编命令(assembler directives)、汇编语言指令(instruction)和宏指令(macro directives)。汇编命令用来控制汇编的过程,包括列表格式、符号定义和将源代码放入块的方式等。

汇编器包括如下功能:

（1）将汇编语言源程序汇编成一个可重新定位的目标文件(.obj 文件)。

（2）根据需要,可以生成一个列表文件(.lst 文件),并对该列表进行控制。

（3）将程序代码分成若干个段,每个段的目标代码都有一个 SPC(段程序计数器)管理。

（4）定义和引用全局符号,如果需要可以在列表文件后面附加一张交叉引用表。

（5）对条件程序块进行汇编。

（6）支持宏功能,允许定义宏命令。

（7）为每个目标代码块设置一个程序计数器 SPC。

′C54X 的汇编程序名为 asm500.exe。要运行汇编程序,可键入如下命令:

asm500 [input file [object file [listing file]]] [—options]

其中,asm500——运行汇编程序 asm 500.exe 的命令。

input file——汇编源文件名,默认扩展名为.asm。若不输入文件名,则汇编程序会提示输入一个文件名;

object file——汇编程序生成的′C54X 目标文件。若不提供目标文件名,则汇编程序就用输入文件或目标文件名,扩展名为.obj;

listing file——汇编器产生的列表文件名,默认扩展名为.lst;

—options——汇编器使用的各种选择。

常用的选项如表 5.3.13 所示。

表 5.3.13 汇编器 asm500 的选项及其功能

选　项	功　　能
—@	—@filemane(文件名)可以将文件名的内容附加到命令行上。使用该选项可以避免命令行长度的限制。如果在一个命令文件、文件名或选项参数中包含了嵌入的空格或连字号,则必须使用引号括起来,例如:"this-file.asm"
—a	建立一个绝对列表文件 当选用—a 时,汇编器不产生目标文件
—c	使汇编语言文件中大小写没有区别
—d	为名字符号设置初值,格式为—d name[＝value]时,与汇编文件被插入 name .set[＝value]是等效的。如果 value 被省略,则此名字符号被置为 1
—f	抑制汇编器给没有.asm 扩展名的文件添加扩展名的默认行为
—g	允许汇编器在源代码中进行代码调试,汇编语言源文件中每行的信息输出到 COFF 文件中。注意:用户不能对已经包含.line 伪指令的汇编代码使用—g 选项。例如由 C/C＋＋编译器运行—g 选项产生的代码
—h, —help, —?	这些选项的任一个将显示可供使用的汇编器选项的清单
—hc	将选定的文件复制到汇编模块,格式为—hc filename 所选定的文件包含到源文件语句的前面,复制的文件将出现在汇编列表文件中
—hi	将选定的文件包含到汇编模块,格式为—hi filename 所选定的文件包含到源文件语句的前面,所包含的文件不出现在汇编列表文件中

（续表 5. 3. 13）

选　项	功　　能
—i	规定一个目录,汇编器可以在这个目录下找到.copy、.include 或.mlib 命令所命名的文件。格式为—i pathname,最多可规定 10 个目录,每一条路径名的前面都必须加上—i 选项
—l	(英文小写 L)生成一个列表文件
—mf	指定汇编调用扩展寻址方式
—mg	源文件是代数式指令
—q	抑制汇编的标题以及所有的进展信息
—r, —r[num]	压缩汇编器由 num 标识的标志,该标志是报告给汇编器的消息,这种消息不如警告严重 若不对 num 指定值,则所有标志都将被压缩
—pw	对某些汇编代码的流水线冲突发出警告
—u	—u name 取消预先定义的常数名,从而不考虑由任何—d 选项所指定的常数
—v	—v value 确定使用的处理器,可用 541,542,543, 545, 5451p,5461p,548,549 值中的一个
—s	把所有定义的符号放进目标文件的符号表中,汇编程序通常只将全局符号放进符号表 当利用—s 选项时,所定义的标号以及汇编时定义的常数也都放进符号表内
—x	产生一个交叉引用表,并将它附加到列表文件的最后,还在目标文件上加上交叉引用信息 即使没有要求生成列表文件,汇编程序总还是要建立列表文件的

5. 4　链接器的使用

　　链接器的主要任务是:根据链接命令文件(.cmd 文件)将一个或多个 COFF 目标文件链接起来,生成存储器映像文件(.map)和可执行的输出文件(.out)(COFF 目标模块)。

　　链接器提供命令语言用来控制存储器结构、输出段的定义以及将变量与符号地址建立联系,通过定义和产生存储器模型来构成系统存储器。该语言支持表达式赋值和计算,并提供两个强有力的伪指令 MEMORY 和 SECTIONS 用于编写命令文件。

　　在链接过程中,链接器将各个目标文件合并,并完成以下工作:

　● 将各个段配置到目标系统的存储器。

　● 对各个符号和段进行重新定位,并给它们指定一个最终的地址。

　● 解决输入文件之间未定义的外部引用。

本节主要介绍′C54X 链接器的运行方法、链接命令文件的编写以及多个文件系统的链接等内容。

5. 4. 1　链接器的运行

1) 运行链接程序

′C54X 的链接器(链接程序)名为 lnk500.exe。运行链接器有以下三种命令:

　　lnk500

　　lnk500　　file1.obj　　file2.obj　　—o　　link.out

lnk500　　linker.cmd

说明：

（1）使用第一种命令时，链接器会提示如下信息：

Command files：要求键入一个或多个命令文件；

Object files [.obj]：要求键入一个或多个需要链接的目标文件。默认扩展名为.obj，文件名之间要用空格或逗号分开；

Output Files [a.out]：要求键入一个链接器所生成的输出文件名；

Options：　要求附加一个链接选项，选项前加短划线。也可在命令文件中安排链接选项。

（2）使用第二种命令时，链接器是以 file1.obj 和 file2.obj 为目标文件进行链接，生成一个名为 link.out 的可执行输出文件。

（3）使用第三种命令时，需将链接的目标文件、链接命令选项以及存储器配置要求等编写到链接命令文件 linker.cmd 中。

以第二种命令为例，链接命令文件 linker.cmd 应包含如下内容：

file1.obj

file2.obj

－o　　link.out

2）链接命令选项

在链接时，一般通过链接器选项控制链接操作。链接器选项前必须加一短划线"－"。除－l 和－i 选项外，其他选项的先后顺序并不重要。选项之间可以用空格分开。表 5.4.1 中列出了常用的′C54X 链接器选项。

表 5.4.1　链接器 lnk500 常用选项

选　项	含　义
－a	生成一个绝对地址的、可执行的输出模块，所建立的绝对地址输出文件中不包含重新定位信息。如果既不用－a 选项，也不用－r 选项，链接器就像规定－a 选项那样处理
－ar	生成一个可重新定位、可执行的目标模块，这里采用了－a 和－r 两个选项（可以分开写成－a －r，也可以连在一起写作－ar），与－a 选项相比，－ar 选项还在输出文件中保留有重新定位信息
－e global_symbol	定义一个全局符号，这个符号所对应的程序存储器地址就是使用开发工具调试这个链接后的可执行文件时程序开始执行时的地址（称为入口地址）。当加载器将一个程序加载到目标存储器时，程序计数器（PC）被初始化到入口地址，然后从这个地址开始执行程序
－f fill_vale	对输出模块各段之间的空单元设置一个 16 位数值（fill_value），如果不用－f 选项，则这些空单元都置 0
－i dir	更改搜索文档库算法，先到 dir（目录）中搜索。此选项必须出现在－l 选项之前
－l filename	命名一个文档库文件作为链接器的输入文件；filename 为文档库的某个文件名。此选项必须出现在－i 选项之后
－m filename	生成一个.map 映像文件，filename 是映像文件的文件名。map 文件中说明存储器配置、输入、输出段布局以及外部符号重定位之后的地址等

（续表 5.4.1）

选　项	含　义
—o filename	对可执行输出模块命名。如果默认，则此文件名为 a.out
—r	生成一个可重新定位的输出模块。当利用—r 选项且不用—a 选项时，链接器生成一个不可执行的文件

5.4.2　链接器命令文件的编写与使用

链接命令文件是将链接的信息放在一个文件中，这在多次使用同样的链接信息时，可以方便地调用。在命令文件中可使用两个十分有用的伪指令 MEMORY 和 SECTIONS，用来指定实际应用指定存储器结构和地址的映射。在命令行中不能使用这两个，命令文件为 ASCII 文件，可包含以下内容：

（1）输入文件名，用来指定目标文件、存档库或其他命令文件。注意，当命令文件调用其他命令文件时，该调用语句必须是最后一句，链接器不能从被调用的命令文件中返回。

（2）链接器选项，它们在命令文件中的使用方法与在命令行中相同。

（3）MEMORY 和 SECTIONS 链接伪指令，MEMORY 用来指定目标存储器结构。SECTIONS 用来控制段的构成与地址分配。

（4）赋值说明，用于给全局符号定义和赋值。

对于如下链接器命令：

lnk500　a.obj　b.obj　—m　prog.map　—o　prog.out

可以将上述命令行中的内容写成一个链接器命令文件 link.cmd。（扩展名为.cmd，文件名自定），其内容如下：

```
a.obj                /* 第一个输入文件名 */
b.obj                /* 第二个输入文件名 */
—m   prog.map        /* 指定 map 文件的选项 */
—o   prog.out        /* 指定输出文件的选项 */
```

执行链接器命令：

```
Lnk500   link.cmd
```

可以将两个目标文件 a.obj 和 b.obj 进行链接，生成一个映像文件 prog.map 和一个可执行的输出文件 prog.out，其效果与前面带—m 和—o 选项的链接器命令完全一样。

链接器按照命令文件中的先后次序处理输入文件，如果链接器认定一个文件为目标文件，就对它链接；否则就假定它是一个命令文件，并从中读出命令和进行处理。链接器对命令文件名的大小写是敏感的。空格和空行是没有意义的，但可以用做定界符。

【例 5.4.1】　链接器命令文件举例。

```
a.obj   b.obj        /*   输入文件名   */
—o   prog.out        /* 指定输出文件的选项 */
—m   prog.map        /* 指定 map 文件的选项 */
MEMORY               /* MEMORY 伪指令 */
{
```

　　PAGE 0：ROM：origin＝1000h，length＝0100h

　　PAGE 1：RAM：origin＝0100h，length＝0100h

　　}

　　SECTIONS　　　　　　　　　/＊SECTIONS 伪指令＊/

　　{

　　.text　：＞ROM

　　.data　：＞ROM

　　.bss　：＞RAM

　　}

链接器命令文件都是 ASCII 码文件，由例 5.4.1 可见，它主要包含如下内容：

（1）输入文件名，就是要链接的目标文件和文档库文件，或者是其他的命令文件。

（2）链接器选项，这些选项既可以用在链接命令行，也可以编在命令文件中。

（3）MEMORY 和 SECTIONS 都是链接器命令，MEMORY 命令定义目标存储器的配置，SECTIONS 命令规定各个段放在存储器的什么位置。

在链接器命令文件中，也可以加注释。注释的内容应当用/＊xxxxxx＊/符号括起来。

注意：在命令文件中，不能采用下列符号作为段名或符号名：

align	DSECT	len	o	run
ALIGN	f	length	org	RUN
attr	fill	LENGTH	origin	SECTIONS
ATTR	FILL	load	ORIGIN	spare
block	group	LOAD	page	type
BLOCK	GROUP	MEMORY	PAGE	TYPE
COPY	l(小写 L)	NOLOAD	range	UNION

5.4.3　MEMORY 指令

　　链接器应当确定输出各段放在存储器的什么位置。要达到这个目的，首先应当有一个目标存储器的模型。MEMORY 命令就是用来规定目标存储器的模型。通过这条命令，可以定义系统中所包含的各种形式的存储器，以及它们占据的地址范围。

　　$'$C54X DSP 芯片的型号不同或者所构成的系统的用处不同，其存储器配置也不相同。通过 MEMORY 命令，可以进行各种各样的存储器配置，在此基础上再用 SECTIONS 命令将各输出段定位到所定义的存储器。

　　【例 5.4.2】　用 MEMORY 伪指令编写连接命令文件的例子。

file1.obj　　fiel2.obj

—o　Prog.out

MEMORY

{

　　PAGE 0：　ROM：　origin＝C00h，　length＝1000h

　　PAGE 1：　SCR：　origin＝60h，　length＝20h

　　　　　　　CHIP：　origin＝80h，　length＝200h

}

例 5.4.2 中 MEMORY 命令所定义的系统,其存储器配置如下。

程序存储器:4KB ROM,起始地址为 C00h,取名为 ROM。

数据存储器:32B RAM,起始地址为 60h,取名为 SCRATCH。

512B RAM,起始地址为 80h,取名为 ONCHIP。

MEMORY 指令的一般句法如下:

MEMORY

{

  PAGE0:name 1[(attr)]:origin=constant, length=constant;

  PAGEn:name n[(attr)]:origin=constant, length=constant;

}

在链接器命令文件中,MEMORY 命令用大写字母,紧随其后并用大括号括起的是一个定义存储器范围的清单。

其中:PAGE——对存储器空间加以标记,每一个 PAGE 代表一个完全独立的地址空间。页号 n 最多为 255 页,取决于目标存储器的配置。通常,PAGE0 定为程序存储器;PAGE1 定为数据存储器。若没有规定 PAGE,则链接器默认为 PAGE0。

name——对存储器区间取名。一个存储器名字可以包含 8 个字符,A~Z、a~z、$ 、. 、_ 均可。存储器区间为内部记号,因此不需要保留在输出文件或者符号表中。不同 PAGE 上的存储器区间可以取相同的名字,但在同一 PAGE 内的名字不能相同,且不许重叠配置。

attr—— 这是一个任选项,为命名区间规定 1~4 个属性。如果有选项,应写在括号内。

当对输出段定位时,可利用属性限制输出段分配到一定的存储区间。属性选项共有 4 项:

R ——规定可以对存储器执行读操作。

W ——规定可以对存储器执行写操作。

X ——规定存储器可以装入可执行的程序代码。

I ——规定可以对存储器进行初始化。

origin——规定存储区间的起始地址,可简写为 org 或 o。这个值是一个 16 位二进制常数,可以用十进制、八进制或十六进制数表示。

fill——这是一个任选项(不常用)。为没有定位输出段的存储器空单元充填一个数,输入 fill 或 f 均可。这个值是 2 个字节的整型常数,可以是十进制数、八进制数或十六制数。

Length——可简写为 len 或 l,指定存储器空间的长度,其值以字为单位,可以用十进制、八进制或十六进制数表示。

5.4.4 SECTIONS 指令

SECTIONS 命令的任务如下:

● 说明如何将输入段组合成输出段;

● 在可执行程序中定义输出段;

● 规定输出段在存储器中的存放位置;

● 允许重新命名输出段。

SECTIONS 命令的一般句法如下：

SECTIONS

{

name：[property, property, property, …]

name：[property, property, property, …]

name：[property, property, property, …]

}

在链接器命令文件中，SECTIONS 命令用于大写字母，紧随其后并用大括号括起的是关于输出段的详细说明。每个输出段的说明都从段名开始。段名后面是一行说明段的内容和如何给段分配存储单元的性能参数。一个段可能的性能参数有：

● Load allocation，由它定义将输出段加载到存储器中的什么位置。

句法 ： load＝allocation

　　　　＞ allocation

　　　　allocation

其中，allocation 是关于段地址的说明，即给段分配存储单元。具体写法有多种形式，例如：

　　　　.text：load＝0x1000　　　　　　　　将 .text 段定位到一个特定的地址

　　　　.text： load＞ROM　　　　　　　　将 .text 段定位到命名为 ROM 的存储区

　　　　.bss： load＞(RW)　　　　　　　　将 .bss 段定位到属性为 R、W 的存储区

　　　　.text： align＝0x80　　　　　　　　将 .text 段定位到从地址 0x80 开始

　　　　.bss： load＝block(0x80)　　　　　将 .bss 段定位到一个 n 字存储器块的任何一个位置(n 为 2 的幂次)

　　　.text： PAGE 0　　　　　　　　　　将 .text 段定位到 PAGE 0

如果用到一个以上参数，可以将它们排成一行。例如：

　　　　.text： ＞ROM (align(16)PAGE (2)) 。

● Run allocation，由它定义输出段在存储器的什么位置上开始运行。

句法： run＝allocation　　或者用大于号代替等号

　　　　run＞ allocation

链接器为每个输出段在目标存储器中分配两个地址：一个是加载的地址，另一个是执行程序的地址。通常，这两个地址是相同的，有时要想把程序的加载区分开，先将程序加载到 ROM，然后在 RAM 中运行，则用 SECTIONS 命令让链接器对这个段定位两次就行了。例如：

　　　　　　.fir：load＝ROM,run＝RAM

● Input_sections，用它定义由那些输入段组成输出段。

句法： {input_sections}

大多数情况下，在 SECTIONS 命令中是不列出每个输入文件的输入段的段名。即

　　　　SECTIONS

　　　　{

```
            .text：
            .data：
            .bss
            }
```

这样，在链接时，链接器就将所有输入文件的.text 段链接成.text 输出段。当然，也可以明确地用文件名和段名来规定输入段，即

```
SECTIONS
{
  .text：                    / * 创建 .text 输出段 * /
  {
  f1.obj(.text)              / * 链接来自 f1.obj 文件中的.text 段 * /
  f2.obj(sec1)              / * 链接来自 f2.obj 文件中的 sec1 段 * /
  f3.obj                    / * 链接来自 f3.obj 文件中的所有段 * /
  f4.obj(.text,sec2)        / * 链接 f4.obj 文件中的.text 段和 sec2 段 * /
  }
}
```

● Section type，用它为输出段定义特殊形式的标记。

句法： type ＝COPY 或者

　　　　type＝DSECT 或者

　　　　type＝NOLOAD

● Fill value，用于对未初始化空单元定义一个数值。

句法： fill＝value 或者

　　　　name：…{…}＝value

最后，需要说明的是，在实际编写链接命令文件时，许多参数是不一定要用的。因而可以大大简化。

● MEMORY 和 SECTIONS 命令的默认算法

如果没有利用 MEMORY 和 SECTIONS 命令，链接器就按默认算法来定位输出段。

```
  MEMORY
    {
    PAGE 0：PROG：origin＝0x0080，  length＝0xFF00
    PAGE 1：DATA：origin＝0x0080，  length＝0xFF80
    }
  SECTIONS
    {
    .text：  PAGE＝0
    .data：  PAGE＝0
    .cinit： PAGE＝0
    .bss：  PAGE＝1
    }
```

在默认 MEMORY 和 SECTIONS 命令情况下，链接器将所有的.text 输入段链接成一个.text 输出段，并配置到 PAGE0 上的存储器；将所有的.data 输入段组合成.data 输出段，定位到 PAGE0 上的存储器；所有的.bss 输入段则组合成一个.bss 输出段，并由链接器定位到配置为 PAGE1 上的存储器，即数据存储空间。

如果输入文件中包含有自定义已初始化段，则链接器将它们定位到程序存储器，紧随.data段之后。如果输入文件中包括有未初始化的命名段，则链接器将它们定位到数据存储器，并紧随.bss 段之后。

5.4.5　多个文件的链接实例

这里通过两个例子介绍多个文件的链接方法。为了便于说明，下面给出一个源程序实例。

```
* * * * * * * * * * * * * * * * * * * * * * * * * * * * * * * * * * *
*                            example.asm                           *
* * * * * * * * * * * * * * * * * * * * * * * * * * * * * * * * * * *
            .title      "example.asm"
            .mmregs
stack       .usect      "STACK",10h           ；为堆栈指定空间
            .bss        a,4                    ；为变量分配 9 个字的空间
            .bss        x,4
            .bss        y,1
            .def        start
            .data
table：      .word       1,2,3,4                ；变量初始化
            .word       8,6,4,2
            .text
start：      STM         # 0,SWWSR              ；插入 0 个等待状态
            STM         # STACK + 10h,SP       ；设置堆栈指针
            STM         # a,AR1                 ；AR1 指向 a
            RPT         # 7                     ；移动 8 个数据
            MVPD        table, * AR1+          ；从程序存储器到数据存储器
            CALL        SUM                    ；调用 SUM 子程序
end：        B           end
SUM：        STM         # a, AR3               ；子程序执行
            STM         # x, AR4
            RPTZ        A, # 3
            MAC         * AR3+, * AR4+,A
            STL         A,@ y
            RET
            .end
```

下面以 example.asm 源程序为例,将复位向量列为一个单独的文件,对两个目标文件进行链接。

(1) 编写复位向量文件 vectors.asm。

【例 5.4.3】 复位向量文件 vectors.asm。

```
* * * * * * * * * * * * * * * * * * * * * * * * * * * * * * * * *
*                  example.asm    源程序复位向量                *
* * * * * * * * * * * * * * * * * * * * * * * * * * * * * * * * *
        .title   "vectors.asm"
        .ref     start
        .sect    ".vectors"
        B        start
        .end
```

vectors.asm 文件中引用了 example.asm 中的标号"start",这是在两个文件之间通过.ref 和.def 命令实现的。

(2) 编写源程序,以 example.asm 为例。example.asm 文件中.ref start 是用来定义语句标号 start 的汇编命令,start 是源程序.text 段开关的标号,供其他文件引用。

(3) 分别对两个源文件 example.asm 和 vectors.asm 进行汇编,生成目标文件 example .obj和 vectors.obj。注意:vectors.asm 文件常称中断向量文件,中断向量的访问是严格按照地址的顺序排列的。每一个语句不能多也不能少,因为从向量表中我们可以知道每项指令的中断向量之间间隔是 4 个字。在中断向量表中,中断名是随意命名的,但相对位置是固定的,总之中断向量表格式非常固定,对于不同的 DSP 芯片,中断向量的安排是不一样的。

(4) 编写链接命令文件 example.cmd。此命令文件链接 example.obj 和 vectors.obj 两个目标文件(输入文件),生成一个映像文件 example.map 和一个可执行的输出文件 example .out。标号"start"是程序的入口。

假设目标存储器的配置如下:

　　程序存储器
EPROM E000h~FFFFh(片外)
　　数据存储器
SPRAM 0060h~007Fh(片内)
　　DARAM 0080h~017Fh(片内)

【例 5.4.4】 链接器命令文件 example.cmd。

```
vectors.obj
        example.obj
        —o   example.out
        —m   example.map
        —e   start
MEMORY
{
```

```
            PAGE 0：EPROM：org＝0E000h,len＝100h
                    VECS：   org＝0FF80h,len＝04h
        PAGE 1：SPRAM：org＝0060h,len＝20h
                DARAM：org＝0080h,len＝100h
    }
    SECTIONS
      {
        .text         :＞EPROM    PAGE 0
        .data         :＞EPROM    PAGE 0
        .bss          :＞SPRAM    PAGE 1
        STACK         :＞DARAM    PAGE 1
        .vectors      :＞VECS     PAGE 0
      }
```

程序存储器配置了一个空间 VECS，它的起始地址 0FF80h，长度为 04h，并将复位向量段 .vectors 放在 VECS 空间。这样一来，当'C54X 复位后，首先进入 0FF80h，再从 0FF80h 复位向量处跳转到主程序。

在 example.cmd 文件中，有一条命令－e start，是软件仿真器的入口地址命令，目的是在软件仿真时，屏幕从 start 语句标号处显示程序清单，且 PC 也指向 start 位置（0E000h）。

（5）链接。链接后生成一个可执行的输出文件 example.out 和映像文件 example.map。

【例 5.4.5】 映像文件 example.map。

```
    OUTPUT   FILE     NAME：    ＜example.out＞
    ENTRY    POINT   SYMBOL：  "start"  address：0000e000
    MEMORY   CONFIGURATION
```

name	origin	length	attributes	fill
PAGE 0： EPROM	0000e000	000000100	RWIX	
VECS	0000FF80	000000004	RWIX	
PAGE 1： SPRAM	00000060	000000020	RWIX	
DARAM	00000080	000000100	RWIX	

```
    SECTION     ALLOCATION   MAP
```

output section	page	origin	length	attributes/ input sections
.text	0	0000e000	00000016	
		0000e000	00000000	vectors.obj(.text)
		0000e000	00000016	example.obj(.text)
.data	0	0000e016	00000008	
		0000e016	00000000	vectors.obj(.data)
		0000e016	00000008	example.obj(.data)

.bss	1	00000060	00000009	UNINITIALIZED
		00000060	00000000	vectors.obj(.bss)
		00000060	00000009	example.obj(.bss)
STACK	1	00000080	00000010	UNINITIALIZED
		00000080	00000010	example.obj(STACK)
.vectors	0	0000ff80	00000002	
		0000ff80	00000002	vectors.obj(.vectors)
.xref	0	00000000	0000008c	COPYSECTION
		00000000	00000016	vectors.obj(.xref)
		00000016	00000076	example.obj(.xref)

GLOBAL　　SYMBOLS

address	name	address	name
00000060	.bss		00000060 .bss
0000e016	.data	00000069	end
0000e000	.text	0000e000	.start
0000e01e	edata	0000e000	.text
00000069	end	0000e016	etext
0000e016	etext	0000e016	.data
0000e000	start	0000e01e	.edata

[7 symbols]

上述可执行输出文件 example.out 装入目标系统后就可以运行了。系统复位后，PC 首先指向 0FF80h，这是复位向量地址。在这个地址上，有一条 B start 指令，程序马上跳转到 start 语句标号，从程序起始地址 0E000h 开始执行主程序。

6 汇编语言程序设计

6.0 引言

对于现在的程序设计,很多场合都使用 C/C++语言进行设计。那为什么还要专门用一章去介绍汇编语言呢? 从上一节的开发过程图可以知道,C/C++编译器实际上是把 C/C++语言转换成汇编语言,尽管 CCS 的 C 编译器的转换效率高达 75% 以上,但很多场合,仍然需要汇编,最起码应该能够看得懂,通过查找资料等方法应该能够写出一些简单的程序。

前一章节我们对汇编的格式等作了简单地介绍,下面就几种常用的汇编程序进行介绍。在学习本章的过程中,一定要和第 3 章的寻址方式和指令系统联系起来,特别是间接寻址在程序中的应用。

6.1 堆栈的使用方法

当程序调用中断服务程序或子程序时,需要将程序计数器 PC 的值和一些重要的寄存器值进行压栈保护,以便程序返回时能从间断处继续执行。'C54X 提供一个用 16 位堆栈指针(SP)寻址的软件堆栈。当向堆栈中压入数据时,堆栈是从高地址向低地址方向填入的。在压入操作时先 SP 减1,然后将数据压入堆栈;在弹出操作时先从堆栈弹出数据,然后 SP 加1。

如果程序中要用堆栈,必须先进行设置,方法如下:

```
size    .set    120
stack   .usect  "STACK",size
        STM     #stack+size,SP
```

上述语句是在数据 RAM 空间开辟一个堆栈区。前 2 句是在数据 RAM 中自定义一个名为 STACK 的保留空间,共 120 个单元。第 3 句是将这个保留空间的高地址(#stack+size)赋给 SP,作为栈底。栈底是高地址是因为堆栈是从高地址向低地址方向填入的。

设置好堆栈之后,就可以使用堆栈了,例如:

```
CALL  pmad   ; (SP)—1→SP, (PC)+2→TOS, pmad→PC
RET          ; (TOS)→PC,(SP)+1→SP
```

堆栈区的大小可以按照以下步骤来确定。

(1) 先开辟一个较大的堆栈区,用已知数充填。

```
LD    #-9224,B
STM   #length, ARl
MVMM  SP, AR4
```

```
loop:  STL   B, * AR4—
       BANZ  loop, * AR1—
```

执行以上程序后,堆栈区中的所有单元均充填 0DBF8h(即—9224),如图 6.1.1(a)所示。

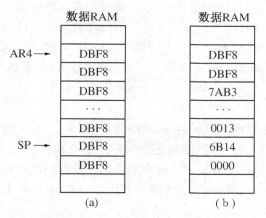

图 6.1.1　堆栈区大小的确定

(2) 运行程序。

(3) 检查堆栈中的数值,如图 6.1.1(b)所示。从中可以找出堆栈实际用的存储单元数量。

6.2　控制程序

TMS320C54X 具有丰富的程序控制指令,利用这些指令可以执行分支转移、子程序调用、子程序返回、条件操作以及循环操作等控制操作。

6.2.1　分支操作程序

程序控制中的分支操作包括:分支转移、子程序调用、子程序返回和条件操作。

1) 分支转移程序

通过传送控制到程序存储器的其他位置,分支转移会中断连续的指令流。分支转移会影响在 PC 中产生和保存的程序地址。在前面介绍了 'C54X 的基本分支转移指令。进一步可以把分支转移操作分成两种形式:无条件分支转移和条件分支转移,两者都可以带延时操作和不带延时操作,如表 6.2.1 所示。

表 6.2.1　分支转移指令

分　类	指　令	说　　　明	周期数
无条件分支转移	B[D]	用该指令指定的地址加载 PC	4[2]
	BACC[D]	用累加器的低 16 位指定的地址加载 PC	6[4]
条件分支转移	BC[D]	如果满足指令给定条件,用该指令指定的地址加载 PC	5 真/3 假/[3]
	BANZ[D]	如果当前选择辅助寄存器不等于 0,用该指令指定的地址加载 PC	4 真/2 假/[2]
远分支转移	FB[D]	用该指令指定的地址加载 PC 和 XPC	4/2
	FBACC[D]	用累加器的低 23 位指定的地址加载 PC 和 XPC	6/4

　　无条件分支转移是无条件执行,而条件分支转移要在满足用户一个或多个
条件时才执行。远分支转移允许分支转移到扩展存储器。

【例 6.2.1】 分支转移举例。

跳转示意图

	STM	♯88H,AR0	;将操作数♯88H 装入 AR0
	LD	♯1000H,A	;将操作数♯1000H 装入 ACC
zhang:	SUB	AR0,A	;将 A 中的内容减去 AR0 中的内容结果装入 A
	BC	zhang,AGT,AOV	;若累加器 A>0 且溢出,则转至 zhangshan ;否则往下执行

2) 子程序调用程序

　　与分支转移一样,通过传送控制到程序存储器的其他位置,子程序调用会中断连续的指令流,但与分支转移不同的是,这种传送是临时的。当函数的子程序被调用时,紧跟在调用后的下一条指令的地址保存在堆栈中。这个地址用于返回到调用程序并继续执行调用前的程序。子程序调用操作分成两种形式:无条件调用和条件调用,两者都可以带延时操作和不带延时操作,如表 6.2.2 所示。

表 6.2.2　子程序调用指令

分　类	指　令	说　　　明	周期数
无条件 调用	CALL[D]	将返回的地址压入堆栈,并用该指令指定的地址加载 PC	4/2
	CALA[D]	将返回的地址压入堆栈,用累加器 A 或 B 指定的地址加载 PC	6/4
条件调用	CC[D]	如果满足指令给定条件,将返回的地址压入堆栈,并用该指令指定的地址加载 PC	5|3,3|3
远调用	FCALL[D]	将 XPC 和 PC 压入堆栈,并用该指令指定的地址加载 PC 和 XPC	4/2
	FCALA[D]	将 XPC 和 PC 压入堆栈,用累加器的低 23 位指定的地址加载 PC 和 XWC	6/4

　　无条件调用是指无条件执行,条件调用和无条件调用操作相同,但是条件调用要在满足一个或多个条件时才执行。远调用允许对扩展存储器的子程序或函数进行调用。

【例 6.2.2】 子程序调用举例。

调用示意图

	STM	♯123H,AR0	;将操作数♯123H 装入 AR0
	LD	♯456H,ARl	;将操作数♯456H 装入 ARl
	CALL	new	;调子程序 new
	LD	ARl,16,A	;将 ARl 的内容左移 16 位后装入 ACC
new:	MPY	AR0,ARl,A	;AR0 的内容与 ARl 的内容相乘的结果放入 ;ACC 中
	RET		;子程序返回

3) 子程序返回程序

　　子程序返回程序可以使程序重新在被中断的连续指令处继续执行。返回指令通过弹出堆栈的值(包含将要执行的下一条指令的地址)到程序计数器(PC)来实现返回功能。'C54X 可以执行无条件返回和条件返回,并且它们都可以带延时或不带延时,如表 6.2.3 所示。

表 6.2.3 子程序返回指令

分 类	指 令	说 明	周期数
无条件返回	RET[D]	将堆栈项部的返回地址加载到 PC	5/3
	RETE[D]	将堆栈顶部的返回地址加载到 PC,并使能可屏蔽中断	5/3
	RETF[D]	将 RTN 寄存器中的返回地址加载到 PC,并使能可屏蔽中断	3/1
条件返回	RC[D]	如果满足指令给定条件,将堆栈顶部的返回地址加载到 PC	5|3,3|3
远返回	FRET[D]	将堆栈顶部的值弹出加载到 XPC,将堆栈中下一个值弹出加载到 PC	6/4
	FRETE[D]	将堆栈顶部的值弹出加载到 XPC,将堆栈中下一个值弹出加载到 PC,并使能可屏蔽中断	6/4

无条件返回是要无条件执行的。通过使用条件返回指令,可以给予被调用函数或中断服务程序(ISR)更多的可能的返回路径,以便根据被处理的数据选择返回路径。远返回允许从扩展存储器的子程序或函数返回。

4) 条件操作程序

'C54X 的一些指令只有在满足一个或是多个条件后才被执行,表 6.2.4 列出了这些指令用到的条件以及对应的操作数符号。

表 6.2.4 条件指令所需的条件和相应的操作数

条件	说明	操作数	条件	说明	操作数
A=0	累加器 A 等于 0	AEQ	B=0	累加器 B 等于 0	BEQ
A≠0	累加器 A 不等于 0	ANEQ	B≠0	累加器 B 不等于 0	BNEQ
A<0	累加器 A 小于 0	ALT	B<0	累加器 B 小于 0	BLT
A≤0	累加器 A 小于等于 0	ALET	B≤0	累加器 B 小于等于 0	BLET
A>0	累加器 A 大于 0	AGT	B>0	累加器 B 大于 0	BGT
A≥0	累加器 A 大于等于 0	AGET	B≥0	累加器 B 大于等于 0	BGET
AOV=1	累加器 A 溢出	AOV	BOV=1	累加器 B 溢出	BOV
AOV=0	累加器 A 不溢出	ANOV	BOV=0	累加器 B 不溢出	BNOV
C=1	ALU 进位位置 1	C	C=0	ALU 进位位置 0	NC
TC=1	测试/控制标志位置 1	TC	TC=	测试/控制标志位置 0	NTC
BIO 非低	BIO 信号电平为高	BIO	BIO 非高	BIO 信号电平为低	NBIO
无	无条件操作	UNC			

在条件操作时也可以要求多个条件,只有所有条件满足时才被认为是条件满足。特别要注意的是,条件的组合有一定的要求和规律,只有某些组合才是有意义的。为此,把操作数分成两组,每组又分成两到三类,分组规律如表 6.2.5 所示。

表 6.2.5   条件分组规律

第 1 组		第 2 组		
A 类	B 类	A 类	B 类	C 类
EQ	OV	TC	C	BIO
NEQ	NOV	NTC	NC	NBIO
GEQ				
GT				
LEQ				
LT				

选用条件时应当注意以下几点：

第 1 组：最多可选两个条件，组内两类条件可以与/或，但不能在组内同一类中选择两个条件算符与/或。当选择两个条件时，累加器必须是同一个。例如，可以同时选择 AGT 和 AOV，但不能同时选择 AGT 和 BOV。

第 2 组：最多可选三个条件，可以从组内三类算符中各选一个条件算符与/或，但不能在组内同一类中选两个条件算符与/或。例如，可以同时测试 TC、C 和 BIO，但不能同时测试 NTC、C 和 NC。

组与组之间的条件只能"或"。

【例 6.2.3】   条件分支转移。

```
BC      sub,BLET        ;若累加器 B≤0,则转至 sub,否则往下执行
CC      start,AGET,AOV  ;若累加器 A≥0 且溢出,则调用 start,否则往下执行
RC      NTC             ;若 TC=0,则返回,否则往下执行
```

写在单条指令中的多个(2~3 个)条件是"与"逻辑关系。如果需要两个条件相"或"只能分两行写成两条指令。例如，例 6.2.3 中第一条指令改为"若累加器 A 大于 0 或溢出，则转移至 sub"，可以写成如下两条指令：

```
BC    sub,AGT
BC    sub,AOV
```

6.2.2   循环操作程序

在程序设计时，经常需要重复执行某一段程序。利用 BANZ(当辅助寄存器不为 0 时转移)指令执行循环计数和操作是十分方便的。

【例 6.2.4】   计算 $y = \sum_{i=1}^{10} x_i$，主要程序如下：

```
.bbs    x,  10          ;声明 10 个字的 x
.bbs    y,  1           ;声明 1 个字的 y
STM     #x,AR1          ;把 x 的首地址传送给 AR1
STM     #9,AR2          ;赋值 9 给 AR2
```

```
        LD        ♯0,A            ;A=0
loop：  ADD       * AR1+,A        ;把 x 数组的值加到 A 中
        BANZ      loop,* AR2-     ;AR2 的值减 1,直到 0 跳出,请注意 * AR2 的用法
        STL       A,@y            ;把 A 的值赋给 A
```

6.3　算术运算程序

基本的算术运算程序包括:加减法运算、乘法运算、除法运算、长字和并行运算,其中加法运算在算术运算中特别重要。下面结合例子逐一介绍它们的使用方法。

6.3.1　加减法运算和乘法运算

在数字信号处理中,加减运算和乘法运算是最常见的算术运算,下面举几个例子。

凡是例子中使用直接寻址的,设所有变量在同一个数据页内。在举例之前请读者思考为什么要做这个假设?

【例 6.3.1】　计算 $y=a\times x+b$。

```
LD        @ a,T
MPY       @ x,B
ADD       @ b,B
STL       B,@ y
```

【例 6.3.2】　计算 $y=x1\times a1+x2\times a2$。

```
LD        @ x1,T
MPY       @ a1,B
LD        @ x2,T
MAC       @ a2,B
STL       B,@ y
STH       B,@ y+1
```

以上两个例子中使用的指令都是单周期指令。

【例 6.3.3】　计算 $y=\sum\limits_{i=1}^{4}a_ix_i$。

```
* * * * * * * * * * * * * * * * * * * * * * * * * * * * * * * *
*                      example.asm                           *
* * * * * * * * * * * * * * * * * * * * * * * * * * * * * * * *
        .title          "example.asm"
        .mmregs
stack   .usect          "STACK",10h        ;为堆栈指定空间
        .bss            a,4                ;为变量分配 9 个字的空间
        .bss            x,4
        .bss            y,1
        .def            start
```

```
              .data
table：        .word       1,2,3,4                  ;变量初始化
              .word       8,6,4,2
              .text
start         STM         ＃0,SWWSR                 ;插入 0 个等待状态
              STM         ＃STACK＋10h,SP           ;设置堆栈指针
              STM         ＃a,AR1                   ;AR1 指向 a
              RPT         ＃7                       ;移动 8 个数据
              MVPD        table,* AR1＋             ;从程序存储器到数据存储器
              CALL        SUM                      ;调用 SUM 子程序
end：          B          end
SUM：          STM        ＃a,AR3                   ;子程序执行
              STM         ＃x,AR4
              RPTZ        A,＃3
              MAC         * AR3＋,* AR4＋,A
              STL         A,@ y
              RET
              .end
```

6.3.2　除法运算

在'C54X 中没有除法器硬件,也就没有专门的除法指令。但是,可以利用一条条件减法指令(SUBC 指令)加上重复指令"RPT ＃15"就可以实现两个无符号数的除法运算。条件减法指令的功能如下:

```
      SUBC  Smem,  src      ;(src)－(smem)≪15→ALU 输出
                           ;如果 ALU 输出≥0,则(ALU 输出)≪1+1→src
```

下面考虑这样一种情形:当｜被除数｜≥｜除数｜,商为整数。

【例 6.3.4】　编写 16348÷512 的程序段。

```
      .bss       num.1
      .bss       den.1
      .bss       quot.1
      .data
table：.word      66 * 32768/10        ;0.66      (16384)
      .word      －33 * 32768/10       ;－0.33     (512)
      .text
Start：STM       #num,AR1
      RPT        #1
      MVPD       table,* AR1＋          ;传送 2 个数据至分子、分母单元
      LD         @den,16,A             ;将分母移到累加器 A(31～16)
      MPYA       @num                  ;(num) * A(32～16)→B,获取商的符号
```

		;(在累加器 B 中)
ABS	A	;分母取绝对值
STH	A,@den	;分母绝对值存回原处
LD	@num,A	;分子→A(32～16)
ABS	A	;分子取绝对值
RPT	♯15	;16 次减法重复操作,完成除法
SUBC	@den,A	
XC	1,BLT	;如果 B<0(商是负数),则需要变号
NEG	A	
STL	A,@quot	;保存商

例 6.3.4 的运行结果如表 6.3.1 所示。

表 6.3.1　例 6.3.4 的运行结果

被除数	除　数	商(十六进制)	商(十进制)
16384	512	0xC020	32
66 * 32768/100(0.66)	−33 * 32768/100(−0.33)	0xFFFE	−2

6.3.3　长字运算和并行运算

1) 长字指令

'C54X 可以利用 32 位长操作数进行长字运算。进行长字运算时,需使用长字指令,如:

DLD	Lmem,dst	;dst=Lmem
DST	src,Lmem	;Lmem=src
DADD	Lmem,src[,dst]	;dst=src+Lmem
DSUB	Lmem,src[,dst]	;dst=src−Lmem
DRSUB	Lmem,src[,dst]	;dst=Lmem−src

以上指令中除 DST 指令(存储 32 位数要用 E 总线两次,需 2 个机器周期)外,其余都是单字单周期指令,也就是在单个周期内同时利用 C 总线,得到 32 位操作数。

长操作数指令中存在高 16 位和低 16 位操作数在存储器中的排列方式问题。由于按指令中给出的地址存取的总是高 16 位操作数,这样,就有以下两种数据排列方法。

在进行 32 位数寻址时,先处理高有效字,然后处理低有效字。如果寻址的第 1 个字处于偶地址,那么第 2 个就处于下一个较高的地址;如果寻址的第 1 个字处于奇地址,那么下一个数就处于前一个较低的地址。只有双精度和长字指令才能寻址 32 位数。

【例 6.3.5】　计算 $z=x+y$,x、y、z 均为 32 位。

标准运算		长字运算	
.bss	xhi,1	.bss	xhi,2,1,1
.bss	xlo,1	.bss	yhi,2,1,1
.bss	yhi,1	.bss	zhi,2,1,1
.bss	ylo,1		…

.bss　　zhi,1	DLD　　@ xhi,A
.bss　　zlo,1	DADD　@ yhi,A
...	DST　　A,@ zhi
LD　　@ xhi,16,A	（3 个字,3 个周期）
ADDS　@ xlo,A	
ADD　　@ yhi,16,A	
ADDS　@ ylo,A	
STH　　A,@ zhi	
STL　　A,@ zlo	
（6 个字,6 个周期）	

2）并行运算

并行运算就是同时利用 D 总线和 E 总线两条总线参与运算。D 总线用来执行加载或算术运算,E 总线用来存放先前的结果。

并行指令有 4 种:并行装载和乘法指令、并行装载和存储指令、并行存储和乘法指令和并行存储和加/减法指令。所有并行指令都是单字单周期指令。表 6.3.2 列出了并行运算指令的例子。应当注意的是,并行运算时存储的是前面的运算结果,存储之后再进行加载或算术运算。这些指令都工作在累加器的高位,且大多数并行运算指令都受 ASM（累加器移位方式）位影响。

【例 6.3.6】　编写计算 $z=x+y$ 和 $f=e+d$ 的段程序。

在此程序段中用到了并行加载/存储指令,即在同一机器周期内利用 D 总线加载和 E 总线存储。

```
.bss        x, 3
.bss        d, 3
STM        ♯x, AR5
STM        ♯d, AR2
LD         ♯0, ASM
LD         * AR5＋,16,A
ADD        * AR5＋,16,A
ST         A, * AR5
 ‖ LD      * AR2＋,B
ADD        * AR2＋,16,B
STH        B, * AR2
```

表 6.3.2　并行运算指令举例

指　令	举　例	操 作 说 明
LD ‖ MAC[R] LD ‖ MAS[R]	LD Xmem,dst ‖ MAC[R]Ymem[,dst2]	dst=Xmem<<16 dst2=dst2+T * Ymem
ST ‖ LD	ST src,Ymem ‖ LD Xmem,dst	Ymem=src>>(16−ASM) Dst=Xmem<<16

（续表 6.3.2）

指　令	举　例	操　作　说　明
ST‖MPY ST‖MAC[R] ST‖MAS[R]	ST src,Ymem‖MAC[R]Xmem,dst	Ymem=src>>(16−ASM) dst=dst+T∗Xmem
ST‖ADD ST‖SUB	ST src,Ymem‖ADD Xmem,dst	Ymem=src>>(16−ASM) dst=dst+Xmem

【例 6.3.7】　编写计算。

W、X、Y 和结果 Z 都是 64 位数,它们都由两个 32 位的长字组成。利用长字指令可以完成 64 位数的加/减法。

```
      W3       W2              W1      W0      （W64）
+     X3       X2        C     X1      X0      （X64）低 32 位相加产生进位 C
−     Y3       Y2        C′    YI      Y0      （Y64）低 32 位相减产生进位 C′
      Z3       Z2              Z1      Z0      （Z64）
```

DLD	@ w1,　A	;A = w1w0
DADD	@ x1,　A	;A = w1w0+x1x0,产生进位 C
DLD	@ w3,　B	;B = w3w2
ADDC	@ x2,　B	;B = w3w2+x2+C
ADD	@ x3,16,B	;B = w3w2+x3x2+C
DSUB	@ y1,A	;A = w1w0+x1x0−y1y0,产生错位 C′
DST	A,@ z1	;z1z0 = w1w0+x1x0−y1y0
SUBB	@ y2,B	;B = w3w2+x3x2+C−y2−C′
SUB	@ y3,16,B	;B = w3w2+x3x2+C−y3y2−C′
DST	B,@ z3	;z3z2 = w3w2+x3x2+C−y3y2−C′

由于没有长字带进(借)位加/减法指令,所以上述程序中能用 16 位带进(借)位指令 ADDC 和 SUBB。

6.4　重复操作程序

TMS320C54X 的重复操作是使 CPU 重复执行一条指令或一段指令,可以分为单指令重复和块程序重复。具体来讲,使用 RTP(重复下条指令)、RPTZ(累加器清 0 并重复下条指令)能重复下一条指令;而 RPTB(块重复指令)用于重复代码块若干次。利用这些指令进行循环比用 BANZ 指令要快得多。

6.4.1　单指令重复操作

重复指令 RPT 或 RPTZ 允许重复执行紧随其后的那一条指令。下一条指令的重复次数由该指令的操作数决定,并且等于操作数加 1。即,如果要重复执行 $N+1$ 次,则重复指令中应规定计数值为 N。该数值保存在 16 位重复计数器(RC)寄存器中,不能对 RC 寄存器编程,只能由 RPT 或 RPTZ 加载。一条指令的最大重复次数为 65 536。

由于要重复的指令只需要取指一次，与利用 BANZ 指令进行循环相比，效率要高得多。特别是对于乘法/累加和数据传送那样的多周期指令，在执行一次之后就变成了单周期指令，大大提高了运行速度。

【例 6.4.1】 对一个数组进行初始化：$x[8]=\{0,0,0,0,0,0,0,0\}$。

```
        .bss        x ，  8
        STM         ♯ x，  AR1
        LD          ♯0，  A
        RPT         ♯7
        STL         A，  * AR1+
```

或者用 RPTZ 代替 LD 和 RPT：

```
        .bss        x ，  8
        STM         ♯ x，  AR1
        RPTZ        ♯7
        STL         A，  * AR1+
```

应当指出的是，在执行重复操作期间，除了 RS 外所有中断被禁止，直到重复循环完成。TMS320C54X 会响应 HOLD 信号，若 HM=0，CPU 继续执行重复操作；若 HM=1，则暂停重复操作。

6.4.2　块程序重复操作

用于块程序重复操作指令为 RPTB 和 RPTBD（带延时的指令），可以重复代码块 $N+1$ 次，N 是保存在块重复计数器（BRC）的值。与单指令重复会禁止所有可屏蔽中断，不同的是块重复操作可以被中断。

必须先用 STM 指令将所规定的迭代次数加载到块重复计数器（BRC）。RPTB 指令需要 4 个时钟周期。RPTBD 指令允许执行紧跟在该指令后面的一个 2 字指令或者两个 1 字指令，而不用清除流水线，故只需要 2 个周期，且跟在 RPTBD 指令后面的两个字不能是延时指令。

块程序重复指令的特点是对任意长程序段的循环开销为 0。循环有 ST1 状态寄存器的块重复标志位（BRAF）和紧跟在 ST1 状态寄存器后面的存储器映像寄存器控制。循环过程是：

（1）将块重复标志位（BRAF）置 1，激活块程序重复循环；

（2）将一个取值在 0～65 535 范围内的循环次数 N 加载到 BRC，N 的取值应当比块循环次数少 1；

（3）块重复指令把块重复的起始地址放在块重复开始地址寄存器（RSA）中。即，RPTB 指令将紧跟其后的指令加载到 RSA；RPTBD 指令将紧跟其后的第二条指令加载到 RSA；

（4）块重复指令把块重复的末地址放在块重复结束地址寄存器（REA）中。

循环期间，PC 每次更新后的值与 REA 比较：相等时，则 BRC 减小 1；如果 BRC 大于或等于 0，RSA 加载到 PC 并重新启动循环；如果 BRC 小于 0，BRAF 复位为 0。

6.4.3　对数组 x[8]中的每个元素加 1

```
            .bss    x ，  8
begin   LD      ♯1, 16, B
STM     ♯ 7,  BRC          ;块重复计数器 BRC 中保存 7,循环次数为 8
```

```
STM      #x,AR4
RPTB     next－1
ADD      *AR4,16,B,A
STH      A,*AR4+
next:    LD      #0, B
         …
```

6.4.4　循环嵌套

循环嵌套是程序编制中常用的技巧,可以用来简化较为复杂的程序。在 TMS320C54X 汇编语言源程序设计中,实现循环嵌套的一种简单方法是只在最内部的循环使用 RPTB[D] 指令,在所有外部的循环用 BANZ[D] 指令。

下面是一个三重循环嵌套结构,内层、中层和外层三重循环分别采用 RPT、RPTB 和 BANZ 指令,重复执行 N、M 和 L 次。

上述三重循环的开销如表 6.4.1 所示。

表 6.4.1　循环嵌套的开销

循　环	指　令	开销(机器周数表)
1(内层)	RPT	1
2(中层)	RPTB	4+2(加载 BRC)
3(外层)	BANZ	$4N+2$(加载 AR)

6.5　数据块传送程序

'C54X 的数据传送指令,其中可以用于数据传送的指令有 10 条分别可以实现数据存储器之间、数据存储器和 MMR 之间、程序存储器和数据存储器之间、程序存储器和数据存储器之间的数据块传送(见表 6.5.1)。这些指令传送速度比加载和存储指令快,传送数据不需要通过累加器,可以寻址程序存储器,与 RPT 指令相结合可以实现数据块传送。

表 6.5.1　数据块传送指令功能分类

分　类	指　令	字　数	周期数
程序存储器—数据存储器	MVPD pmad,Smem	2	3
	MVDP Smem,pmad	2	4
数据存储器—数据存储器	MVDK Smem,dmad	2	2
	MVKD dmad,Smem	2	2
	MVDD Xmem, Ymem	1	1
程序存储器(Acc)—数据存储器	READA Smem	1	5
	WRITA Smem	1	5
数据存储器—MMR	MVDM dmad,MMR	2	2
	MVMD MMR,dmad	2	2
	MVMM mmr,mmr	1	1

（1）程序存储器—数据存储器

重复执行 MVPD 指令，可以实现程序存储器至数据存储器的数据传送，在系统初始化过程中是很有用的。这样，就可以将数据表格与文本一起驻留在程序存储器中，复位后将数据表格传送到数据存储器，从而不配置数据 ROM，降低系统的成本。

【例 6.5.1】 对数组 x[8]＝{0,1,2,3,4,5,6,7} 进行初始化。

```
            .bss       x, 8
            .data
TBL：       .word      0, 1, 2, 3, 4, 5, 6, 7
            .text
START：     STM        ♯x,AR5
            RPT        ♯7
            MVPD       TBL,＊AR5＋
            …
```

（2）数据存储器—数据存储器

在数字信号处理时，经常需要将数据存储器中的一批数据传送到数据存储器的另一个地址空间。

【例 6.5.2】 进行 N 点 FFT 运算时，为节约存储空间要用到原位计算，将数组 x[16] 赋到数组 y[16]，计算一个蝶形后，所得输出数据可以立即存入原输入数据所占用的存储单元。

```
            .bss       x, 16
            .bss       x, 16
            …
            STM        ♯x,AR2
            STM        ♯y,AR5
            RPT        ♯15
            MVDD       AR2＋,＊AR3＋
```

（3）程序存储器（Acc）—数据存储器

例 6.5.3 是数据存储器和程序存储器之间数据传送指令的应用。

【例 6.5.3】 数据存储器到程序存储器的数据传送。

```
WRITE_A：
            STM        ♯380h,AR1          ;数据存储器开始地址
            RPT        ♯(128—1)           ;移动 128 个数据
            WRITA      ＊AR1＋             ;保存到程序存储器内
            RET
```

（4）数据存储器—MMR

例 6.5.4 是数据存储器和 MMR 之间数据传送指令的应用。

【例 6.5.4】 双操作数方式实现 IIR 高通滤波器。

```
table：     .word      0                           ;x(n—2)
            .word      0                           ;x(n—2)
            .word      653 ＊ 32768/10000          ;x(n—0)
```

	.word	—1306 * 32768/10000	; B2
	.word	653 * 32768/10000	; B0
	.word	—3490 * 32768/10000	; A2
	.word	—600 * 32768/10000	; A1/2
	.text		
start:	SSBX	FRCT	
	STM	#x2,AR1	
	RPT	#1	
	MVPD	#table, * AR1+	
	STM	#COEF,AR1	
	RPT	#4	
	MVPD	#table+2, * AR1+	
	STM	# x2,AR3	
	STM	#COEF+4,AR4	;AR4 指向 A1
	MVMM	AR4,AR1	;保存地址值在 AR1 中
	STM	#3,BK	;设置循环缓冲区长度
	STM	# —1,AR0	;设置变地址寻址步长
IIR1:	PORTP	PA1,#AR3	;从 PA1 口输入数据 x(n)
	LD	* AR3+0%,16,A	;计算反馈通道,A=x(n)
	MAC	* AR3, * AR4,A	;A=x(n)+ A1 * x1
	MAC	* AR3+0%, * AR4—,A	;A=x(n)+ A1 * x1+ A1 * x1
	MAC	* AR3+0%, * AR4—,A	;A=x(n)+ 2 * A1 * x1+ A2 * x2=x0
	STH	A, * AR3	;保存 x0
	MPY	* AR3+0%, * AR4—,A	;计算前向通道,A=B0 * x0
	MAC	* AR3+0% , * AR4—,A	; A=B0 * x0 +B1 * x1
	MAC	* AR3, * AR4—,A;	; A=B0 * x0 +B1 * x1+B2 * x2=y(n)
	STH	A, * AR3	;保存 y(n)
	MVMM	AR1,AR4	;AR4 重新指向 A1
	BD	IIR1	;循环
	PORTW	* AR3,PA0	;向 PA0 口输出数据
	.end		

7 开发环境及 C/C++程序开发

7.0 引言

工欲善其事，必先利其器！TI 公司推出了功能非常强大、容易使用的集成开发环境 CCS(Code Composer Studio)。到目前为止，CCS 有 CCS1、CCS2，还有新出的 CCS3 三代产品，本书以 CCS2.2 版本为蓝本进行介绍。本章主要介绍 CCS 的安装、设置以及一些基本功能。介绍如何在 CCS 中使用 C/C++进行程序开发。

7.1 CCS 初步探索

7.1.1 开发环境及驱动的安装

1）开发环境 CCS 的安装

把 CCS 安装光盘放入光驱之后，光盘将自行启动出现界面如图 7.1.1 所示。

图 7.1.1　安装启动画面

在图 7.1.1 中，点击红色 1 标志处，将启动 CCS 的安装，注意启动较慢时或不能正常启动时可直接到"光盘符:\CCS\"目录下点击 setup.exe 进行安装。点击红色标志 2，可获得 C5000 系列的所有开发文档，包括芯片资料、汇编开发手册、C 开发手册以及常用设计资料等。这部分资料在安装完成后，将在安装根目录的"\docs\pdf"中。

点击红色标志 1 进行 CCS 的安装，进入图 7.1.2 界面。

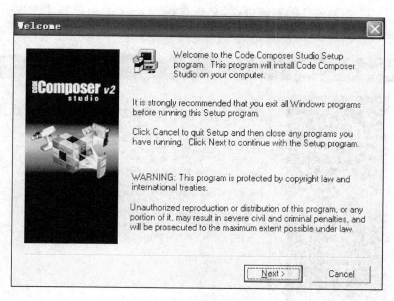

图 7.1.2 欢迎界面

点击"Next",继续安装,进入图 7.1.3 界面。

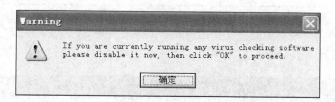

图 7.1.3 提示关闭防病毒软件界面

由于 CCS 在安装过程将会出现对注册表进行修改等操作,所以 TI 公司提醒用户在进行安装过程中,关闭病毒防护程序,点击"确定",进入图 7.1.4 界面。

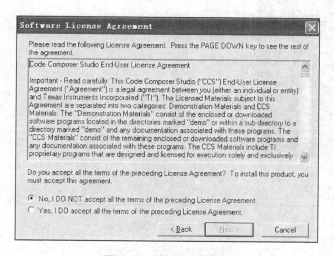

图 7.1.4 软件许可界面

　　图 7.1.4 是 TI 公司的软件安装协议，必须选择"Yes, I do……"，才能进行下一步的安装。点击"Next"按钮，进入图 7.1.5 界面。

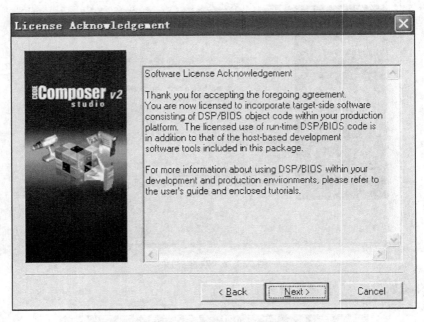

图 7.1.5　许可确认界面

　　点击"Next"按钮，进入图 7.1.6 界面。

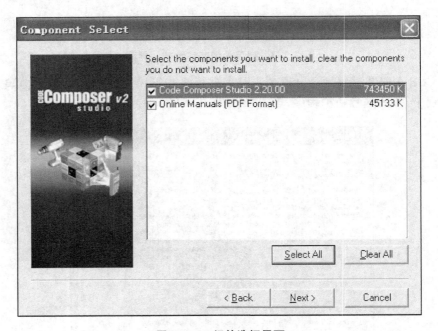

图 7.1.6　组件选择界面

　　图 7.1.6 是安装选项，建议全选，点击"Next"，进入图 7.1.7 界面。

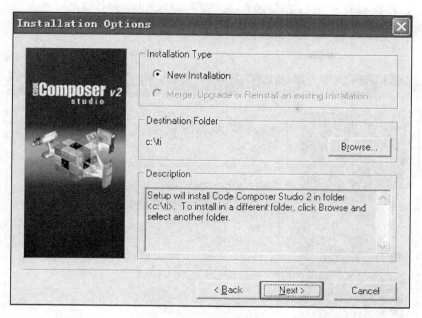

图 7.1.7 安装选项界面

在图 7.1.7 中,安装类型的选择分两种情况:一种是全新安装;另一种是融合、更新、重装已存在的安装,对于这种情况,尤其是融合出现在已经安装过 CCS 的情况下的。CCS 开发环境安装 TI 公司的产品分类的不同,其安装内容也不同。′C54X 必须选择 CCS for 5000 的版本进行安装。然后可以设置安装路径。点击"Next",进入图 7.1.8界面。

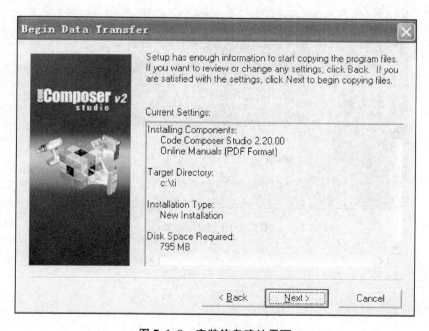

图 7.1.8 安装信息确认界面

　　图 7.1.8 界面对将要进行安装的信息进行确认,如果确认无误,点击"Next",进入图 7.1.9 界面。安装进度如图 7.1.10 所示。安装完成后的提示界面如图 7.1.11 所示。

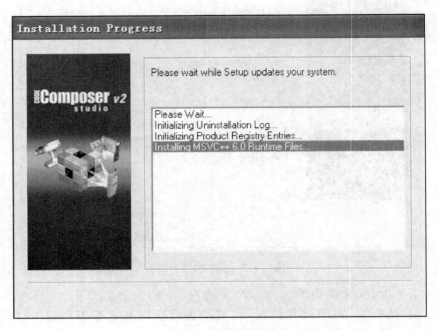

图 7.1.9　安装过程

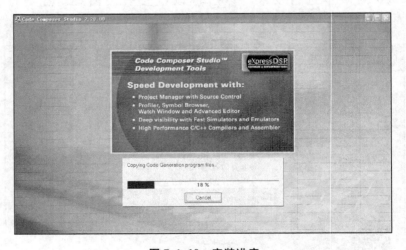

图 7.1.10　安装进度

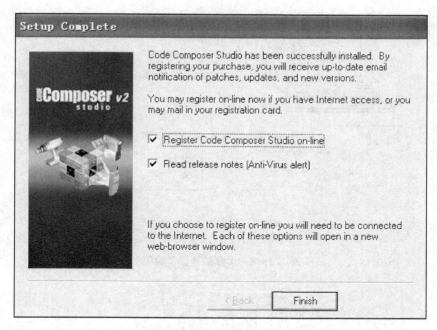

图 7.1.11 安装完成

安装完成后,重启方可生效。图 7.1.12 为启动选择界面。重新启动后,桌面上将出现如图 7.1.13 所示的界面。

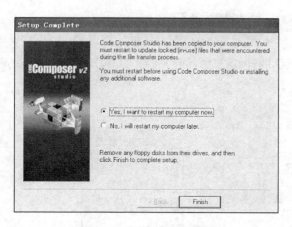

图 7.1.12 启动选择界面

图 7.1.13 软件图标界面

2) 仿真器的设置

本环节以合众达的 XDSUSB2.0 仿真器的设置为例,介绍 USB 接口的 XDS510 型 DSP 仿真器的链接与设置。

(1)正确连接仿真器以及目标板,确认连接无误后,上电。连接示意图如图 7.1.14 所示。仿真器的 14 脚连接线插在目标板的 JTAG 接口上,注意不要插反,14 脚连接线的第 6 脚是没有插孔的,如图 7.1.15 所示。

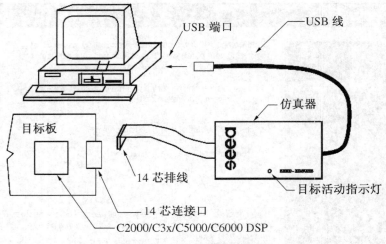

图 7.1.14　仿真器连接示意图

TMS	1	2	TRST−
TDI	3	4	GND
PD(+5V)	5	6	no pin (key)
TDO	7	8	GND
TCK−RET	9	10	GND
TCK	11	12	GND
EMU0	13	14	EMU1

图 7.1.15　14 连接头示意图

注意 XDSUSB2.0 仿真器的连接头分 JTAG 和 MPSD 两种类型（见图 7.1.16），若 DSP 目标系统是 C31、C32、C33，则选择 MPSD 的连接方式，同时跳线。'C54X 属于 C5000 系列，所以选择 JTAG 连接方式。

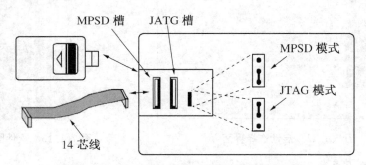

图 7.1.16　XDSUSB2.0 仿真器的两种连接方式

（2）安装驱动

安装驱动时需要针对不同的 DSP 系列安装不同的驱动程序。当正确安装之后设备管理器中通用串行控制器中显示"SEED−XDSusb2.0 Emulator"。

（3）重新启动电脑。

（4）安装完驱动程序以后，可以使用 usb20emurst.exe 检测仿真器的工作状态。

点击"reset"将出现图 7.1.17 所示的界面，这样表示仿真器工作正常。

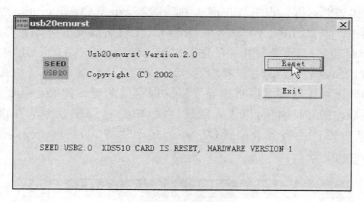

图 7.1.17 检测界面

7.1.2 软件设置及使用简介

按照上述，我们把计算机 USB 口、仿真器和 DSP 功能板之间连接起来了，但是还不能进行通信仿真。CCS 可以对任一 DSP 芯片或其组合形式进行仿真，具体要仿真的 DSP 芯片类型要由实际 DSP 功能板上的 DSP 芯片决定。通过 CCS 的 Setup 程序来设置仿真 DSP 芯片的驱动程序库，从而可以对相应的 DSP 芯片进行仿真分析。也就是说，Setup 程序只有一个作用，即用于设置 CCS 所需要仿真的 DSP 芯片的驱动程序，使 CCS 可以对该 DSP 芯片进行仿真。SetupCCS2('C5000)即为 Setup 程序，另一个图标 CCS2('C5000)为 CCS 的集成开发环境(IDE)。点击"SetupCCS2"图标进入如图 7.1.18 所示的界面。

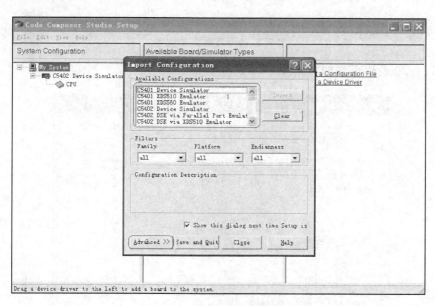

图 7.1.18 CCS 配置界面

在图 7.1.18 所示的小对话框中，红色的 1 区域展示了 TI 公司提供的可利用仿真配置，包括 Emulator 和 Simulator 两种。下面的过滤器与上面的可选配置列表框是"连接"的("相关"的)，可以通过适当减少过滤器目标配置便于用户选择；最下面的复选框选中后，每次打开 Setup 都会弹出该对话框。点击"Clear"按钮清除"System Configuration"栏中的所有项，关闭这个小对话框。点击"Install a Device Driver"，在默认情况下可以在"..\drivers"目录下包含有 *.dvr 驱动文件，可选择相关的进行安装。使用合众达的 XDSUSB2.0 仿真器，在安装完成 C5000 的驱动后可以直接选择"C5402 XDS510 Emulator"进行仿真。

点击红色的 2 区域按钮则可以直接导入以前保存的配置。如果是需要重新配置，可以双击红色的 1 区域内的选项，将可以进入配置界面，如图 7.1.19 所示。在该界面可以设置系统名称、配置文件的产生方式及路径（注意：指定产生方式为"Auto-generate board data file with extra configure"）。

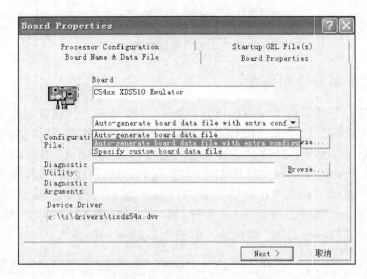

图 7.1.19 配置文件设置

从图 7.1.20 看出可添加或删除 CPU。

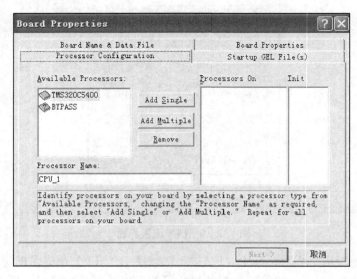

图 7.1.20 CPU 属性设置

如图 7.1.21 所示,IO 端口设置值为 0x240。

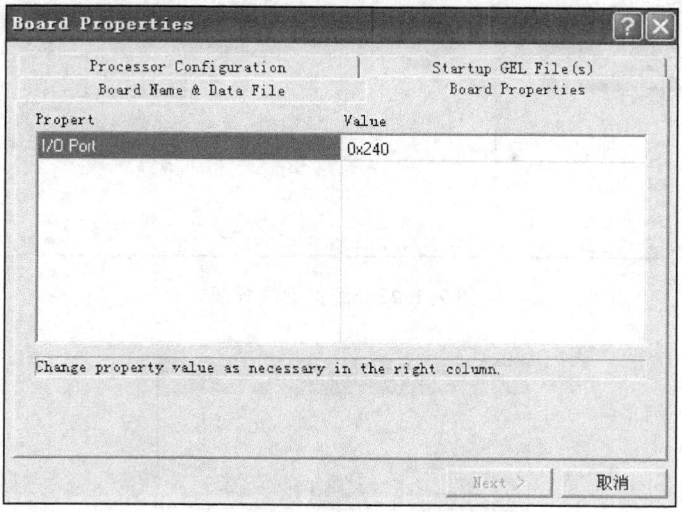

图 7.1.21　IO 端口设置

　　GEL 文件在进行仿真的时候可以不设置,GEL 文件的作用及写法将在后续章节进行介绍。

　　在图 7.1.22 中,单击"Finish"按钮进入到如图 7.1.23 所示的窗口,使用"File"菜单下的"Save"命令存储配置,然后退出"Setup"环境。退出 Setup 时,系统会询问用户是否启动 CCS(见图 7.1.24),点击"是",立即进入 CCS 环境;或单击"否",退到桌面上,双击"CCS2"图标,也可以进入 CCS 环境。

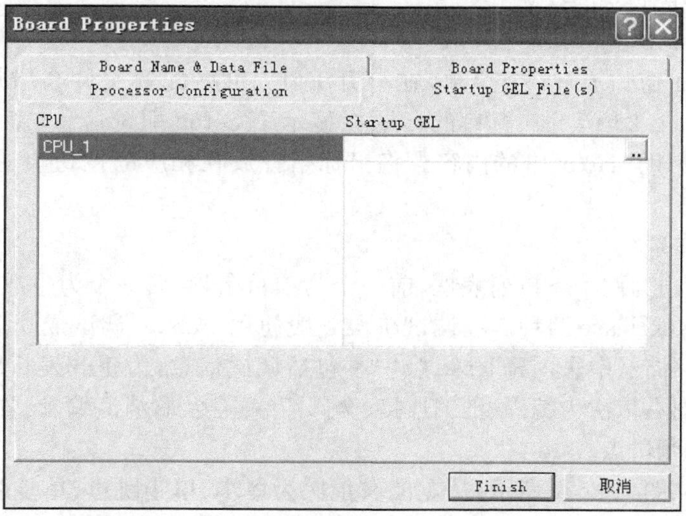

图 7.1.22　GEL 文件设置

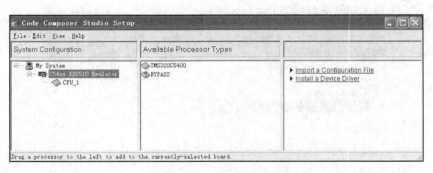

图 7.1.23　配置完成界面

图 7.1.24　是否启动 CCS 选择界面

7.1.3　CCS 界面操作

　　界面操作的介绍常常被读者认为是无关紧要的,其实熟悉操作界面对于编程实际上大有好处。本节将首先介绍整个 CCS 的各项菜单,紧接着通过一个编程过程的实例介绍一下如何使用 CCS 进行 C/C++程序设计及调试的方法。在本节中,请读者注意使用 CCS 进行程序设计的步骤和具体形式的讲解,编程的语法和具体编程内容已在第 3 章"C/C++程序设计"中作过介绍。

　　1) CCS 菜单和快捷工具条

　　CCS 的主界面窗口有 12 个菜单,在打开 DSP/BIOS 配置文件会增加一个 Object 菜单,主界面如图 7.1.25 所示。窗口的标题栏显示了 Setup 配置信息,窗口中的快捷按钮的意义可以参考帮助"Help"中的内容。将鼠标指针放在相应的按钮上,按<F1>键即可得到相应的帮助。

　　(1) CCS 工作条

　　图 7.1.26 左边为两个下拉列表框,前一个为项目名称,后一个为生成的目标文件的格式,分为 Debug 和 Release 两种。在调试阶段一般使用 Debug,调试成功后转化成 Release 版写到 FLASH 存储器中去。Release 版中不包括调试信息,为正式发行版本。图 7.1.26 右边的按钮从左向右依次为编译、汇编连接、全部汇编连接、取消汇编、设置断点、取消断点、设置测试点、取消测试点。

　　调试工具栏如图 7.1.27 所示,从左向右依次为单步、单步跳过、单步跳出、运行到光标处、设置 PC 到光标处、运行程序、停止程序、继续运行、观察寄存器、快速观察。

图 7.1.25　开发环境主界面

图 7.1.26　工程工具栏

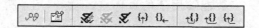

图 7.1.27　调试工具栏

CCS 还包括如图 7.1.28 所示的变量观测、DSP/BIOS、标准文件操作、编辑 GEL 等工具条,这些工具条给编辑和调试带来了方便。Edit 工具条最后一个按钮是指示使用外部编辑器来替代 CCS 的编辑器,需要在菜单 Option 中的"Customize/Editor Propertion"中设置之后才能使该按钮"使能"。当某些按钮或是菜单呈现灰色时,它们不响应鼠标的点击事件,但是可以通过点击另外一些特定的按钮或菜单,使这些按钮或菜单"亮"起来,从而可以响应鼠标的点击事件,这个过程称为按钮的"使能"。

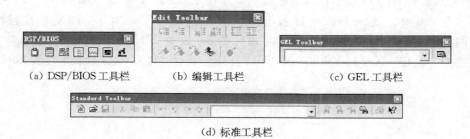

(a) DSP/BIOS 工具栏　　　　(b) 编辑工具栏　　　　(c) GEL 工具栏

(d) 标准工具栏

图 7.1.28　其他常用工具栏

（2）CCS 主界面

下面再回到图 7.1.25，进一步介绍 CCS 主界面。在图 7.1.25 中左边的窗口为工程管理器；右边的窗口为编辑和运行。下面的窗口为编译连接输出信息，在这个窗口中报告程序的出信息情况，双击编译错误可以直接定位到出错的代码，按<F1>键可以获得更详细的出错原因。

CCS 的各项菜单的功用简单介绍如下：

File：创建源文件、打开一个新的文件、关闭已打开的文件、存储文件、向 DSP 功能板上装入可执行目标程序、工作区的管理、最近打开的文件、退出 CCS 等。

Edit：一些常用的编辑命令，对寄存器、内存和变量等的编辑命令，设置书签等。

View：显示或关闭主界面窗口下的工具条、对存储器和寄存器的观察、变量观测、混合语言模式的观测等。

Project：建立一个工程、打开一个工程、汇编和连接工程、汇编参数设定、与工程项目管理有关的一些操作。

Debug：在可执行的代码处设置断点、设置探针、调试程序、复位 DSP、运行程序等。

Profiler：主要作用是测试程序中函数或是某些区域运行所花费的指令周期和时间，指出需要重点优化的函数或地方。这个功能对于 C/C++编程尤其重要，几乎所有的 C 程序都必须经过它的验证后才能用于实际 DSP 应用系统中。

GEL：GEL 对于仿真环境是没有太大用处的，但在模拟环境下，GEL 可以为用户产生一个虚拟的 DSP 硬件初始化环境。

Option：设置字体、汇编语言样式、存储器映射。

Tools：Tools 菜单中的选项如 port Connect、Pin Connect 等是用在模拟环境下的，不能用于仿真环境；而其余的大多数能够用于仿真环境，不能够用于模拟环境下。其中有一项"Linker Configuration"，将其设为 Visual Linker 时，File/New/Visual Linker Recipe... 子菜单项会开启或"使能"，这时工程文件可使用 Visual Linker 来配置 DSP 应用系统的存储器资源。

DSP/BIOS：与 DSP/BIOS 工具条中的快捷键的功能一一对应。

Window：与 Visual C++的 Window 菜单项的功能几乎一致。

Help：提供了 CCS 的在线帮助和联网帮助，读者通过该帮助就可以学会 CCS 的用法。

2）C/C++ 程序开发步骤

下面将通过一个简单的 C/C++ 程序，介绍一下 C/C++语言程序的开发步骤。

第一步：运行 CCS2 进入到 CCS 环境下。单击 Project/New，出现如图 7.1.29 所示的对话框。在 Project 一栏中输入项目名，选择目标处理器为 TMS320C54XX，输出目标文件类型有两种：一种是.lib 文件；另一种为可执行的.out 文件，本例中选择.out 文件。文件的存储位置为 C:\ti\examples\sim54xx\bios\目录。点击"完成"出现如图 7.1.30 所示的窗口。

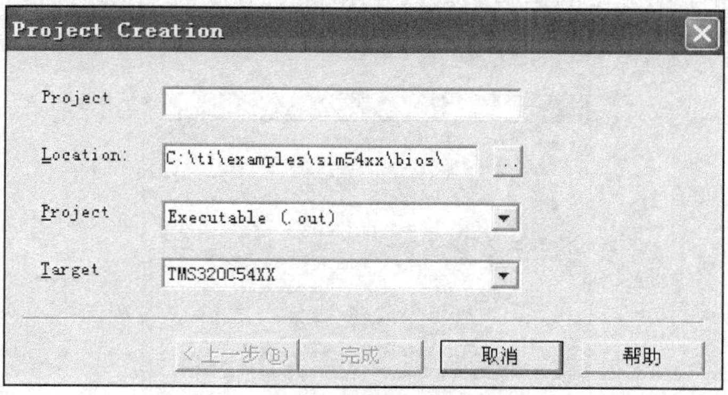

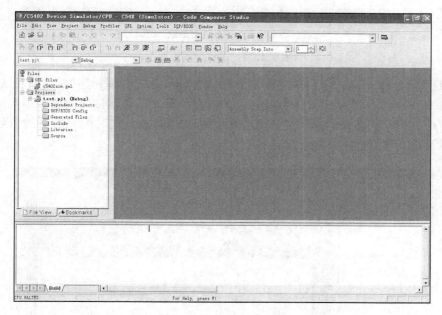

图 7.1.29　新建工程

图 7.1.30　新工程主界面

第二步：单击 File/New/Source File，编辑一个源文件并命名为 main. c，将它存放到 C:\ti\examples\sim54xx\bios\test\目录下。再使用同样的方法编辑 test. cmd、vectors. asm 等文件，也都存入到前面提到的目录下。

第三步：在图 7.1.30 中的工程管理器中，右键单击 test. pjt，在弹出的菜单中选择 Add File，依次向工程中加入 main. c、test. cmd、vectors. asm、rts. lib 等文件，在右键单击后弹出菜单中选择 ScanAllDependencies 子菜单项即可在编译时自动加入所需要的.h 文件。然后点击 project/built options，弹出如图 7.1.31 界面。主要在 linker 页面设置 output Module 为 Absolute Executable、autoinit Model 为 Run－time Autoinitialize，设置合理的 stack 大小和 heap 大小，入口函数填 main 函数，也可以不填。需要注意的是进行 C 编程时一定要进行设置这些内容，并且一定要加入 rts. lib 库，因为入口函数_c_int00 包含在其中。

如果进行汇编编程那么需要把图 7.1.31 中的－c 选项去掉，并且保持汇编主文件的入口函数与中断向量中的复位的跳转函数以及图中的 code entry point 的值保持完全一致。并且不需要加入 rts. lib 库函数。

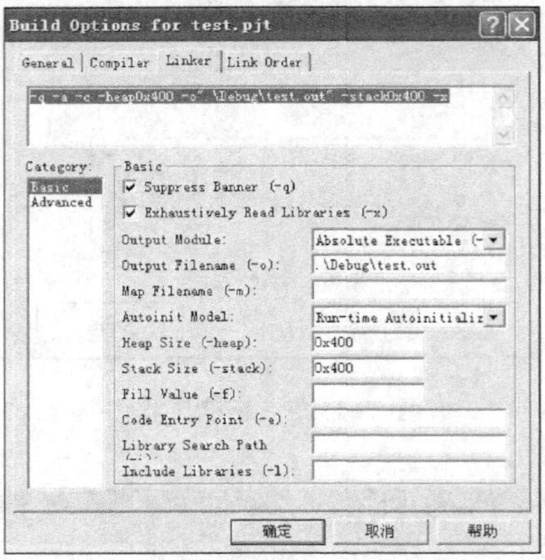

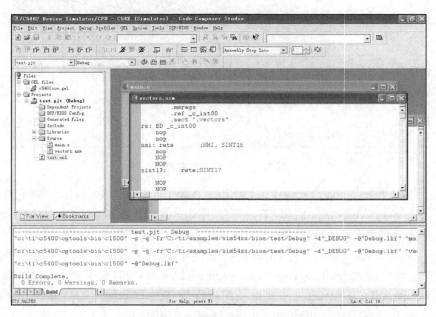

图 7.1.31　工程选项设置

第四步,选择 Project/Rebuild All,对 user_project.pjt 进行编译连接(编译、汇编和连接使用了同一个命令)。图 7.1.32 为编译连接的输出信息。编译连接出错后必须到编译器中进行原程序的修改,在重新编译连接直到没有出错信息为止。这时生成的可执行目标文件 test.out 保存在工程目录的 debug 文件夹下。

图 7.1.32　编译完成后的输出信息

第五步:选择 File/Load/Program 将目标文件 user_learn.out 装入到目标板上,单击 "Debug/Run" 或按<F5>键运行程序。可以借助 View 菜单下的各种观测工具观测运行的中间结果。没有目标板的也可以使用软件进行仿真。

第六步：观测结果正确后，在 Debug 改为 Release，再次重新编译连接、运行程序，并将程序转化为 FLASH 固化的格式写入到 FLASH 存储器。

3）程序调试

程序调试的通用方法是设置程序断点，程序运行到断点处会自动暂停，这时用户可以使用观测窗口中间变量或者查看存储器某些相关地址中的数据，进而判定程序运行是否正确，或找出错误出现的大体位置。

使用 CCS 可以很方便地查看数据、设置数据显示的格式、CPU 寄存器及片上外设寄存器的值。在 CCS 的主界面中，选择 view\regesters\cpu regesters 和 view\regesters\peripheral reg 可以看到如图 7.1.33 中 CPU 寄存器的值和片上外设的值，当值发生变化时，数字的颜色变成红色；选择 view\memory 可以设置查看任意地址范围的数据寄存器，如图 7.1.34 所示。通过这些窗口可以很方便地验证指令的执行情况和运算的结果，使程序的调试更加得心应手。

选择 View/Graph/"Time/Frequency"子菜单，设置合适的参数，出现如图 7.1.35 所示的图形。设置方法参考图 7.1.36。

```
C54X Registers < Type 1 >              C54X Registers < Type 0 >
      TIM = 2866                   PC  = 00000102
      PRD = FFFF                   XPC = 0
      TCR = 0000                     A = 0000000000
    SWWSR = 7FFF                     B = 0000000000
     BSCR = 0002                     T = 0000
   GPIOCR = 0000                   TRN = 0000              SP  = 0000
   DMPREC = 0000                   ST0 = 1000              AR0 = 0000
    DMSD1 = 0000                   ST1 = 2900  AR1 = 0000  OVA = 0
    CLKMD = FFFF                  PMST = FFE0  AR2 = 0000  OVB = 0
     TIM1 = 2866                    DP = 0000  AR3 = 0000  OVM = 0
     PRD1 = FFFF                   ASM = 00    AR4 = 0000  SXM = 1
     TCR1 = 0000                  BRAF = 0     AR5 = 0000  C16 = 0
     SWCR = 0000                   BRC = 0000  AR6 = 0000  FRCT = 0
     HPIC = 0000                   RSA = 0000  AR7 = 0000  CMPT = 0
   GPIOSR = 0000                   REA = 0000  BK  = 0000  CPL = 0
     DMSA = 000F                  INTM = 1     ARP = AR0   XF  = 1
    DMSDN = 0000                   IMR = 0000              HM  = 0
                                   IFR = 0088              MP/MC = 1
                                  IPTR = FF80              OVLY = 1
                                  TC  = 1                  AVIS = 0
                                  C   = 0                  DROM = 0
```

图 7.1.33　片上外设寄存器值和 CPU 寄存器值

```
Memory (Data: Hex - C Style)
0x0000:   0x0000  0x0088  0x0000  0x0000  0x0000  0x0000  0x1000
0x0007:   0x2900  0x0000  0x0000  0x0000  0x0000  0x0000  0x0000
0x000E:   0x0000  0x0000  0x0000  0x0000  0x0000  0x0000  0x0000
0x0015:   0x0000  0x0000  0x0000  0x0000  0x0000  0x0000  0x0000
0x001C:   0x0000  0xFFE0  0x0000  0x0000  0x0000  0x0000  0x0000
0x0023:   0x0000  0x2866  0xFFFF  0x0000  0x0000  0x7FFF  0x0002
0x002A:   0x0000  0x0000  0x0000  0x0000  0x0001  0x0001  0x2866
0x0031:   0xFFFF  0x0000  0x0000  0x0000  0x0000  0x0000  0x0000
0x0038:   0x0009  0x0000  0x0000  0x0000  0x0000  0x0000  0x0000
0x003F:   0x0000  0x0000  0x0000  0x0000  0x0000  0x0000  0x0000
0x0046:   0x0000  0x0000  0x0000  0x0009  0x0000  0x0000  0x0000
0x004D:   0x0000  0x0000  0x0000  0x0000  0x0000  0x0000  0x0000
0x0054:   0x0000  0x000F  0x0000  0x0000  0xFFFF  0x0000  0x0000
0x005B:   0x0000  0x0000  0x0000  0x0000  0x0000  0x0000  0x0000
0x0062:   0x0000  0x0000  0x0000  0x0000  0x0000  0x0000  0x0000
0x0069:   0x0000  0x0000  0x0000  0x0000  0x0000  0x0000  0x0000
0x0070:   0x0000  0x0000  0x0000  0x0000  0x0000  0x0000  0x0000
0x0077:   0x0000  0x0000  0x0000  0x0000  0x0000  0x0000  0x0000
0x007E:   0x0000  0x0000  0xF273  0x0102  0xF495  0xF495  0xF4EB
0x0085:   0xF495  0xF495  0xF495  0xF4EB  0xF495  0xF495  0xF495
0x008C:   0xF4EB  0xF495  0xF495  0xF495  0xF4EB  0xF495  0xF495
```

图 7.1.34　数据寄存器值

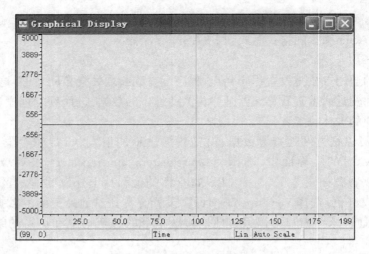

图 7.1.35   图形显示窗口

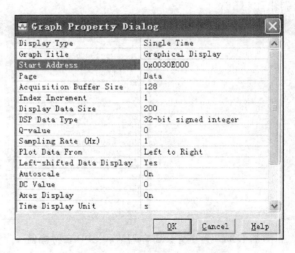

图 7.1.36   图形属性窗口

程序调试通后,可以通过 profile 的跟踪效果来决定哪些函数需要进一步改进、优化,哪些函数达到了实时的标准,哪些函数必须重写。

7.1.4 GEL 语言

CCS 的 GEL 语言是一种交互的脚本命令,它解释执行的即不能被编译成可执行的文件。它的作用在于扩展了 CCS 的功能,可以用 GEL 来调用一些菜单命令,对 DSP 的存储器进行配置等。GEL 语言的重要性在于针对计算机模拟环境的用户,使用 GEL 可以为其准备一个虚拟的 DSP 仿真环境,但也不是非用不可的。

```
//GEL 语言采用 C/C++注释法
♯define PMST_VAL          0xffe0u          //预设置 PMST 寄存器值
♯define SWWSR_VAL         0x2009u          //设置等待状态寄存器值
♯define BSCR_VAL          0x02u            //以上为 CPU 寄存器值的宏定义
```

```
#define ZEROS                       0x0000u            //零值的宏定义
#define DMPREC                      0x0054u            //下面为 DMA 的地址分配宏定义
#define DMSA                        0x0055u
#define DMSDI                       0x0056u
#define DMA_CH0_DMFSC_SUB_ADDR   0x0003u
#define DMA_CH1_DMFSC_SUB_ADDR   0x0008u
#define DMA_CH2_DMFSC_SUB_ADDR   0x000Du
#define DMA_CH3_DMFSC_SUB_ADDR   0x0012u
#define DMA_CH4_DMFSC_SUB_ADDR   0x0017u
#define DMA_CH5_DMFSC_SUB_ADDR   0x001cu

#define MCBSP0_SPSA                 0x0038u
#define MCBSP0_SPSA                 0x0039u
#define MCBSP1_SPSA                 0x0048u
#define MCBSP1_SPSA                 0x0049u
#define MCBSP2_SPSA                 0x0034u
#define MCBSP2_SPSA                 0x0035u
#define MCBSP_SPCR1_SUB_ADDR        0x0000u
#define MCBSP_SPCR2_SUB_ADDR        0x0001u
#define MCBSP_SPCR1_SUB_ADDR        0x0006u
#define MCBSP_SPCR2_SUB_ADDR        0x0007u
#define MCBSP_SPCR1_SUB_ADDR        0x0008u
#define MCBSP_SPCR2_SUB_ADDR        0x0009u

#define SRGR1_INIT                  0x0001u

#define PRD0                        0x0025u
#define TCR0                        0x0026u

#define PRD1                        0x0031u
#define TCR1                        0x0032u

#define TIMER_STOP                  0x0010u
#define TIMER_RESET                 0x0020u
#define PRD_DEFAULT                 0xFFFFu

#define GPIOCR                      0x0010u
//上面的宏定义用于指定的初始值和寄存器的地址,这种方法在 C/C++编程中用
//下面代码在 GEL 文件加载时执行
```

```
StartUp()
{
C5402_Init();//使用这个函数对 C5402 进行初始化,完成后输出下面的字串
GEL_TextOut("Gel StartUp Complete. \n"); //这是一个 GEL 命令函数
}
menuitem "C5402_Configuration"; //这是一个 GEL 菜单(见图 7.1.37)
```

图 7.1.37　GEL 菜单

```
hotmenu CPU_Reset()

{

    GEL_Reset();//CPU_Reset 热键菜单及其调用的函数
    PMST=PMST_VAL;

/ * SWWSR=SWWSR_VAL; * /

  BSCR=BSCR_VAL;　　　　　//对 SWWSR 和 BSCR 控制寄存器进行初始化

  GEL_TextOut("CPU Reset Complrte. \n");
}

hotmenu C5402_Init() //C5402_Init 热键菜单及其调用函数
{

    GEL_Reset();
    PMST=PMST_VAL;

/ * note:at power up all wait states will be the maximum(7) * /
/ * SWWSR=SWWSR_VAL;　　　　　　　　　　　　　　 * /
  BSCR=BSCR_VAL;
  C5402_Periph_Reset();
  GEL_XMDef(0,0xleu,1,0x8000u,0x7fu);　 //下面为 GEL 的存储器分配及映射
  GEL_XMon();
  GEL_MapOn();
  GEL_MapReset();

  GEL_MapAdd(0x80u,0,0x3F80u,1,1);
```

```
GEL_MapAdd(0x4000u,0,0Xc000u,1,1);
GEL_MapAdd(0x18000u,0,0x8000u,1,1);

GEL_MapAdd(0x0u,1,0x60u,1,1);
GEL_MapAdd(0x60u,1,0x3FA60u,1,1);
GEL_MapAdd(0x4000u,1,0Xc000u,1,1);

GEL_TextOut("C5402_Init Complete. \n");

/* * * * * * * * * * * * * * * * * * * * * * * * * * * * * * * */
C5402_Periph_Reset()     //调用子函数进行外设初始化
{
  IFR=0XFFFF;
  IFR=0x0000;
  DMA_Reset();            //DMA 初始化函数调用入口
  MCBSP0_Reset();         //串口 0 初始化函数调用入口
  MCBSP1_Reset();         //串口 1 初始化函数调用入口
  TIMER0_Reset();         //计时器 0 初始化函数调用入口
  TIMER1_Reset();         //计时器 1 初始化函数调用入口
  GPIO_Reset();           //通用 IO 初始化函数调用入口
  }

DMA_Reset()              //DMA 初始化函数
{
                              *(int*)DMPREC=ZEROS;

                              *(int*)DMSA=DMA_CH0_DMFSC_SUB_ADDR;
                              *(int*)DMSDI=ZEROS;
                              *(int*)DMSDI=ZEROS;
                              *(int*)DMSA=DMA_CH1_DMFSC_SUB_ADDR;
                              *(int*)DMSDI=ZEROS;
                              *(int*)DMSDI=ZEROS;

                              *(int*)DMSA=DMA_CH2_DMFSC_SUB_ADDR;
                              *(int*)DMSDI=ZEROS;
                              *(int*)DMSDI=ZEROS;

                              *(int*)DMSA=DMA_CH3_DMFSC_SUB_ADDR;
                              *(int*)DMSDI=ZEROS;
```

```
                    * (int * )DMSDI=ZEROS;

                    * (int * )DMSA=DMA_CH4_DMFSC_SUB_ADDR;
                    * (int * )DMSDI=ZEROS;
                    * (int * )DMSDI=ZEROS;

                    * (int * )DMSA=DMA_CH2_DMFSC_SUB_ADDR;
                    * (int * )DMSDI=ZEROS;
                    * (int * )DMSDI=ZEROS;
      }

      MCBSP0_Reset()        //串行口 0 的初始化函数
      {
            * (int * )MCBSP0_SPSA=MCBSP_SPCR1_SUB_ADDR;
            * (int * )MCBSP0_SPSD=ZEROS;
            * (int * )MCBSP0_SPSA=MCBSP_SPCR2_SUB_ADDR;
            * (int * )MCBSP0_SPSD=ZEROS;

            * (int * )MCBSP0_SPSA=MCBSP_SRGR1_SUB_ADDR;
            * (int * )MCBSP0_SPSD=SRGR1_INIT;
            * (int * )MCBSP0_SPSA=MCBSP_SRGR2_SUB_ADDR;
            * (int * )MCBSP0_SPSD=ZEROS;

            * (int * )MCBSP0_SPSA=MCBSP_MCR1_SUB_ADDR;
            * (int * )MCBSP0_SPSD=ZEROS;
            * (int * )MCBSP0_SPSA=MCBSP_MCR2_SUB_ADDR;
            * (int * )MCBSP0_SPSD=ZEROS;
      }
      MCBSP1_Reset()              //串行口 1 的初始化函数
      {
            * (int * )MCBSP1_SPSA=MCBSP_SPCR1_SUB_ADDR;
            * (int * )MCBSP1_SPSD=ZEROS;
            * (int * )MCBSP1_SPSA=MCBSP_SPCR2_SUB_ADDR;
            * (int * )MCBSP1_SPSD=ZEROS;

            * (int * )MCBSP1_SPSA=MCBSP_SRGR1_SUB_ADDR;
            * (int * )MCBSP1_SPSD=SRGR1_INIT;
            * (int * )MCBSP1_SPSA=MCBSP_SPCR2_SUB_ADDR;
            * (int * )MCBSP1_SPSD=ZEROS;
```

```
        *(int*)MCBSP1_SPSA=MCBSP_MCR1_SUB_ADDR;
        *(int*)MCBSP1_SPSD=ZEROS;
        *(int*)MCBSP1_SPSA=MCBSP_MCR2_SUB_ADDR;
        *(int*)MCBSP1_SPSD=ZEROS;
}


TIMER0_Reset()          //计时器 0 的初始化
{
        *(int*)TIMER-STOP;
        *(int*)PRD0=PRD_DEFAULT;
        *(int*)TCR0=TIMER_RESET;
}


TIMER1_Reset()          //计时器 1 的初始化
{
        *(int*)TIMER-STOP;
        *(int*)PRD1=PRD_DEFAULT;
        *(int*)TCR1=TIMER_RESET;
}


GPIO_Reset() //通用 IO 中的初始化
{
        *(int*)GPIOCR=ZEROS;
}
```

将 GEL 文件列于此的原因在于：第一，在实际 DSP 程序设计时，这些初始化工作必须有相应的 C/C++ 语句来完成，C/C++ 语句执行时首先做的工作就是初始化这些硬件，这些 GEL 语言可以提供一个参考；第二，GEL 语言的风格与实际 C/C++语言是完全一样的，有些语句完全是可以照搬的，这对 C/C++语句的初始化提供了捷径；第三，因为 GEL 语言是一种解释命令，也有一些语句是不能用于下载到 DSP 中的 C/C++语言程序中，也就是说，有些 GEL 语句离开了 CCS 环境就没有效用了，因此要注意区分。

下面列出 GEL 的函数，这有助于读者对上面程序的进一步分析。

GEL_Animate：开始执行程序；

GEL_BreakPtAdd：加入新的断点；

GEL_BreakPtDel：删除一个存在的断点；

GEL_BreakPtReset：删除所有断点；

GEL_CloseWindow：关闭一个存在的输出窗口（指计算机上 CCS 的 Out 窗口）；

GEL_Exit：关闭活动的控制窗口；

GEL_Go：运行目标程序至特定的语句；

GEL_Halt:中断目标程序;

GEL_Load:装入一个 COFF 文件(COFF 文件指目标文件的格式为 COFF 格式);

GEL_MapAdd:添加一块映射存储器空间;

GEL_MapDelete:删除一块映射存储器空间;

GEL_MapOn:存储器映射启动或"使能";

GEL_MapDelete:存储器映射不启动或不"使能";

GEL_MapReset:清空存储器映射;

GEL_MemoryFill:以特定的值填充一块映射存储区;

GEL_ MemoryLoad:从计算机硬盘上的一个文件中装入数据到存储区中;

GEL_ MemorySave:将存储区中的数据保存到硬盘中的一个文件;

GEL_OpenWindow:打开一个输出窗口;

GEL_PatchAssembly:用特定的指令填充存储区小块;

GEL_ProjectBulid:变异、汇编和连接当前工程;

GEL_ProjectLoad:装入工程到目标板上;

GEL_ProjectRebuildAll:重新编译连接当前板上;

GEL_Reset:复位目标板;

GEL_Restart:复位程序指针到程序入口点;

GEL_Run:开始运行目标程序;

GEL_Run:开始运行目标程序,并断开与目标板的连接;

GEL_SymbolLoad:仅装入标号到目标板;

GEL_System:执行 DOS 命令;

GEL_TargetTextOut:输出格式化的目标字符串;

GEL_TextOut :输出文本到输出窗口中;

GEL_WatchAdd:添加表达式到观测窗口中;

GEL_WatchDel:删除观测窗口中的表达式;

GEL_WatchReset:删除观测窗口中所有的表达式;

GEL_XMDef:定义扩展的存储区范围;

GEL_XMOn:启动或"使能"扩展的映射存储区。

上述各命令的用法可以在帮助中查看,也可以将光标移动到命令上按 F1 键即可。

7.2　C/C++程序设计

7.2.1　DSP 上的 C 语言程序设计

　　面向 DSP 的 C/C++程序设计与通用计算机上的 C/C++程序设计有很多不同之处,这也正是面向 DSP 的 C/C++程序设计的特色所在。在通用计算机上开发 C/C++语言程序,程序运行界面受到了高度的重视,目前已经出现了专门设计人机界面的程序开发人员。在 DSP 上编写 C/C++程序是没有任何界面可言的,这时的人机接口来自受 DSP 控制的终端。C/C++程序起到管理和控制的作用。但是,面向 DSP 的 C/C++程序应属于应用程序范畴。

通用计算机上的 C/C++语言与面向 DSP 的 C/C++语言程序最本质的区别在于：前者是数据的集中式处理过程，而后者是针对极少的数据点的实时处理构成，计算机是将全部数据作为一个输入向量，进行足够长时间的处理，得出所需要的高精度的结果。在这个过程中，尽可能采用快速算法以节约时间，但是并不要求计算机仿真的时间与现实的时间相等，即不要求具有实时性。所谓实时性，主要是针对离散系统来讲的，即要求在采样时间间隔内，DSP 完成所有需要处理的数据处理任务，并处于空闲状态（或进程），等待下一个采样的数据到来。数据到达后，根据信号处理算法的需要，可能会与前面到达的数据联合处理，也可能单独处理，不论采用哪一种处理方式，下一点数据到达之前的瞬间，该点数据所属的所有处理进程必须处理完毕，下一点的数据一旦到达，DSP 将开始下一点的数据处理。

另一种情况除外，就是并行处理。根据并行处理的方式及着眼点不同，实时性的含义略有差异。但就并行处理的一般含义而言，同并不一定要求逐个数据点的进程的实时性，但要求多个并行进程必须是实时的。也就是说，面向 DSP 的 C/C++程序设计不像通用计算机那样单纯对数据进行处理，它兼顾了数据流和时序机制的处理。时序机制是定义 DSP 工作能力的一个重要指标，包括了 DSP 的内部工作频率和 DSP 与所有外设进行通信的时钟频率，以及在时序驱动下的数据流。时序机制决定了 DSP 的实时处理能力，目前的一些 DSP 器件的时序机制能完成几乎全部数据信号处理。

通用计算机上的 C/C++程序设计有直观的输入和输出设备，可以直接观察运行的结果，无须借助一些示波器等的仪器。而面向 DSP 的程序设计是没有直观的输入、输出设备的，它的输入和输出均为映射存储空间的某个或某些地址及这个地址中的数据。实际上，DSP 也能访问（包括读和写）它的映射存储空间，虽然这个空间不一定是实在的东西，对这个空间的访问可以在 DSP 的外设上反映出来，这个反应必须借助于如数字示波器、逻辑分析仪等观测设备进行辅助分析。

通用计算机的 C/C++程序设计的数据来源可以由计算机的信号处理软件仿真产生，也可以是通过计算机接口接收外部的实时数据。如果时序机制允许的话，计算机也会实现一些实时运算，因此计算机可以对数据流进行集中处理，也可以完成一些低速实时运算。但是面向 DSP 的 C/C++程序设计的数据来源只能是外部 A/D 送来的。DSP 的数据存储区是相当有限的，它不能完成大量数据流的集中处理，即使是运算的中间结果，也不能太多。

通用计算机上的 C/C++语言程序设计是要杜绝出现死循环的，而面向 DSP 的 C/C++程序设计却是必然出现死循环才行，这也是两者程序设计上的又一个明显区别。

由于计算机的 CPU 和 DSP 的 CPU 在本质上和工作原理上是一致的，所以，面向 DSP 的 C/C++程序设计与通用计算机上的 C/C++程序设计又具有本质上的一致性，即有类似的编程风格、类似的程序框架、类似的编译执行过程，以及基本类似的设计思想。

7.2.2　C/C++程序设计流程

DSP 的 C 程序设计流程一般分为以下几步：

第一步,设计平台准备。根据开发项目的实际需要软件工程师要选用相应的 DSP 开发设备,并要对要完成的算法的相关硬件有全面地了解,对于 DSP 与这些硬件的接口更应有明确的数据流和时序机制的定义。

第二步,数据流和时序机制的编程。在第一步的基础上,编写整个系统的初始化 C 程序以及对 DSP 端口进行数据访问的 C 程序。这一步的编程,目的是实现整个系统的初始化工作,并保证在时序机制控制下数据通道的完整性,即为算法处理准备了输入和输出数据。

第三步,数据处理算法的编程。数据处理算法在上机测试之前,应有一个明确的流程。如果算法完全是一种新的方法,应先用 MATLAB 等软件作算法的仿真试验,但并非完全不可以直接使用 DSP 功能板进行试验,这主要是取决于软件工程师具备的开发环境优劣、算法设计的正确性和对硬件的编程控制能力。

对于实时处理算法的设计应符合一条从简单到复杂的基本原则:首先,简单算法来验证输入、输出数据的正确性;其次,采用通用的 C 语言编写全部的算法,在编写过程中不断调试,直到完成整个算法;然后,尽量用 CCS 提供的 DSPLIB 库函数进行算法的优化,或者在前一步中直接使用这些库函数;最后,编译优化并完成整个算法。特别需要指出的是,在整个过程中,应对所有的程序和算法进展情况有详细的文档和清单,有助于连续思维,这样常常有事半功倍的效果,也便于与其他设计人员讨论或合作。这一步的算法设计与通用 C 语言编程的算法设计方法具有相似性。

第四步,硬件试验,以上工作是在仿真器环境下实现的,这一步的工作是将程序烧写到 DSP 功能板上,进行实际的硬件试验。

7.3　C/C++语言数据结构及语法

这一节按循序渐进的方法有浅入深地介绍面向 DSP 的 C/C++语言及其程序设计方法,以利于读者理解和掌握。

1) C/C++数据类型

C54X 支持的基本数据类型分别如表 7.3.1 所示。

表 7.3.1　C54X 支持的基本数据类型

数据类型	字长(位)	表示意义	最小值	最大值
Signed	16	ASCII	−32768	32767
Char,unsigned char	16	ASCII	0	65535
Short,signed char	16	二进制补码	−32768	32767
Unsigned short	16	二进制	0	65535
Int,signed int	16	二进制补码	−32768	32767

数据类型	字长（位）	表示意义	最小值	最大值
Unsigned int	16	二进制	0	65535
Long，signed long	32	二进制补码	2147483648	2147483647
Unsigned long	32	二进制	0	4294967295
Enum	16	二进制补码	32768	32767
Float	32	IEEE—32 bit	1.175494e—38	3.40282346e+38
Double	32	IEEE—32 bit	1.175494e—38	3.40282346e+38
Long double	32	IEEE—32 bit	1.175494e—38	3.40282346e+38
*（指针类型）	16	二进制	0x0000	0xFFFF

2）C/C++常量与变量

认识了 C5000 支持的数据类型之后，需要进一步认识 C/C++定义常量及变量的方法。因为进行 C 语言程序设计参与运算的数据只有常量和变量两种类型，掌握了定义 C/C++的常量及变量的方法之后，就可以编写简单的 C/C++程序了。

（1）定义常量

先介绍定义常量的方法，例如：

const short ex=8；//C/C++程序中采用"//"注释一行，采用"/ * * /"注释多行

　　　　　　　　　//上式为定义常量 ex，其值为 8，这种定义方法一定要初始化

　　　　　　　　　//下面的定义方法是不对的，即错误的

const short ex；

♯define SIN-0 0 //这是采用宏定义的方法定义符号常量，即程序中出现 SIN-0 时均会

　　　　　　　　　以 0 代替

程序中出现的数值也是常量，例如十进制数 100。另外，八进制数用"0"开头（不是字母O），十六进制数以"0x"开头。字符常量用单引号括起，切记单引号中只能有一个字符，如'a'是正确的字符常量，'abc'是不合法的表示。在 C5000 中，'abc'=='c'；字符串常量用双引号括起，如"Great Wall"等。C5000 中，一个整数常量是可以赋值给各种整型变量的，一个浮点数常量可以赋值给所有的浮点数类型。

（2）定义变量

下面罗列出变量的定义方法：

char a；　　　　　　　//定义一个字符变量，变量名为 a

short b；　　　　　　 //定义一个 short 型变量，变量名 b

long c；　　　　　　　//定义一个常整型变量，变量名为 c

float d；　　　　　　 //定义一个浮点型变量，变量名为 d

short e；　　　　　　 //定义一个指向 short 型数据的指针，指针名为 e

常量名和变量名应当使用字母或是以下划线开头。最多可以有 100 个字符，不能使用C 语言的关键字来作为常量名或变量名。对于变量名的指令，常采用著名的匈牙利命名规则。这个规则指出，对应于不同数据类型的变量名应给定相应的变量名头标志，并且符合见

名知义的原则。例如,用 f 表示浮点型数据,则定义浮点型变量 using 时,可以定义为 fUsing。读者没有必要一定采用匈牙利规则中指定的变量头标志,但是应尽可能地采用这种方法。例如:

short sh-a[10];　//定义了一个数组,数组名为 sh-a,有 10 个元素

对上面的数组,元素为从 a[0]到 a[9],对数组赋值的方法,如 a[0]=0x05;也可以在定义的时候赋值,即初始化赋值。还可以定义多维数数组,形如:short sh-a[n1][n2][n3][n4],等等。在 C/C++中数组名代表地址,这和指针的意义是统一的,所以指针和数组名之间可以相互赋值。

```
    Struct str-frame
{
        short sh-fra1;
        long lg-fra2;
        float fl-res;
}
```

struct str-frame str-fra-datal;　//定义了一个结构体变量,变量名为 str-fra-datal

结构体是一种复合数据类型,它定义的变量中有三种不同性质的元素,它和其他的基本数据类型功能是一样的。对这种类型的变量的赋值方法,如 str-fra-data1,sh-fral=0x04;还可以定义指针或是数组,如 struct str-frame * str-fra-data2;这时的赋值方法为:

str-fra-data1->sh-fra1=0x04;(所有的 C 语句都以“;”结尾)

enum True-False{false,true};　//定义一个枚举型变量,变量类型名为 True-False

枚举型变量是从 0 开始算起的,上面的 false 代表 0,true 代表 1。例如,定义一个枚举型的变量,如 enum True-False en-trueorfalse;,其赋值方法如 en-trueorfalse=false;,枚举定义中的枚举项目都是枚举常量,最多可以定义个常量,所以可以直接用来赋值。

union un-temp{short i;long j;char k;}un-tmp-data1;　//定义一个共同体变量

共同体变量的优点在于节约存储空间,上例中,一个 short 型、一个 long 型和一个 char 型共同占有一个存储空间,所以在某一时刻只能存储一种类型的数据。它所占用的地址空间为最长的那个变量所占用的地址空间。因此,un-tmp-data1 占用 2 个字。

现在将变量的定义方法总结一下:

变量类型说明符{变量名}:

```
enum en-bits{bit0,bit1,bit2,bit3};
union un-addr{short i;long j;char k;};
struct st-data
  {
        short sh-data[10];
        long lg-data[100];
        float fl-data[20];
        enum en-bits en-bits-val[10];
```

```
        union un-addr un-addr-val[10];
        struct st-data  * pt-next;
    };
```

struct st-data * pt-st-data[10];

以上代码只是定义了一个指针数组变量 pt-st-data,这个变量包括一个 short 数组、一个 long 数组、一个 float 数组、一个枚举型数组、一个共同体数组和一个指针。虽然这个指针变量占有地址不大,但它指向的任一个变量将占有的地址数为 81 * 16bits,显然这个庞然大物近期内可能不会出现在面向 DSP 的 C/C++程序设计中。在 C5000 系列中,一般在计算占用地址空间时以字为单位,一个字为 16bits,而不是以字节为单位。

对变量的赋值采用"="运算符。

下面给出一个简单的 C 程序示例:

```
main()
{
    short sh-t1;
    short sh-t2;
    short sh-res;
    sh-t1=0x05;
    sh-t2=0x09;
    sh-res=sh-t1+sh-t2;
    while(1){};
}
```

这个程序以及下面的示例程序的运行,都需要前面列出的 user-audio. cmd、vectors. asm 和 rts. lib 等文件的加入。

用户可以用"typedef"按自己的需要重定义一些常用的数据类型,如:

typedef unsigned short DATA;

语法:typedef 已有数据类型　新数据类型

在上例中,DATA 与 unsigned short 是同一个涵义,所以:

unsigned short ush-table;

DATA ush-table;

以上两个定义是等同的。

(3) 常量与变量的对比

为了便于理解,将常量和变量做一个对比:映射存储器一旦建立,整个存储空间是被按序编址的。变量和常量都是指代一个数据存储单元,变量名和常量名指代了地址号。变量名对应的地址内容是可以改变的,而常量对应的地址内容是不能改变的,必须在程序初始化时指定。一个完整的程序是离不开变量和常量的,常量最典型的应用就是构造各类查找表,可以固化到 ROM 中。用户只需在程序中定义变量和常量,. cmd 文件负责分配地址空间,变量只能占用 RAM 空间,常量既可以占用 RAM 空间,也可以固化到 ROM 空间中。

需要补充说明的是,C/C++中可以定义全局的寄存器变量,借用关键字 register,且变量名只能是 AR1 或 AR6;在程序中使用了寄存器变量,应保证程序的其他部分不会占用这两个寄存器,否则会出现数据处理错误,而且很难查错。

3) C/C++地址变量

面向 DSP 的 C/C++程序设计中有一类专用的变量,这些变量是指针类型,负责 C5000 的片上外设的输入/输出数据管理,因为这些输入和输出变量在映射存储空间的地址是固定的,可以称之为地址变量。例如,对于 VC5302 来说,多通道缓冲串口 0 (McBSP0)的接收数据寄存器 1(DRR10)在数据映射存储器中的映射地址固定为 21h,对这个地址的读操作等价于读 McBSP0 的 DRR10。C/C++语句访问 DSP 片上外设唯一的方法就是借助这些外设的映射寄存器地址,访问定义常借助关键字 volatile 来表示,定义和访问方法如下:

volatile　short * mcbsp0-drr10;

short　sh-drr10-data;

sh-drr10-data= * mcbsp0-drr10;

使用关键字 volatile 可以避免 C/C++的优化,使这些地址变量保存下来,专用于访问这些寄存器时使用。

C/C++中访问 DSP 的 I/O 空间的方法是借助关键字 ioport 来实现的。对于 C54XX 和 C55XX,其语法定义格式有所不同。

在 C54XX 中的格式为:

ioport 数据类型 porthex-num

其中,ioport 是定义访问 I/O 空间的关键字。因为 I/O/空间在 C54XX 中只有 64KB,所以,数据类型只能为 char、short、int、unsigned 等 16bit 的类型。对于访问 I/O 空间的地址 100h,则变量名必须命名为 port100。

ioport short port100;

short sh-a,sh-b;

读操作:sh-a=port100;

写操作:port100=sh-b;

作为函数调用时,采用的是传值方式,不是传址方式,即传送的是数值而不是地址,例如:

call-func(port100); //将 port100 内的数值传送给 call-func 函数

在 C55XX 中的格式为:

ioport 数据类型 * 变量名;下面以访问外部 I/O 空间的地址 100h 为例说明它的用法:

ioport short * io-tl16e55;

short sh-addr;

short sh-read-data;

sh-addr=100h;

io-tl16e55=＆sh-addr;

sh-read-data= * io-tl16e55;//C55XX 比 C54XX 灵活一些,而且可以访问更多的 I/O 地址空间

C55XX 中还比 C54XX 多了一个关键字 onchip 和另一个关键字 restrict。使用关键字

onchip 进一步定义的变量只能存储在片上存储区间中,不能存储在外部映射来的存储区域上,它同时指明这个变量可能会参与 CPU 的乘、加运算,如 onchip short sh-macdata1;。关键字 ristrict 进一步声明的变量一般位于函数中,它限制了这些存储空间不能被其他变量所覆盖,也不能被其他函数所访问,如 restrict short sh-func-al;。

4) C/C++数据操作

掌握了 C/C++的数据类型、变量、数量的知识之后,需要进一步明白在程序中如何使用这些变量和常量,即要明白 C/C++的运算符、表达式和语句。

前面提到了 C/C++是一种函数式的语言,C/C++程序是由一个主函数和零个或多个子函数组成的,主函数中一定有"死循环"负责 DSP 的数据处理。每个函数又是由零个或多个 C/C++语句组成,每个语句都以";"号结尾,不管是定义变量、常量,还是表达式运算符等,只有以分号结尾,C/C++才认为是合法的可执行语句。下面举一个简单的实例:

```
void q152fl(short * ,float * ,short);      //函数声明语句
main()                                      //主函数
{
short sh-org [100];                        //定义变量语句
float fl-des[100];                         //同上
q152fl(sh-org ,fl-des,100);                //调用函数语句
while(1);
}
void q152fl(short * sh-sou,float * fl-cha, short sh-len)  //子函数
{
    //子函数内容
}
```

将变量或常量经过运算符连接起来就构成了表达式,表达式加上分号即为语句。

下面列出了常用的运算符:

(1) 赋值运算符:=

(2) 数学运算符:+(加)、—(减)、*(乘)、/(除)、%(取摸)

在 C5000 系列中,取模按分子的符号决定取值的符号,如 $10\%-3=1$;$-10\%3=-1$,等。

上面两种运算符可以结合使用,如+=,—=,/=,* =,%=等;还可以有++、——等运算符。++、——常被称为自增、自减运算符。示例及意义如下:

```
short a,b,c;
a=0x08;
b=0x09;
c=0x00;
b+=a; 等价于 b=b+a;
c++; 等价于 c=c+1;
++c; 等价于 c=c+1;
```

上面两式的区别,用例子表示如下:

a=0x05;

c=0x05;

a=a+(c++); //运算完成后,a=0x0A,c=0x06,c 先参与表达式运算再加上 1

a=a+(++c); //运算完成后,a=0x0B,c=0x06,c 先加上 1 之后再参与表达式计算

在表达式中,只能使用小括号,不能使用其他括号。括号内的运算优先级最高,其次是先乘除后加减的次序。

(3) 关系运算符:C/C++中认为 0 为假,非 0 或 1 为真。对于表达式的结果,只有 1 代表真。对于表达式的输入,一切非 0 视为真。关系运算符及示例如表 7.3.2 所示。

表 7.3.2　关系运算符一栏

运算符含义	运算符	示　例	值
等于	==	0x08==0x0A	0
不等于	! =	0x08! =0x0A	1
大于	<=	0x0A>0x08	1
大于或等于	>=	0x0A>=0x08	1
小于	<	0x0A<0x08	0
小于或等于	<=	0x08<=0x08	1

(4) 逻辑运算符:逻辑运算符只有三个,用以进行表达式运算结果之间的逻辑运算,如表7.3.3所示。

表 7.3.3　逻辑运算符一栏

运算符含义	运算符	示　例	值
逻辑与	&&	(x==0x05) &&(y==0x06)	1
逻辑或	||	(x==0x05)||(y! =0x06)	1
逻辑非	!	! (y==0x06)	0

注:假定 x=0x05,y=0x06

运算符的优先级自高向低排序为:

逻辑非、算术运算符、关系运算符、逻辑运算符、赋值运算符。

C/C++中的位运算符包括:

&(按位与)、|(按位或)、^(按位异或)、~(取反)、<<(左移)、>>(右移动)位运算符,位运算在 C5000 的编程中得到了广泛的应用。它只能对整型和字符型数据进行处理。

(5) 三元运算符:C/C++中唯一的一个三元运算符是"?",它有三个参加运算的元素,而且有返回值。调用格式为:

(exp1)? (val1):(val2)

其功能是先判断表达式 exp1 的真假,为真时返回表达式 val1 的值,为假时返回表达式 val2 的值,示例如下:

short sh-res;

short sh-a,sh-b;

sh-a=0x08;sh-b=0x09;

sh-res=(sh-a>sh-b)? sh-a:sh-b;

其运算结果为:sh-res=0x09,即为所求两个数的最大值。

(6) sizeof 运算符:sizeof 运算符用于求一个变量或常量占有存储空间的字数。这与普通的 C/C++中的有所区别,在通用的 C/C++中这个运算符是计算占有存储空间的字节数。示例如下:

short　sh-size1;

sh-size1=sizeof(sh-size1); //或

sh-size1=sizeof(0x08);

(7) 逗号运算符:使用","连接起来的表达式,按从左向右的次序依次计算各个表达式的值,整个逗号表达式的值为最后一个表达式的值。示例如下:

short sh-t1;

short sh-t2;

sh-t1=0x05;

sh-t2=0x09;

sh-t1=((sh-t1+sh-t2),sizeof(0x04));

其运算后的结果为 sh-t1=0x01。

(8) 数组下标运算符:数组下标运算符用"[]"表示。通过这个运算符可以访问数组中的任意位置的元素。示例如下:

short sh-a[10]; //定义一个具有 10 个元素的数组,从 sh-a[0]至 sh-a[9]

sh-a[8]=0x08; //对第 8 个元素赋值

结构/联合成员运算符:这个运算符是".",也用于 C++的对象成员访问中。示例如下:

struct st-tab1

{

short sh-ord;

float fl-val;

};

struct st-tab1 * st-tab1-list;

对其中元素的调用为:st-tab1-list->sh-ord,但不能显示赋值,如下式是错误的:

st-tab1-list->fl-val=0.7329; //错误的赋值方式

(9) 引用运算符、地址运算符以及指针取值运算符:只有 C++支持引用运算符;C/C++都支持地址运算符,这两个运算符都用"&"表示;指针取值运算符用"*"表示。引用运算符是用来产生已有变量的一个别名,对这个别名的一切操作和修改都是对原变量的操作和修改。地址运算符是求一个变量的地址;而指针取值运算符是求一个地址内的变量的值,正好与地址运算符的作用相逆。示例如下:

short sh-org;

short &sh-org-ref＝sh-org; //引用

sh-org-ref＝0x08;

上面三个语句的运算符结果为：sh-org＝0x08。

short sh-org;

short ＊sh-addr;

short sh-val;

sh-org＝0x08;

sh-addr＝&sh-org;

sh-val ＝ ＊(&sh-org);

上述语句是将变量 sh-org 的地址送给指针,sh-org 的值送给 sh-val。为了说明这些运算的用法,这里故意走了一个弯路。

(10) 强制类型转换运算符:C/C++中的强制类型转换运算符就是把数据类型当作运算符的一种表示方法。下面举例说明:

short sh-val;

sh-val＝(short)12.345; //C/C++均支持这种表示方法的类型转换

sh-val＝short(12.345); //只有 C++才支持这种表示方法

在 C5000 系列中,几乎所有类型之间是可以相互进行强制类型转换的。这种方法在面向 DSP 的 C/C++程序设计中常有。

(11) new 和 delete 运算符:这两个运算符是 C++特有的,new 运算符用来给变量开辟一些存储空间,delete 用来将这些空间释放掉。示例如下:

short ＊sh-a＝new short[10];

delete sh-a;

这两个运算符应联合使用,在程序运行过程中可以用 new 开辟出新的存储空间,在程序结束前应用 delete 释放这些存储空间。

7.4　C/C++控制语句

C/C++的语句组有三种执行方式:顺序、分支和循环。下面我们将分别介绍这三种方式。无论功能如何强大的 C/C++程序,在程序流程上只有这三种方式。语句是函数的基本单元,函数又是 C/C++程序的组成单元,因此,要设计好程序,首先应把如何编写 C/C++语言语句掌握好。

7.4.1　C/C++顺序语句

C/C++顺序语句是最基本的一种执行方式,也是 C/C++程序总体的一种执行方式,或是一个语句组执行后再去执行下一个语句组的运行方式。这种运行方式简单,容易被人接受和理解。下面举一个例子加以说明。

#include "myalline. hpp"

short 　sh-in-data[128];

short 　sh-out-data;

```
void   main(void)
{
    init-brd()；//系统初始化
    while(1)
    {
    data-gen(sh-in-data,128)；  //调用一个函数,从端口读入 128 点的一帧数据
    myfin(sh-out-data,sh-in-data,128)；
    //调用一个函数,作 FIR 滤波处理,结果存入 sh-out-data 中
    data-out-phe(sh-out-data)；  //将数据送输出缓冲区
    }
}
```

上面这个程序中,while(1)内的各语句是顺序执行的(这个程序没有给出调用函数代码,不能上机实习)。

C/C++中,语句组是用"{}"括起来的一组语句。

7.4.2 C/C++分支语句

C/C++分支语句是指需要通过判断关系式或逻辑表达式的值,才能决定下一步进行什么操作的语句,这种结构如图 7.4.1 所示。在 C/C++中有两种实现分支(或选择)的语句:if 语句和 switch 语句,现分别介绍如下:

(1) if 语句的语法及示例

if（表达式）

{语句组 1}

例如:

short sh-a,sh-b,sh-c；

sh-a=0x08；

sh-b=0x09；

sh-c=sh-a；

if(sh-b>sh-a) sh-c=sh-b；

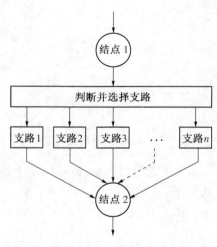

图 7.4.1 分支结构

if（表达式）

{语句组 1}

else

{语句组 2}

例如:

if (sh-a>shb)

    sh-c=sh-a；

else

　　　　　sh-c＝sh-b；

当只有一个语句时，可以不用加"{}"。但为了避免歧义，建议都加"{}"。建议在写 if 语句时注意语句的对齐，这样能增加程序的可读性。例如：

if（表达式 1）{语句组 1}
else if（表达式 2）{语句组 2}
else if（表达式 3）{语句组 3}
else if（表达式 4）{语句组 4}
...
else if（表达式 n）{语句组 n}
else {语句组 $n+1$}

示例如下：

if(sh-a＞sh-b)
{
　　　sh-c＝1；
}
else if (sh-a＝＝sh-b)
{
　　　sh-c＝0；
}
else
{
　　　sh-c＝-1；
}

if 语句可以嵌套，既可以是上面的语句组又可以是 if 语句。具有代表性的二级嵌套语法如下：

if(表达式 1)
{
　　if(表达式 11){语句组 11}
　　else if (表达式 21){语句组 21}
　　else if (表达式 31){语句组 31}
　　else if (表达式 41){语句组 41}
　　...
　　else if (表达式 $n1$){语句组 $n1$}
　　else if {语句组 $n1+1$}
}
else if (表达式 2)
{
　　if(表达式 12){语句组 12}

else if（表达式 22）{语句组 22}

else if（表达式 32）{语句组 32}

else if（表达式 42）{语句组 42}

...

else if（表达式 *n*2）{语句组 *n*2}

else if{语句组 *n*2＋1}

}

else if（表达式 3）{语句组 3}

else if（表达式 4）{语句组 4}

...

else if（表达式 *n*）{语句组 *n*}

else if{语句组 *n*＋1}

上面仅给出了部分二级 if 嵌套，方法类似。

switch 语句可以实现与 if 语句相同的功能，可以根据实际情况选用。

（2）switch 语句的语法及示例

switch(表达式)

{

 case 常量表达式 1：语句组 1

 case 常量表达式 2：语句组 2

 ...

 case 常量表达式 *n*：语句组 *n*

 default：语句组 *n*＋1

}

当表达式的值为某一常量表达式的值时，程序就会跳转到相应的语句组去。如果执行完这个语句组后，想跳出 switch 语句，则需在语句组后面加上 break；如果还想让它继续执行后面的语句，则不用加入 break。当所有的情况不成立时，执行 default 语句组。注意："break："语句也用于跳出循环体外，执行循环体外的下一条语句。

示例如下：

```
main()
{
    short sh-t1;
    short sh-t2;
    sh-t1＝0x05;
    switch(sh-t1)
    {
        case 0x05：
            sh-t2＝1;
            break;
        case 0x06：
```

```
        sh-t2＝0;
        break;
        default：
                sh-t2＝-1;
        }
        while(1){};
}
```

这个例子的运行结果为 sh-t2＝0x01。

7.4.3　C/C++循环语句

C/C++用于实现程序循环的方法有三种,它们都可以用来实现死循环,而且循环可以嵌套的。下面介绍了基本循环,没有具体介绍循环的嵌套,循环的嵌套只是将循环中的语句组用一个循环体来代替即可,C/C++支持多循环嵌套。循环结构如图7.4.2所示。

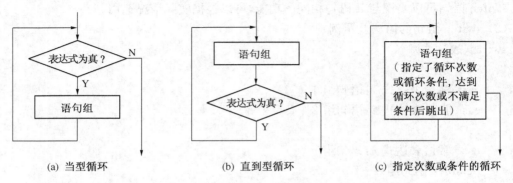

(a) 当型循环　　　　　　　(b) 直到型循环　　　　　　(c) 指定次数或条件的循环

图 7.4.2　三种循环模式

(1) goto 循环

goto 循环的一般格式示例如下：

g-Label：//指定一个标号语句组；

goto g-Label；

死循环的方法：

g-L1：

{

　　　　语句组；

}

goto g-L1；

跳出循环的方法：

g-L1：

{

　　　　语句组 1；

　　　　if(条件表达式)break；

　　　　语句组 2；

goto g-L1;

另一个关键字 continue 与 break 功能相似,但是,continue 是结束本次循环,即 continue 下面的语句组本次循环不执行了,从而循环头部再继续执行循环;break 则是结束循环体,进入循环体下面的语句。

使用 goto 循环注意不要把跳转标号弄乱,这种循环不是结构化的设计,常常不使用。

（2）循环

while 循环的语法如下:

```
while(表达式)              //先判断后执行
{
    语句组;
}
```

死循环的方法如下:

```
while(1)
{
    语句组;
}
```

跳出循环的方法是当表达式为假时,会跳出循环体。当然也可以在循环体中加入一些跳出条件和 break 语句,或加入 continue 语句,每次循环时根据条件忽略掉一些语句的执行。

```
Do                        //先执行后判断
{
    语句组;
}while(表达式);
```

死循环的方法如下:

```
do
{
    语句组;
}while(1);
```

当表达式为假时,跳出循环。也可以在循环体中加入条件跳出语句。

While 循环是一种常用的循环,而且几乎是每个 C/C++程序都不可少的一种循环。

（3）for 循环

for 循环的语法如下:

```
for(循环表达式 1;循环条件;循环表达式 2)
{
    语句组;
}
```

循环表达式 1 在开始 for 循环时计算,循环表达式 2 从第二次循环起每次循环时都计算,循环条件在每次循环时都判断。

一个简单的算法示例如下:

```
short sh-sum;        //计算 1+2+……+100=?
unsigned short ush-j;
sh-sum=0x00;
for(ush-i=1;ush-i<=100;ush-i++)
{
    sh-sum+=ush-i;
}
```

死循环的示例如下：

```
for(;;)    //注意两个";"号不能少的
{
语句组；
}
```

跳出循环的方法：可以通过循环条件跳出循环，或是在循环体内部加入判断条件。循环表达式 2 都是可以省略的，但是两个";"号不能省略。读者可视自己程序的需要，灵活运用。如下例：

```
short sh-sum;        //计算 1+2+……+100=?
unsigned short ush-i;
sum=0x00;
ush-i=1;
for(;;)
{
if(ush-i<=100)
   sh-sum+=ush-I;
else
    break;
ush-i++;
```

}上例中，将循环表达式 1 放到了循环体前面，循环判断条件和循环表达式 2 放在循环体内部。for 循环也可以多级嵌套。

7.5 C/C++语言函数

进行模块化的软件设计也是面向 DSP 的 C/C++程序设计的一条基本原则。按所要实现的功能将一个程序分成很多模块，在 C/C++中每个模块就是一个函数，或者把几个模块组成一个函数。函数是 C/C++进行模块化设计的重要手段。可以将一个或几个函数存入一个文件中，在主程序头部用"♯include♯文件名"将其包括在内，即可以使用这些函数；或者把一些函数放在主程序前面。CCS 采用工程编译连接方法，所以也可以用源文件的形式加入到工程中一起编译，程序会自动连接成一个可执行文件。注意，将函数的源代码写入到其他的.c 或.cpp 文件中，在主程序文件中调用这些函数时，应在声明要调用的函数名前加上关键字 extern。

下面首先介绍编写函数的方法及中断函数的写法。在进行实际 DSP 程序设计时,应尽量使用 CCS 自带的一些库函数。CCS 提供的专用 DSPLIB 库函数是用汇编语言编写的,执行速度快,效率非常高。

7.5.1　C/C++自定义函数

C/C++函数由函数头部和函数体组成。函数头部常被复制到主函数前作为函数的声明,即函数原型,告诉编译器该函数的主体在主程序后面定义了。语法形式如下:

　　　　返回类型　　函数名(形式参数列表)
　　　　{
　　　　　　函数体;
　　　　}

返回类型可以为基本数据类型,也可以为扩展的数据类型或是空类型。当函数有返回值时,使用 return 语句。函数名的指定与变量名的指定相似。形式参数表可以为空,也可以有多个,用来向函数体内部传递数据或地址。形式参数和函数体内部定义的变量均为局部变量,它们的作用域仅限于函数体内部;而定义于主函数的变量或主函数体外的变量一段可以称为全局变量,它们的作用域是从开始定义到主程序结束。

调用函数时,必须用实际的数据变量代替形式参数(形参),这些实际的变量称为实参,实参对形参的传递方式有两种:一种是传值方式,另一种是传址方式。在传值方式中,实参的值会传递给形参,形参在函数体内参与运算受到改变时不会影响到实参的值,这时实参和形参是占有完全不同的地址空间;在传址方式中,实参的地址传给了形参,这时对于形参的改变会影响到实参的改变,这种方法在 C++中也可以采用引用方式来实现。简单地说,就是在传值方式中,实参传给形参值是可以的,形参是不能向实参传值的;而在传址或是引用方式中,实参的值可以传给形参,形参的值也可以传给实参。应根据情况的不同采用不同的实参到形参的传递方式。

7.5.2　中断函数

C/C++中定义中断函数的方法,是使用关键字 interrupt。中断函数在 C5000 系列程序设计中几乎是必不可少的。中断函数无返回值,也没有参数。下面介绍中断函数的定义和调用方法。

中断函数的定义如下:

```
interrupt void inte_INT0()
{
    //中断函数内容
}
```

调用中断函数时,系统会完成 CPU 寄存器的入栈保存,中断返回后,系统会完成 CPU 寄存器的出栈恢复。在 C/C++中,用户可以专心设计其想实现的中断功能。

中断调用由中断向量表负责完成,示例如下:

(1) 在 C 语言中调用中断示例

```
sect". vectors"
```

```
        .ref _inte_INT0 //引用外部的中断函数符号
        .ref _c_int00

        align 0x80
RESET：
            BD_c_int00
            STM♯128. SP
nmi：     RETE
            NOP
            NOP
            NOP
sint17    .space    4 * 16
sint18    .space    4 * 16
sint19    .space    4 * 16
sint20    .space    4 * 16
sint21    .space    4 * 16
sint22    .space    4 * 16
sint23    .space    4 * 16
sint24    .space    4 * 16
sint25    .space    4 * 16
sint26    .space    4 * 16
sint27    .space    4 * 16
sint28    .space    4 * 16
sint29    .space    4 * 16
sint30    .space    4 * 16


int0：B   _inte_INT0 子 //在 INT0 中断触发时，跳转去执行中断服务程序
            NOP
            RETE
int1：     RETE
            NOP
            NOP
            NOP
int2：     RETE
            NOP
            NOP
            NOP
tint0：    RETE
            NOP
```

```
                NOP
                NOP
brint0：        RETE
                NOP
                NOP
                NOP
bxint0：        RETE
                NOP
                NOP
                NOP
brint1：        RETE
                NOP
                NOP
                NOP
bxint1：        RETE
                NOP
                NOP
                NOP
                .end
```

（2）在 C++语言中调用中断示例

```
.sect"vectors"
.ref-c-int100
.ref-intc_INT1_0-Fv //C++语言中的中断符号
align 0x08
RESET：
        BD _c_int100
        STM ♯128 SP
nmi：        RETE
                NOP
                NOP
                NOP
sint17    .space    4 ∗ 16
sint18    .space    4 ∗ 16
sint19    .space    4 ∗ 16
sint20    .space    4 ∗ 16
sint21    .space    4 ∗ 16
sint22    .space    4 ∗ 16
sint23    .space    4 ∗ 16
sint24    .space    4 ∗ 16
```

```
sint25    .space    4 * 16
sint26    .space    4 * 16
sint27    .space    4 * 16
sint28    .space    4 * 16
sint29    .space    4 * 16
sint30    .space    4 * 16
int0：B        _inte_INT0_Fv 子 //在 INT0 中断发生时去执行该中断
              NOP
              NOP
int1：        RETE
              NOP
              NOP
              NOP
int2：        RETE
              NOP
              NOP
              NOP
tint0：       RETE
              NOP
              NOP
              NOP
brint0：      RETE
              NOP
              NOP
              NOP
bxint0：      RETE
              NOP
              NOP
              NOP
brint1：      RETE
              NOP
              NOP
              NOP
bxint1：      RETE
              NOP
              NOP
              NOP
              .end
```

细心观察可以发现上面两种调用的不同之处；在 C 中，中断向量的标号只是加一个半字线"-";而在 C++中,还加了一个"-Fv"后缀。这个中断向量的标号可以从文件中找到。

7.6 混合编程

7.6.1 C 编译器生成的段

C 编译器对 C 语言程序编译后生成七个可以进行重定位的代码和数据段。这些段可以以不同的方式分配到存储器空间内,以满足不同系统配置的要求。这七个段可以分为已初始化段和未初始化段两大类。

C 编译器共创建四个已初始化段(已初始化段主要包括数据表和可执行代码):

.text 段	:包括可执行代码、字符串和编译器产生的常量
.cinit 段	:包括初始化变量和常数表
.const 段	:字符串常量和以 const 关键字定义的常量
.switch 段	:为.const 语句建立的表格

三个未初始化段:

.bss 段	保留全局和静态变量空间。在程序开始运行时,C 的引导(boot)程序将数据从.cinit 段拷贝到.bss 段
.stack 段	为 C 的系统堆栈分配存储空间,这部分用于传递变量
.sysmem 段	为动态存储器函数 malloc,calloc,realloc 分配存储器空间。若 C 程序未用到这些函数,则 C 编译器不产生该段

通常.text、.cinit、.switch 段可以链接到系统的 ROM 或者 RAM 中去,但是必须放在程序段(page 0);const 段可以链接到系统的 ROM 或者 RAM 中去,但是必须放在数据段(page 1);而.bss、.stack 和.sysmem 段必须链接到系统的 RAM 中去,并且必须放在数据段(page 1)。

C 系统的堆栈可以完成以下功能:

分配局部变量;

传递函数参数;

保存处理器的状态位。

运行堆栈的增长方向是从高地址到低地址,C 编译器利用堆栈指针 SP 来管理堆栈。堆栈的大小由链接器设定。链接器插入一个全局符号_STACK_SIZE,并给它分配一个与堆栈大小一样的数值,默认值是 1KB。更改堆栈的大小方法是改变连接器选项中的 stack 项后的数值即可。

7.6.2 存储器分配

1) 动态存储器分配

C 编译器提供的运行支持函数中包含有几个允许在运行时为变量分配存储器的函数,如 malloc、calloc 和 recalloc。动态分配不是 C 语言本身的标准,而是由运行支持函数所提供。为大局 pool 和 heap 分配的存储器空间定义在.sysmem 中,.sysmem 段的大小由连接器选项中的 heap 项设定。同样,连接器也创建一个全局符号_SYSMEN_SIZE,.SYSMEN 段的大小由其数值确定,默认值为 1KB。为了在.bss 段中保留空间,可以用 heap 分配空间,而不将他们说明为全局或静态的。如下例：

　　定义：

struct big table[100]

可以改为用指针并调用 malloc 函数：

struct big ＊ table

table＝(struct big)malloc(100 ＊ sizeof (struct big));

　　2）静态和全局变量的存储器分配

在 C 程序中定义一个外部或静态变量被分配一个唯一的连续空间，该空间的地址由链接器确定。编译器保证这些变量的空间分配在多个字中，以使每个变量按字边界对准。C编译器将全局变量分配到数据空间，在同一模块中定义的变量被分配到同一个连续的存储空间。

　　3）域/结构的对准

编译器为结构分配空间时，它分配足够的字以包含所有的结构成员。在一组结构中，每个结构开始于字边界。所有的非域类型对准于字的边界。对域分配足够多的比特，相邻域组装进一个字的相邻比特，但不能跨越两个字。如果一个域要跨越两个字，则整个域被分配到下一个字中。

7.6.3　TMS320C54X 混合编程

C 语言和汇编语言的混合编程有以下几种方法。

（1）独立编写汇编程序和 C 程序，分开编译或编译形成各自的目标代码模块，用链接器将 C 模块和汇编模块链接起来，这是一种灵活性较大的方法。但用户必须自己维护各汇编模块的入口和出口代码，自己计算传递的参数在堆栈中的偏移量，工作量稍大，但能做到对程序的绝对控制。

（2）在 C 程序中使用汇编程序中定义的变量和常量。

（3）在 C 程序中直接内嵌汇编语句。此种方法可以在 C 程序中实现 C 语言无法实现的一些硬件控制功能，如修改中断控制寄存器，中断标志寄存器等。

（4）将 C 程序编译生成相应的汇编程序，手工修改和优化 C 编译器生成汇编代码。采用此种方法可以控制 C 编译器从而产生具有交叉列表的汇编程序，而程序员可以对其中的汇编语句进行修改。之后，对汇编程序进行汇编可产生目标文件。

　　1）独立的 C 和汇编模块接口

这是一种常用的 C 和汇编语言接口方法。采用此方法在编写 C 程序和汇编程序时，必须遵循有关的调用规则和寄存器规则。如果遵循了这些规则，那么 C 和汇编语言之间的接口是非常方便的。C 程序可以直接引用汇编程序中定义的变量和子程序，汇编程序也可以引用 C 程序中定义的变量和子程序。

（1）必须将子程序中用到的指定寄存器加以保护。

这些寄存器包括：

● AR1，AR6，AR7

● Stack Pointer(SP)

（2）中断子程序必须将用到的所有的寄存器加以保护。

（3）当在汇编程序中调用 C 程序时,第一个参数必须放在寄存器 A 中,其他的参数则以逆序压入堆栈中。

（4）当调用 C 程序时,切记只有指定的寄存器被保护了,C 程序可以修改任何其他寄存器的内容。

（5）长整型和浮点数在存储器中的存放顺序是低位字在低地址,高位字在高地址。

（6）程序必须将返回值置于累加器 A 中。

（7）在汇编程序中,除了自动初始化全局变量外,不要将.cinit 段作其他用途。C 程序在 boot.asm 中的启动程序认为.cinit 段中放置的全部是初始化表,因此,将其他一些信息放入.cinit 段将产生不可预料的结果。

（8）C 编译器将 C 程序中定义的所有的标识符前加一个"_"。将在 C 程序中要引用的变量的子程序的名字前加上前缀"_"。如果变量仅在汇编模块中使用,则不加"_"。下划线的变量名可以任意使用,而不会与 C 标识符发生冲突。

（9）如果要定义在 C 程序中要访问的汇编变量和子程序,则必须在汇编程序中用.global 说明为外部。同样,在汇编中要调用 C 函数或访问变量,也必须在汇编程序中将其说明为外部。

2）C 程序中访问汇编程序变量

从 C 程序中访问汇编程序中定义的变量或常数时,根据变量和常数定义的位置和方法不同,可分为三种情况:

（1）访问在.bss 段中定义的变量,方法如下:

（a）采用.bss 命令定义变量;

（b）用.global 将变量说明为外部变量;

（c）在汇编变量名前加下划线"_";

（d）在 C 程序中将变量说明为外部变量,然后就可以像访问普通变量一样访问它。

汇编程序:

/＊注意变量名前都有下划线＊/

.bss_var,1

.global_var　　　　　　　　;声明为外部变量

C 程序:

externalintvar　　　　　　　;/＊外部变量＊/

var＝1　　　　　　　　　　;

（2）访问未在.bss 段定义的变量时,方法略微复杂一些。此种情况的常见例子是在汇编程序中定义的常数表。此时,定义一个指向该变量的指针,然后在 C 程序中间接访问它。在汇编程序中定义此常数表时,最好定义一个单独的段（并非必须这样做）。而后,定义一个指向该表起始地址的全局标号,可以在链接时将它分配至任意可用的存储器空间。如果要在 C 程序中访问它,则必须在 C 程序中以 extern 方式予以声明,并且变量名前不必加下划线"_"。这样,就可以像其他普通变量一样进行访问了。

（3）对于那些在汇编中以.set 和.global 定义的全局常量,也可以在 C 程序中访问,不过要用到一些特殊的方法。一般来说,在 C 程序中和汇编程序中定义的变量,其符号表包含的是变量的地址。而对于汇编程序中定义的常数,符号表包含的是常数值。而编译器并不能区分哪些符号表包含的是变量的地址,哪些是变量的值。因此,如果要在 C 程序中访问汇编程序中的常数,不能直接用常数的符号名,而应在常数名前加一个地址操作符 &,这样才能得到常数值。

3) C 程序中直接嵌入汇编语句

在 C 程序中直接嵌入汇编语句是一种直接的 C 和汇编的接口方法。此种方法可以在 C 程序中实现 C 语言无法实现的一些硬件控制功能,如修改中断控制寄存器、中断标志寄存器等。

嵌入汇编语句的方法比较简单,只需在汇编语句的两边加上括号和双引号,并且在括号前加上 asm 标识符即可。即:

asm(“汇编语句”);

注意:括号中的汇编语句必须以标号、空格、tab、分号开头,这和通常的汇编编程的语法一样。不要破坏 C 环境,因为 C 编译器并不检查和分析嵌入的汇编语句。插入跳转语句和标号会产生不可预测的结果。汇编语句不要改变 C 程序中变量的值,不要用汇编语句中加入汇编器选项而改变汇编环境。

修改编译器的输出可以控制 C 编译器从而产生具有交叉列表的汇编程序,而程序员可以对其中的汇编语句进行修改。之后,对汇编程序进行汇编可产生目标文件。注意,修改汇编语句时切勿破坏 C 环境。

8 'C54X 的硬件电路设计

8.0 引言

本章以'C5402 为例,介绍了'C54X 的一些硬件电路的设计及工作时序。

8.1 'C54X 的引脚功能

要掌握'C54X 首先应了解它的引脚功能。'C54X 的制造工艺为 CMOS,根据生产型号的不同其引脚的个数也不同,本书以'C5402 为例介绍'C54X 引脚的名称及功能,如图 8.1.1 所示。'C54X 有 144 个引脚,封装形式为 TQPF 或 μstarBGA。144 个引脚按功能来分,可以分成七个部分,即电源及时钟引脚、控制引脚、地址引脚、数据引脚、外部中断引脚、通讯端口引脚和通用 I/O 引脚。

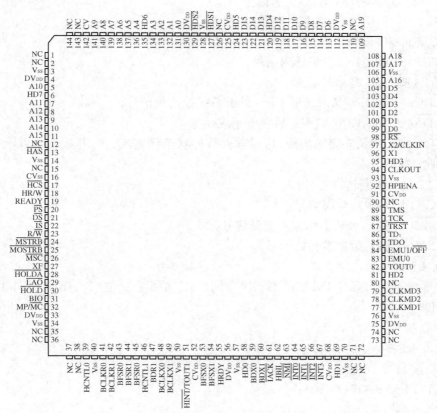

图 8.1.1 'C54X 的引脚图

1) 电源及时钟引脚

电源引脚：电源电压分为两级，提供 CPU 核使用的电源电压 CV 及提供片上外设使用的电源电压 DV。

CV_{DD}(16、68、91、125、142 脚)，电压为+1.8V。

DV_{DD}(4、33、56、75、112、130 脚)，电压为+3.3V。

V_{SS}(3、14、34、40、50、57、70、76、93、106、111、128 脚)，接地。

时钟引脚：时钟发生器由内部振荡器和锁相环 PLL 电路构成，可以有两种方式提供参考时钟输入。

X1(96 脚)：接外部晶体振荡器的一个引脚，接地或悬空。

X2:CLKIN(97 脚)：接外部晶体振荡器的另一个引脚。

PLL 有两种时钟频率配置方法，硬件配置由下述三个模式引脚决定：CLKMD1(77 脚)、CLKMD2(78 脚)和 CLKMD3(79 脚)。

2) 控制引脚

这类引脚提供控制信号，有些引脚是功能复用引脚。

$\overline{RS}$(98 脚)：振荡器工作正常的情况下，此引脚至少保持 2 个 CLKOUT 周期以上的低电平，才能保证器件可靠复位。

$\overline{MSTRB}$(24 脚)：外部数据存储器选通信号。

$\overline{PS}$(20 脚)：外部程序存储器片选信号。

$\overline{DS}$(21 脚)：外部数据存储器片选信号。

$\overline{IS}$(22 脚)：I/O 设备片选信号。

$\overline{IOSTRB}$(25 脚)：I/O 设备选通信号。

$R/\overline{W}$(23 脚)：读/写信号。

$\overline{HOLD}$(30 脚)：外设请求接管 CPU 外部总线控制权信号。

HOLDA(23 脚)：CPU 响应总线接管请求信号。

$\overline{MSC}$(26 脚)：微状态完成信号，指示软件等待状态已完成。当开放 2 个以上软件等待时，此管脚被激活。

$\overline{IAQ}$(29 脚)：中断请求信号。

$\overline{IACK}$(61 脚)：中断响应信号。

$MP/\overline{MC}$(32 脚)：DSP 工作方式选择信号。

READY(19 脚)：数据准备好信号。

3) 地址引脚

20 个地址引脚可寻址 1M 的外部程序空间、64K 外部数据空间、64K 的片外 I/O 空间。这 20 个引脚是：

A0(131 脚)～A3(134 脚)；

A4(132 脚)～A9(141 脚)；

A10(5 脚)；

A11(131 脚)～A15(11 脚)；

A16(105 脚)；

A17(107 脚)～A19(109 脚)；

4）数据引脚

16 个数据引脚可并行传输 16 位数据。这 16 个引脚是：

D0(100 脚)～D5(105 脚)；

D6(113 脚)～D15(124 脚)。

5）外部中断引脚

1 个不可屏蔽中断，4 个可屏蔽中断。

NMI(63 脚)：不可屏蔽中断。

INT0：(64～67 脚)：可屏蔽外部中断。

6）通信端口引脚

通信引脚包括两个串口、一个并口引脚。

带缓冲区同步串行接口 BSP。

BFSR0(43 脚)：串口 0 的同步接收信号引脚。

BFSR1(44 脚)：串口 1 的同步接收信号引脚。

BDR0(45 脚)：串口 0 的串行数据接收信号引脚。

BDR1(47 脚)：串口 1 的串行数据接收信号引脚。

BCLKX0(41 脚)：串口 0 的同步时钟信号引脚。

BCLKX1(42 脚)：串口 1 的同步时钟信号引脚。

BFSX0(53 脚)：串口 0 的同步发射信号引脚。

BFSX1(54 脚)：串口 1 的同步发射信号引脚。

BDX0(59 脚)：串口 0 的数据发射输出引脚，不发送信号时为高阻。

BDX1(60 脚)：串口 1 的数据发射输出引脚，不发送信号时为高阻。

主机通信并行接口 HPI。这个接口主要用于 DSP 与 PC 或其他主 CPU 间的通信，通过设置，这个口的 8 个数据引脚可以用作通用 8 位并行 I/O。

$\overline{\text{HCS}}$(17 脚)：片选信号。作为 HPI 的使能输入端，每次寻址期间必须为低电平。

$\overline{\text{HAS}}$(13 脚)：地址通信信号。如果主机的地址和数据总线复用，则此引脚连接到主机的地址锁存端，它的下降沿锁存字节识别和控制主机信号，若主机地址与数据线分开，则此引脚高电平。

HBIL(31 脚)：字节识别信号。判断主机送来的是第 1 还是第 2 个字节。

HCNTL0(39 脚)、HCNTL1(46 脚)：主机控制信号。主机通过这两个引脚信号的不同组合选择通信控制内容。

$\overline{\text{HDS1}}$(121 脚)、$\overline{\text{HDS2}}$(129 脚)：数据选通信号，由主机控制 HPI 数据传输。

HINT/TOUT1(51 脚)：HPI 向主机申请中断信号。

HRDY(55 脚)：HPI 已将数据准备完毕信号。

HR/$\overline{\text{W}}$(18 脚)：主机向 HPI 读/写信号。高电平主机读 HPI，低电平主机写 HPI。

7）通用 I/O 端口引脚

XF(27 脚)：输出；

$\overline{\text{BIO}}$(31 脚)：输入。

8.2　时钟发生器及时钟电路

'C54X 的时钟发生器要求硬件有一个参考时钟输入,其内部由震荡器和锁相环 PLL 电路组成。因此,'C54X 的实际工作时钟频率可以用软件编程或外部硬件电路在给定外部时钟频率的基础上进行调整控制。

'C54X 的外部参考时钟输入可以用如下两种方式提供。

(1) 与内部震荡器共同构成时钟电路。将晶体跨接于 X1 和 X2/CLKIN 之间,构成内部震荡器的反馈电路。

(2) 直接利用外部晶振给定参考时钟输入。此时内部震荡器不起作用。

芯片内部的锁相环 PLL 电路,利用高稳定的内部锁相环锁定时钟震荡频率,提供始终信号的频率纯度,提供稳定的震荡频率源。同时,还可以通过控制锁相环的倍频锁定调节时钟震荡器的震荡频率。因此,'C54X 的实际运行频率可以比外部参考时钟输入的频率高,降低了高速开关始终造成的高频噪声,使硬件布线工作更容易。

锁相环 PLL 的配置分为硬件和软件两种,分别叙述如下。

(1) 硬件 PLL 通过设定芯片的三个时钟模式引脚 CLKMD1、CLKMD2 和 CLKMD3 的电位,选择片内震荡时钟与外部参考时钟的倍频关系。连接方式与倍频值的关系列于表 8.2.1。

表 8.2.1　硬件 PLL 时钟配置方式

引脚状态			时钟方式	
CLKMD1	CLKMD2	CLKMD3	方案 1	方案 2
0	0	0	工作频率=外部时钟源 * 3	工作频率=外部时钟源 * 5
1	1	0	工作频率=外部时钟源 * 2	工作频率=外部时钟源 * 4
1	0	0	工作频率=内部震荡器 * 3	工作频率=内部震荡器 * 5
0	1	0	工作频率=外部时钟源 * 1.5	工作频率=外部时钟源 * 4.5
0	0	1	工作频率=外部时钟源/2	工作频率=外部时钟源/2
1	1	1	工作频率=内部震荡器/2	工作频率=内部震荡器/2
1	0	1	工作频率=外部时钟源 * 1	工作频率=外部时钟源 * 1
0	1	1	停止方式	停止方式

表中的时钟方案选择是针对不同的'C54X 的芯片,对于同样 CLKMD 的连接方式所选定的工作频率不同。因此,在使用硬件 PLL 时,应根据所选芯片选择正确的连接方式。另外,表中的停止方式与指令 IDEL3 的省电方式相同。但是,这种方式必须通过改变硬件连接使时钟正常工作。而用软件的 IDEL3 指令产生的停止工作方式,可以通过复位及非屏蔽中断唤醒 CPU 恢复正常工作。

(2) 软件可编程 PLL 软件的时钟频率调节方式灵活方便。PLL 有一个时钟工作方式寄存器 CLKMD,地址为 0058H。可以提供各种时钟乘法系数,并且可以直接接通或关断 PLL。同时,PLL 的锁定定时器可以延时 PLL 的转换时钟时间,直到锁定为止。CLKMD

定义 PLL 模块的时钟配置,其各位的定义如表 8.2.2 所示。

CLKMD 各位的物理意义为:第 0 位 PLLSTATUS 为只读位,可以用于指示时钟发生器的工作方式。PLLSTATUS=0,表示时钟发生器工作于分频 DIV 方式;PLLSTATUS=1,表示时钟发生器工作于倍频 PLL 方式。第 1 位 PLLNDIV 为 PLL 时钟发生器工作方式选择位,PLLNDIV=0 采用分频方式,PLLNDIV=1 采用倍频方式。同时,此位与 PLL-MUL 及 PLLDIV 同时定义频率的乘数。第 2 位 PLLON/OFF 是 PLL 的通断位,与 PLLN-DIV 一起决定 PLL 是否工作。当 PLLON/OFF=0 和 PLLNDIV=0 时,PLL 断开,其他任何组合 PLL 都处于工作状态。第 10~13 位 PLLCOUNT 为 PLL 计数器,这是一个减法计数器,每 16 个输入时钟 CLKIN 到来后减 1,作为 PLL 从开始工作到锁定要求处理器时钟信号之间的延时计数时间,保证频率转换的可靠性。第 11 位 PLLDIV 为 PLL 的分频除数。第 12~15 位为 PLL 的倍频乘数。关于分频或倍频系数的确定,分别由 PLLNDIV、PLL-DIV、PLLMUL 的不同组合决定,如表 8.2.2 所示。

表 8.2.2 PLL 分频及倍频系数配置表

PLLNDIV	PLLDIV	PLLMUL	乘系数
0	X	0~14	0.5
0	X	15	0.25
1	0	0~14	PLLMUL+1
1	0	15	1
1	1	0 或偶数	(PLLMUL+1)/2
1	1	奇数	PLLMUL/4

CLLKOUT=CLKIN * 系数。

另外,PLL 锁定之前是不能用作 ′C54X 的时钟的。因此,通过对 PLLCOUNT 编程实现自动延时,直至锁相环锁定为止。锁定延时时间的设定范围为(0~255) * 16 * CLKIN 个周期的时间长度。

输出所需锁定延迟时间最短约为 8 μs,随着频率的增加所需锁定延迟时间线形增加。当要求输出 CLKOUT=50MHz 时,所需锁定时间达到 44 μs。可以根据表中的锁定时间给 PLLCOUNT 赋值,一般由式(8.1)确定。

$$\text{PLLCOUNT(十进制)} > \text{(锁定延迟时间)}/16 * T_{clkin} \tag{8.1}$$

式中,T_{clkin} 为输入时钟周期。

利用软件对 CLKMD 加载,可以实现两种不同的软件 PLL 工作方式。一种是 PLL 倍频工作方式,实际的芯片工作时钟 CLKOUT 可以由输入时钟 CLKIN 乘以表 8.2.2 中不同的 PLLNDIV、PLLDIV、PLLMUL 组合得出的 31 个系数 0.25,0.5,1,2,3,…,15,1.5,2.5,3.5,4.5,5.5,6.5,7.5,0.75,1.25,1.75,2.25,2.75,3.25,3.75 中的任何一个系数决定。另一种为 DIV 分频方式工作,CLKIN 除以 2 或 4。此种工作方式下,所有模拟电路都关断以使功率最小。

当时钟发生器从 DIV 方式转入 PLL 工作方式时,锁定定时器在转换过程中,时钟发生器继续工作于原来的状态。当锁定定时器减为 0 后,时钟发生器才转入 PLL 工作状态。

8.3　存储器和 I/O 扩展基本方法

扩展外部存储器或 I/O 时,除了考虑地址空间的分配外,关键是存储器读/写控制和片选控制的时序与′C54X 的外部地址总线,数据总线及控制线时序的配合。

8.3.1　外部总线特性

1) 外部总部结构

′C54X 的外部程序或数据存储器以及 I/O 扩展的地址和数据总线复用,完全依靠片选和读/写选通配合时序控制完成外部程序、数据储存器和扩展 I/O 的操作。表 8.3.1 列出了′C54X 的主要扩展界面接口信号。

表 8.3.1　′C54X 外设扩展接口信号

信　　号	541,2,3,5,6	5410	5402,5409	5420	备　　注
A0—A15	15—0	22—0	19—0	17—0	地址总线
D0—D15	15—0	15—0	15—0	15—0	数据总线
$\overline{\text{MSTRB}}$	√	√	√	√	外部数据存储器选通
$\overline{\text{PS}}$	√	√	√	√	程序空间片选
$\overline{\text{DS}}$	√	√	√	√	数据空间片选
$\overline{\text{IOSTRB}}$	√	√	√	√	I/O 空间选通
$\overline{\text{IS}}$	√	√	√	√	I/O 空间片选
R/$\overline{\text{W}}$	√	√	√	√	读/写信号
READY	√	√	√	√	数据准备完成
$\overline{\text{HOLD}}$	√	√	√	√	保持请求
$\overline{\text{HOLDA}}$	√	√	√	√	保持响应
$\overline{\text{MSC}}$	√	√	√	√	微状态完成
$\overline{\text{IAQ}}$	√	√	√	√	中断请求
$\overline{\text{LACK}}$	√	√	√	√	中断响应

外设扩展端口由两个相互独立的控制信号$\overline{\text{MSTRB}}$和$\overline{\text{IOSTRB}}$控制。$\overline{\text{MSTRB}}$控制程序或数据存储空间的存取,$\overline{\text{IOSTRB}}$控制 I/O 扩展空间的读/写选通,读/写(R/W)信号控制数据流的方向。

′C54X 外部的准备输入信号 READY 和软件产生的等待状态允许 CPU 与不同速度的储存器或者 I/O 进行数据交换。有时在与外部存储器之间进行传输需要插入等待周期,可通过′C54X 内部分区转换逻辑自动插入一个等待状态。另外,$\overline{\text{HOLD}}$引脚控制的′C54X 的保持工作模式,可以将外部总线控制权交给外部控制器,直接控制程序存储空间、数据存储空间,I/O 之间的数据转换。保持模式分为两种类型:正常模式和并发 DMA 模式。

当 CPU 寻址内存时,数据总线被挂起,处于高阻状态,而地址总线、程序存储器选择信号 PS、数据存储器选择信号,扩展 I/O 选择信号保持以前的状态,选通 $\overline{\text{MSTRB}}$、$\overline{\text{IOSTRB}}$、$\overline{\text{R/W}}$、IAQ、$\overline{\text{MSC}}$ 不被激活。如果 PMST 中的地址可视化设置为 1,激活 IAQ,内部程序地址被放置在地址总线上。当 CPU 寻址外部数据 I/O 空间时,扩展地址总线被牵制为 0。当 CPU 用 AVIS=1 时,地址内部存储器也是这种情况。

　　2) 外部总线优先权

　　′C54X 内部有一条程序总线 PB 和三条数据 CB、DB、EB 以及 4 条地址总线 PAB、CAB、DAB、EAB。由于流水线结构,CPU 可以同时对这些总线进行存储操作。但是,CPU 每个周期只能存取一条外部总线,否则,会产生流水线冲突。例如,一个并行指令周期内,CPU 存取外部存储器两次,譬如取一条指令、写一个数据存储器或外部 I/O 器件时,将发生流水线冲突,这个流水线冲突会根据预定义的流水线优先权由 CPU 自行解决。外部总线读/写优先权如图 8.3.1 所示,在一个指令周期内的 CPU 写-读-读操作时序,包括读取一条指令通过 PB 对程序区取指令,通过 DB/CB 取外部数据区,读/写外部数据操作数。因为数据存取比程序读取有更高的优先权,只有在所有的数据存取完成后,才能开始程序的读取。当程序和数据存于外部存储器时,如果一条单操作数写指令跟着一条双操作数读指令或一条 32 位操作数读指令时,流水线冲突就会发生。如下的指令顺序会产生流水线冲突:

```
ST      T, * AR6
LD      * AR4+,A
‖ MAC      * AR5+,B
```

可以通过加入 NOP 解决这类流水线冲突。

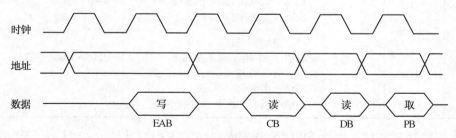

图 8.3.1　外部总线读/写优先权

8.3.2　外部总线等待状态控制

　　′C54X 中两个控制等待状态的存储器分别是软件可编程等待状态发生器 SWWSR 和分区转换控制寄存器 BSCR。软件可编程等待状态发生器 SWWSR 可以通过编程插入总线等待周期,最多到可达 7～14 个机器周期,不同的型号芯片的这个参数不同。SWWSR 为 ′C54X 的高速内存与慢速外设的协调连接提供了一个方便的接口。对于要求多于 7～14 个等待周期的外部器件的连接,可以利用硬件 READY 线。当所有的外设存储速度配备为 0 等待状态时,等待状态发生器的内部时钟可以关掉,器件工作于省电状态。SWWSR 是一个内存映射寄存器,地址为 0028H。′C54X 的外部扩展程序和数据空间分别由两个 32 KB 的存储区域组成,I/O 空间由 64 个端口组成。这些存储区域和端口都在 SWWSR 中占有一个 3 位的域,如图 8.3.2 所示。寄存器各位的意义列于表 8.3.2。

15	14～12	11～9	8～6	5～3	2～0
保留/XPA	I/O	数据	数据	程序	程序
R	R/$\overline{\text{W}}$	R/$\overline{\text{W}}$	R/$\overline{\text{W}}$	R/$\overline{\text{W}}$	R/$\overline{\text{W}}$

图 8.3.2　SWWSR 寄存器

表 8.3.2　SWWSR 各位的功能

位号	位名	复位	作　用
15	保留/XPA	0	542,546 为保留位 548,549,5402,09,10,20 为扩展程序地址控制位,由地址的域的内容选择扩展程序的地址范围
14～12	I/O	1	I/O 空间:域值 0～7 相应于 I/O 空间(0000H～FFFFH)的等待状态周期数 数据空间:域值 0～7 相应于数据空间 8000～FFFFH 的等待状态周期数
11～9	数据	1	数据空间:域值 0～7 相应于数据空间 8000～FFFFH 的等待状态周期数
8～6	数据	1	数据空间:域值 0～7 相应数据空间 0000H～7FFH 的等待状态周期数
5～3	程序	1	程序空间:541,542,546 域值 0～7 相对于程序空间 8000H～FFFFH 等待状态周期数 548,549,5402,5409,5410,5420 XPA=0;8000H～FFFFH XPA=1;0000H～7FFFH
2～0	程序	1	程序空间:541,542,546 域值 0～7 相于程序空间 8000H～FFFFH 等待状态周期 548,549,5402,5409,5410,5420 XPA=0;0000H～7FFFH XPA=1;400000H～3FFFFFH

软件等待状态控制寄存器 SWCR,位于内存映射寄存器地址 002BH 处。图 8.3.3 为 SWCR 的结构。'C549、'C5402、'C5410、'C5420 有一个额外的位 SWAM 驻留在 SWCR 中,当 SWSM=1 时,等待状态由扩展最大等待状态周期(7～14)决定。

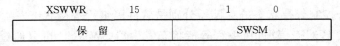

图 8.3.3　为 SWCR 寄存器

图 8.3.4 所示是外部程序空间等待状态发生器框图。当对外程序进行存取译码时,SWWSR 的相应域的内容被装载入计数器。如果这个域的内容不是 0,一个不可读信号被送入 CPU,等待状态计数开始,保持不可读状态直到计数器减到为 0,外部的 READY 线变成 1。这个外部 READY 与 CPU 等待信号进行“或”操作,然后给等待信号。注意,READY 在 CLKOUT 信号的下降沿被采样,至少 2 个等待状态后,CPU 才会探测 READY,并在最后一个等待周期时才会采样外部 READY 线。

复位时 SWWSR=7FFFH,是外部存取状态的最大等待数. 这个特点可以保证在处理器

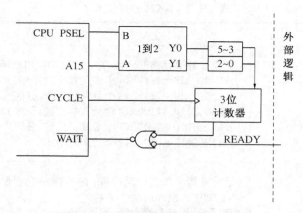

图 8.3.4 软件等待状态发生器框图

初始化时 CPU 与慢速外设的正常通信。

分区转换可编程逻辑允许 CPU 在不同的存储空间(如程序空间,数据空间)之间和 I/O 空间进行读/写操作时,不必考虑硬件等待周期。当 CPU 的读/写操作在程序空间、数据空间、I/O 空间之间转换时,分区转换逻辑自动地插入等待周期。这个等待周期数的多少由分区转换控制寄存器 BSCR 的装载内容决定,分区转换控制寄存器 BSCR 的定义如图 8.3.5 所示。读寄存器是一个内存反映射寄存器,地址 0029H。分区转换控制寄存器 BSCR 的各位意义列于表 8.3.3。

15~12	11	10~9	8	7~3	2	1	0
BANKCMP	PD-DS	保留	IPIRQ	保留	HBH	BH	EXIO
R/$\overline{W}$	R/$\overline{W}$	R/$\overline{W}$	R/$\overline{W}$	R/$\overline{W}$	R/$\overline{W}$	R/$\overline{W}$	R/$\overline{W}$

图 8.3.5 BSCR 寄存器

EXIO 与 BH 位控制外部地址和数据总线的使用在正常操作下,这些位为 0。为了减少功耗,尤其在外部存储器用得较少或操作不平凡时,可以令 EXIO=1。BH=1,当 EXIO=1,CPU 不可能修改 ST1 中的 HM 位,也不可能修改 PMST 中的 DROM、MP/$\overline{MC}$、OVLY。′C54X 有一个寄存器包含用于读/写程序和数据空间的最新地址的高位(由 BANKCMP 定义)。如果当前读操作的地址高位与内部寄存器中的高位不匹配,$\overline{MSTRB}$ 信号在一个周期内无效。在这个额外的无效周期内,地址总线转换到新的地址,内部寄存器的内容被当前地址的高位内容代替。如果当前的地址位与寄存器内容匹配,则进行正常读操作。如果在同一分区内完成读操作,就无需插入额外周期。当从不同的分区进行读操作时,会插入一个额外周期自动消除流水线冲突。当一个读存取紧跟另一个读存取时,也会自动插入一个额外的机器周期。这种特性可以由命令 BANKCMP=0 取消。

表 8.3.3　BSCR 的各位意义

位序	位域名称	复位	功　　能
15~12	BANKCMP		定义了外部存储器分区的大小，这 4 位用来屏蔽一个地址的高 4 位 BANKCMP=1111B,4 个最高被比较,分区大小为 4 KB BANKCMP=1110B,3 个最高被比较,分区大小为 8 KB BANKCMP=1100B,2 个最高被比较,分区大小为 16 KB BANKCMP=1000B,1 个最高被比较,分区大小为 32 KB BANKCMP=0000B,没有最高被比较,分区大小为 64 KB
11	PS-DC		程序—读—数据—读存取,在连续存取程序—数据或数据—程序时,自动插入额外周期 PS-DS=0,这种情况下,除了穿越区域边界,其他情况下自动插入额外机器周期 PS-DS=1,在连续存取读程序—数据或数据—程序时,自动插入额外周期
10~9	保留		
8	IPIRQ		CPU 处理之间的中断请求位
7~3	保留		
2	HBH		HPI 总线保持位
1	BH	0	总线保持位 BH=0,清除总线保持 BH=1,使能总线保持,数据总线 D(15~0)保持在以前的状态不变
0	EXIO	0	外部总线接口关断 EXIO=0,外部总线接口处于接通状态 EXIO=1,关断外部总线接口,在完成当前总线周期后,地址总线,数据总线和控制　总线信号不再被激活,各信号状态如下: A(22~0);保持以前状态不变;D(15~0);高阻;PS,DS,IS;高电平 MSTR,ISSTRB;高电平;R/W;高电平;IAQ;高电平

8.3.3　外部总线接口分区转换时序

　　所有的外部总线读/写操作都在 CLKOUT 的节拍控制下完成,每个操作过程所需要的时间一定是 CLKOUT 的整周期。一个 CLKOUT 周期定义为从一个脉冲的下降沿到相邻的下一个脉冲的下降沿所需要的时间间隔。有些外部总线的读/写操作不需要等待周期,例如,存储器写、I/O 读等操作需要 2 个时钟周期,存储器读只要一个时钟周期。然而,当一个存储器读紧跟一个存储器写或者相反时,存储器读就要多半个周期。下面讨论 0 等待状态读/写的情况。图 8.3.6 是读—读—写的存储器界面接口操作时序。

　　如图 8.3.6 所示,CLKOUT 开始,$\overline{PS}$、$\overline{MSTRB}$为低电平,第一个周期进行第一次程序

存储器读操作,第二个周期进行第二次程序存储器读操作,因为$\overline{DS}$为高电平,数据存储器未被选中,所以在这两个机器周期内是对程序存储器读。这个周期存储器选通信号$\overline{MSTRB}$始终保持低电平。紧跟着第三个时钟周期,这个周期内$\overline{PS}$、$\overline{MSTRB}$由低电平转换为高电平,而由高电平转换为低电平,为数据写作准备。第四个周期写操作完成。整个读—读—写连续操作需要 4 个时钟周期。一次存储器存取操作至少持续 1 个机器周期,在由读周期转换为写周期过度周期中,$\overline{MSTRB}$为高电平,R/$\overline{W}$在 CLKOUT 的上升沿改变。地址在如下情况上升沿改变:前一个时钟激活了存储器写,存储器紧跟一个存储器写,存储器读紧跟一个 I/O 读或者写。其他情况,地址在时钟的下降沿改变,$\overline{PS}$、$\overline{DS}$、$\overline{IS}$与地址同时改变。图 8.3.6 显示了没有等待周期的读—读—写时序情况。数据读位于一个周期内尽可能靠后的时间段读取,以获得最大的有效地址操作时间。外部周期写花费 2 个周期的时间,但是,如果没有对外部接口的操作,内部写只需要 1 个时钟周期,这样就保证了尽可能长的处理时间。

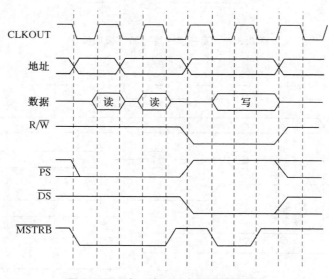

图 8.3.6 读—读—写存储器接口操作

图 8.3.7 所示为$\overline{MSTRB}$控制的无等待周期的写—写—读时序。在$\overline{MSTRB}$改变之后,地址和被写数据保持有效 1/2 个时钟周期。而且,当地址或 R/$\overline{W}$改变时,在每一个写周期结束瞬间$\overline{MSTRB}$变为高电平,以防止存储器被再次写,所以,每一个写操作需要 2 个时钟周期,一个读紧跟一个写操作也要占用 2 个时钟周期。

图 8.3.8 显示了一个$\overline{MSTRB}$控制,加入一个等待周期的读—读—写操作时序。读通常是一个周期,扩展后读成为 2 个周期,相应的写成为 3 个周期。

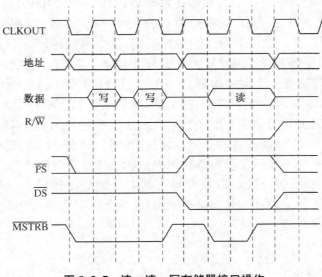

图 8.3.7　读—读—写存储器接口操作

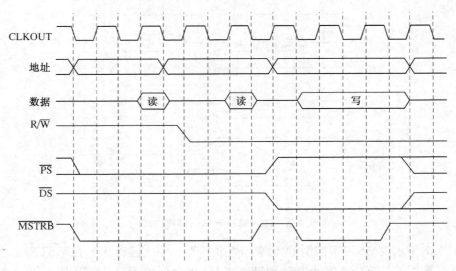

图 8.3.8　读—读—写延时存储器接口操作

图 8.3.9 所示为没有等待周期的 I/O 读—写—读操作时序。没有等待周期的状态下，I/O 读写操作时，读和写操作分别占用 2 个时钟周期。另外，这些读/写操作和存储器操作的时序相同。除一个存储单元对 I/O 读/写以外，地址在时钟的下降沿改变。IOSTRB 在一个时钟的上升沿到下一个时钟的上升沿之间为低电平。

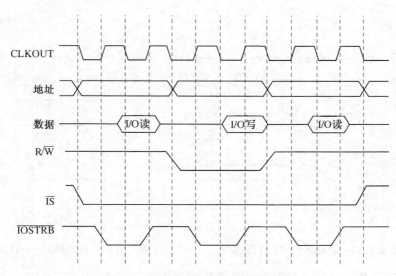

图 8.3.9　读—写—读 I/O 接口操作

控制读和写要求最少 2 个时钟周期。某些片外的外设在读/写周期可能改变他们的状态位,因此,当与其他外设通信时,保持地址的有效很重要。

图 8.3.10 所示为增加一个等待周期的 I/O 读—写—读存取时序。

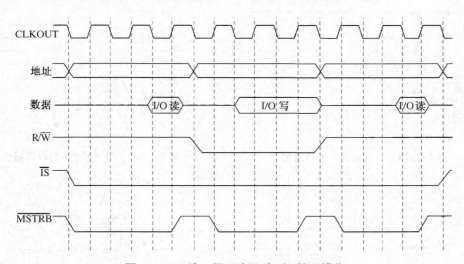

图 8.3.10　读—写—读延时 I/O 接口操作

图 8.3.11~图 8.3.18 为存储器和 I/O 读/写转换的操作时序。

对于外部存储器包括程序存储器、数据存储器及扩展 I/O 的连续读/写操作,需要存储器选通信号$\overline{\text{MSTRB}}$和扩展 I/O 选通信号$\overline{\text{ISTRB}}$分别控制存储器和 I/O 的读/写控制端。而且,这些不同存储区域和 I/O 之间转换所需要的时间延迟由 BSCR 装载的内容决定。

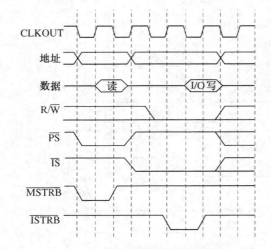

图 8.3.11　存储器读—I/O 写操作

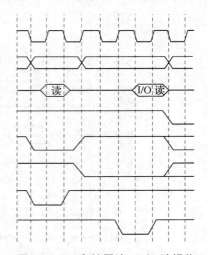

图 8.3.12　存储器读—I/O 读操作

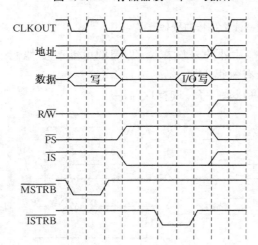

图 8.3.13　存储器写—I/O 写操作

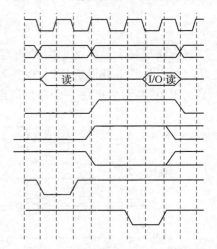

图 8.3.14　存储器读—I/O 读操作

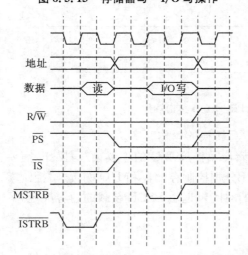

图 8.3.15　存储器读—I/O 写操作

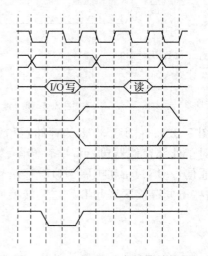

图 8.3.16　I/O 写—存储器读操作

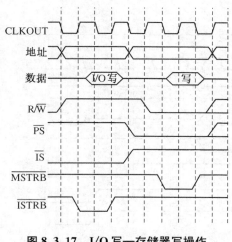

图 8.3.17　I/O 写—存储器写操作

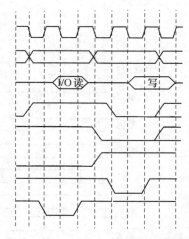

图 8.3.18　I/O 读—存储器写操作

8.4　节电模式和复位时序

当扩展了外部存储器或 I/O 时，'C54X 的特殊工作状态（例如，睡眠状态、复位状态、唤醒状态）的外部时序直接影响到与其相连的外设的复位、省电等系统的重要工作参数。因此，本节的内容讨论'C54X 的三种节电工作模式和复位状态的外设时序问题。

'C54X 有四种特殊工作模式：IDEL1、IDEL2、IDEL3 和 RESET。当进入或脱离这四种模式时，CPU 在工作与停止之间转换。

进入或脱离 IDEL1、IDEL2 模式时，因为 CPU 和片上外设时钟不停止，所以，不需要特殊考虑时序问题。当进入或脱离 IDEL3、RESET 模式时，CPU 和片上外设时钟完全停止，因此，必须考虑时序问题. RESET 属于硬件初始化，IDEL3 是和片上外设从睡眠转向苏醒状态。

图 8.4.1 所示为外部总线的 RESET 时序，硬件引脚信号必须保持低电平 6 个机器周期以上 RESET 才能正确复位。当 CPU 响应 RESET 信号后，终止当前工作，程序计数器直接转入 FF80H 的复位地址。此时，如果为低电平，地址被 FF80H 的内容驱动。对于外部总线来说，器件按照如下三个步骤进入 RESET 状态：

（1）在 $\overline{RS}$ 被置为低电平后 4 个周期，$\overline{PS}$、$\overline{MSTRB}$、$\overline{IAQ}$ 被驱动为高电平。

（2）在 RS 被置为低电平后 5 个周期，R/$\overline{W}$ 变为高电平。数据总线变为高阻态，地址总线被驱动为 FF80H。

（3）器件进入 RESET 状态。

完成 RESET 后，程序开始 FF80H 执行。不管 MP/$\overline{MC}$ 的状态，指令获取信号 $\overline{IAQ}$ 和中断响应信号 IACK 激活。对于外部总线来说，器件按如下三步进入激活状态：

（1）在 $\overline{RS}$ 被置于高电平后 5 个时钟周期，$\overline{PS}$ 被驱动为低电平。

（2）在 $\overline{RS}$ 被置于高电平后 6 个周期，$\overline{MSTRB}$、$\overline{IAQ}$ 被驱动为低电平。

（3）一个半时钟周期后，器件准备读数据，转入工作状态。

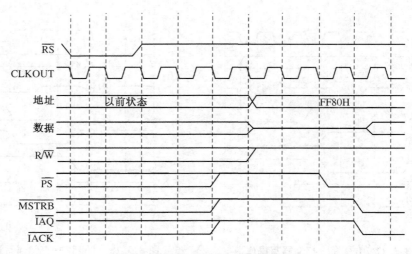

图 8.4.1　外部总线 RESET 时序

注意：

（1）$\overline{RS}$是一个异步输入，可以在时钟周期的任何位置出现，如果满足指定时间，就会出现上述时序，反之，就会加入一个延时时钟。

（2）RESET 期间，数据总线为高阻，控制信号无效。

（3）7 个等待周期后，RESET 信号可以被获取。

IDEL3 省电模式：IDEL3 指令执行 IDEL3 省电模式，锁相环 PLL 停止工作，CPU 处于深度睡眠状态，功耗最小。这个模式下，由于′C54X 内的一个转换门将外部时钟信号与芯片内部的逻辑完全隔离，输入时钟的工作状态不会影响芯片内部的工作。因此，必须通过外部中断才能唤醒 PLL 和 CPU 重新工作。

表 8.4.1 列出了由外部中断 INTn、$\overline{NMI}$信号唤醒 PLL 的时间，这些时间由硬件的 PLL 配置确定。当某一个外部中断变为低电平时，一个内部计数器开始输入时钟周期，计数器的初始设置依赖于 PLL 的乘法因子，以保证对于 40MIPS 的′C54X 计数时间大于 50 μs。表中针对 CLKOUT 时钟频率为 40MHz 时的情况，当其计数减为 0 后，从锁相环 PLL 来的输出返回到内部逻辑中去。一个外部中断的下降沿（大于 10ns）将 CPU 从 IDEL3 状态唤醒。锁相环时钟在 N 个时钟周期后反馈到 CPU。CPU 从唤醒需要 3 个时钟周期。同时中断脉冲初始化中断同步，′C54X 不需要另外周期作为时钟同步，CPU 唤醒后会迅速探测到中断。

利用 RESET 唤醒 IDEL3 时，不使用计数器。PLL 的输出迅速反馈到内部逻辑，CLK‐OUT 立即出现。PLL 和 CLKOUT 的稳定锁定时间是 50 μs，因此，为了 CPU 稳定运行，必须保持 RESET 信号低电平为 50 μs 以上。图 8.4.2 所示为 IDEL3 的唤醒时序。

表 8.4.1 40 MHz 操作时 PLL 乘法因子对应的计数器时间

计数器初值	PLL 乘法因子	等效时钟周期	40 MHz 计数时间
2 048	1	2 048	51.2
2 048	1.5	3 072	76.8
1 024	2	2 048	51.2
1 024	2.5	2 560	64
1 024	3	3 072	76.8
512	4	2 048	51.2
512	4.5	2 304	57.6
512	5	2 560	64

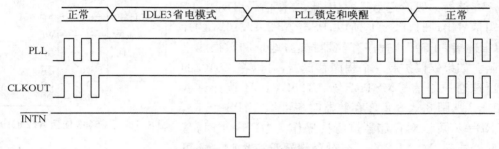

图 8.4.2 IDLE3 唤醒时序

8.5 程序存储器扩展应用

′C54X 程序地址总线 16～32 条,根据不同的芯片配置的地址总线不同。数据总线 16 条,可以与 16 条数据总线的各种程序存储器连接。这里主要应该考虑的是芯片控制逻辑。以′C5402 和 AT 公司生产的 AT29LV1024 FlashROM 为例。′C5402 有 23 条地址线,最多可以扩展 1M 字外部程序存储空间。程序存储器的扩展主要是存储器与 DSP 之间的时序配合。但是,′C54X 的程序存储器以及 I/O 扩展使用同样的地址和数据线,所以,不同存储器和 I/O 之间控制逻辑的配合也要认真考虑。

程序存储器 ROM 的三种工作方式如下:

(1) 读:因为 ROM 内容不能改变,所以程序存储器只能进行读操作。如果存储器的片选线为低电平,此时,地址选中的存储单元的内容就会出现在数据总线上。

(2) 维持:一旦片选控制线为高电平,说明不选择这个芯片,存储器处于维持状态。此时,芯片的地址和数据总线为高阻状态,不占用地址和数据总线。

(3) 编程:在编程电源端加上规定的电源数值,片选端和读允许端加入要求的电平,通过写入工具就可以将数据固化到 ROM 中去。

另外,在设计存储器扩展电路时,应注意以下几点:

(1) 根据应用系统容量选择存储芯片容量。选取原则是尽量选择大容量芯片,以减少芯片的组合数量,提高系统的抗干扰能力及性能价格比。

（2）根据 CPU 工作频率,选取最大读取时间、电源容差、工作温度等程序存储器的主要参数,然后确定型号。

（3）选择逻辑控制芯片,以满足程序扩展与数据扩展、I/O 扩展的兼容问题。

AT29LV1024 是 1Mb 的 FLASH ROM,有 16 条地址和数据线,有三条控制线,分别是片选$\overline{CE}$、编程写入线$\overline{WE}$和读允许线$\overline{OE}$。AT29LV1024 的固化程序需要利用专门写入工具进行离线程序固化,所以,电路设计中变成选择控制端$\overline{WE}$应该为高电平。它的正常工作电压是 3.3V 与 'C5402 的片上外设电压相同。图 8.5.1 所示为 'C5402 使用 AT29C1024 的程序存储器扩展电路。由于 'C5402 的外设存储器和 I/O 共用地址和数据总线,因此,不进行程序读操作时,AT29LV1024 的数据和地址线一定要处于高阻状态,否则,影响其他与地址和数据总线相连接的存储器和 I/O 的正常工作。根据程

序读/写时序图 8.3.8,程序片选信号$\overline{PS}$满足这一条件,因为程序存储器一般设定为只读,因此,在读信号出现时,$\overline{PS}$=0,写信号出现时,$\overline{PS}$=1,所以,$\overline{PS}$与 AT29LV1024 的片选端$\overline{CE}$连接。$\overline{PS}$=1,程序存储器挂起,地址和数据线呈现高阻。如果仅仅扩展一个程序存储器,可以将 'C5402 的存储器选通控制信号$\overline{MSTRB}$与 AT29LV1024 读允许线$\overline{OE}$相连。从图 8.3.8 程序存储器时序可见,当$\overline{PS}$=0 时,$\overline{MSTRB}$=0,可以对存储器进行读操作。当$\overline{PS}$=1 时,程序存储器挂起,$\overline{MSTRB}$的状态对存储器没有影响。还可

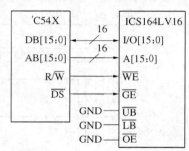

图 8.5.1　'C5402 使用 AT29C1024

以将 AT29LV1024 程序存储器的读允许端$\overline{OE}$直接接地,因为,当芯片不被选中时,任何操作都不起作用,这种接法可以节省一条控制线$\overline{MSTRB}$。单纯的程序扩展电路如图 8.5.1 所示。

8.6　静态数据存储器扩展

'C54X 根据型号不同配置不同大小的内部 RAM,考虑到程序的运行速度、系统的整体功耗以及电路的抗干扰性能,在选择芯片时应尽量选择内部 RAM 大的芯片。但是,在某些情况下需要大量的数据运算和存储,这时,必须考虑外部数据存储器的扩展问题。常用的数据存储器分为静态存储器 SRAM 和动态存储器 DRAM。

SRAM 的静态功能引脚特性如下:

（1）地址线,单向输出或高阻。

（2）数据线,双向三态,输入、输出、高阻。

（3）片选信号输入线,低电平有效。

（4）读选通信号输入线,低电平有效。

（5）写允许信号输入线,低电平有效。

（6）工作电压 3.3V。

如果系统对外部数据存储的运行速度要求不高,可以采用常规的静态 RAM,例如,62256、62512 等。但是,如果兼顾 'C54X 的运行速度,可以采用高速数据存储器例如,IC-

SI64LV16。这个芯片的电源电压为 3.3V,与′C54X 外设电压相同,并有 64KB×16、128KB×16 容量的芯片型号可供选择。ICSI64LV16 分别有 16 条地址和数据线,控制线包括片选$\overline{\text{CE}}$、读选通$\overline{\text{OE}}$、写允许$\overline{\text{WE}}$、高位字节选通$\overline{\text{UB}}$和低位字节选通$\overline{\text{LB}}$。表 8.6.1 为它的控制逻辑真值表。

表 8.6.1 ICSI64LV16 真值表

工作模式	$\overline{\text{WE}}$	$\overline{\text{CE}}$	$\overline{\text{OE}}$	$\overline{\text{LB}}$	$\overline{\text{UB}}$	I/O0~I/O7	I/O8~I/O15	V_{CC}电流
未选中	X	H	X	X	X	高阻	高阻	$Isb1,Isb2$
禁止输出	H	L	H	X	X	高阻	高阻	Icc
	X	L	X	H	H	高阻	高阻	
读	H	L	L	L	H	Dout	高阻	Icc
	H	L	L	H	L	高阻	Dout	
	H	L	L	L	L	Dout	Dout	
写	L	L	X	L	H	Din	高阻	Icc
	L	L	X	H	L	高阻	Din	
	L	L	X	L	L	Din	Din	

图 8.5.1 为′C5402 与 ICSI64LV16 连接示意图。地址、数据线分别相连,片选信号$\overline{\text{CE}}$与′C5402 的数据选通线$\overline{\text{DS}}$相连,因为,ICSI64LV16 的写允许有一个单独的控制端 R/$\overline{\text{W}}$时序逻辑对应,所以,R/$\overline{\text{W}}$与$\overline{\text{WE}}$直接相连。根据 ICSI64LV16 的真值表 8.6.1 可知,写过程中不受读允许电平的影响,因此,读允许$\overline{\text{OE}}$直接接地。$\overline{\text{LB}}$是低字节(7~0)读/写控制,$\overline{\text{UB}}$是高字节(15~8)读/写控制。字读写(15~0)时,这两个引脚为低电平。

8.7 I/O 扩展应用

由于′C54X 的 I/O 资源与其他硬件资源复用,例如,串口、并口、数据和地址总线等,所以,I/O 的使用无论从硬件连接还是从软件驱动方面都需要考虑更多的影响因素。

8.7.1 I/O 配置

′C54X 的 I/O 资源可由以下几部分构成:

通用 I/O 引脚:$\overline{\text{BIO}}$和 XF。分支转移控制输入引脚$\overline{\text{BIO}}$用来监控外围设备。在时间要求苛刻的循环中,不允许受干扰,此时可以根据$\overline{\text{BIO}}$引脚的状态(即外围设备的状态)决定分支转移去向,以代替中断。外部标志输出引脚 XF 可以用来向外部器件发信号,通过软件命令,例如,通过 SSBX XF 和 RSBX XF 指令可将该引脚置"1"或清零。

BSP 引脚用作通用 I/O:在满足下面两个条件的情况下就能将串口的引脚(CLKX,FSX,DX,CLKR,FSR 和 DR)用作通用的 I/O 引脚。第一,串口的相应部分处于复位状态,$\overline{\text{XRST}}=\overline{\text{RRST}}=0$,寄存器 SPC[1,2]中的(R/X)IOEN=1。第二,串口的通用 I/O 功能被使能,即寄存器 PCR 中的(R/X)IOEN=1。串口的引脚控制寄存器中含有控制位,以便将串口的引脚设置为输入还是输出。表 8.7.1 为串口引脚 I/O 设置。

表 8.7.1　串口引脚 I/O 设置

引脚	设置条件	设为输出	输出值设置位	设为输入	读入值显示位
CLKX	$\overline{XRST}=0$ XIOEN$=1$	CLKM$=1$	CLKXP	CLKM$=0$	CLKXP
FSX	与上同	FSXM$=1$	FSXP	FSXM$=0$	FSXP
DX	与上同	总是为输出	DX _STAT	不能	无
CLKR	$\overline{RRST}=0$ RIOEN$=1$	CLKRM$=1$	CLKRP	CLKRM$=0$	CLKRP
FSR	与上同	FSRM$=1$	FSRP	FSRM$=0$	FSRP
DR	与上同	不能为输出	无	总是输出	DR_STAT
CLKS	$\overline{RRST}=\overline{XRST}=0$ XIOEN $=$RIOEN$=1$	不能为输出	无	总是输出	CLKS_STAT

HPI 的 8 条数据线引脚用作通用 I/O 引脚(5410 不支持)：HPI 接口的 8 位双向数据总线可以用作通用的 I/O 引脚。这一用法只有在 HPI 接口不被允许，即在复位时 HPIENA 引脚为低的情况下才能实现。两个存储器映射寄存器被用来控制 HPI 数据引脚的通用 I/O 功能，它们分别是通用 I/O 控制寄存器 GPIOCR 和通用 I/O 状态寄存器 GPIOSR。

表 8.7.2 为通用 I/O 控制寄存器各位的意义及功能说明。表 8.7.3 为通用 I/O 状态寄存器 GPIOSR 各位的意义及功能说明。

表 8.7.2　通用 I/O 控制寄存器各位功能说明

位号	名字	复位值	功　　能
15	TOU1	0	定时器 1 输出允许。该位允许或禁止定时器 1 的输出到 HINT 引脚。该输出只有在 HPI—8 不允许时才有效，注意：在只有一个定时器的器件上该位保留
14～8	保留	0	
7～0	DIR7～DIR0	0	I/O 引脚方向位，DIRX 设置 HDX 引脚为输入还是输出 DIRX$=0$，HDX 引脚设置为读入 DIRX$=1$，HDX 引脚设置为输出 (其中 X$=0,1,\cdots,7$)

表 8.7.3　通用 I/O 状态寄存器各位功能说明

位号	名字	复位值	功　　能
15～8	保留	0	
7～0	IO7～IO0	任意	IOX 引脚的状态位，该位反映了在 HDX 引脚上的电平,当该引脚设置为输入，则该位锁存该引脚的电平逻辑值(1 或 0)当该引脚设置为输出，则根据该位的值驱动引脚上的电平 IOX$=0$，HPX 引脚电平为低 IOX$=1$，HPX 引脚电平为高 (其中 X$=0,1,\cdots,7$)

9 C5402 应用举例

9.0 引言

本章着重基于 TMS320C5402 芯片的一些片内外设的常见用法以及程序的调试方式。程序在编写上以 C 语言为主,主要介绍了定时器、串口、外部中断以及 I/O 口应用例程,并且简单介绍了 FIR 滤波器的设计以及 DSP 实现。

本章在进行介绍时,各个部分的电路图与 CPU 的连接方式均采用 Protel99SE 的网络标号 netlabel 方式进行连接,在各节内出现的网络标号在本节的图 9.0.1 中均可找到。

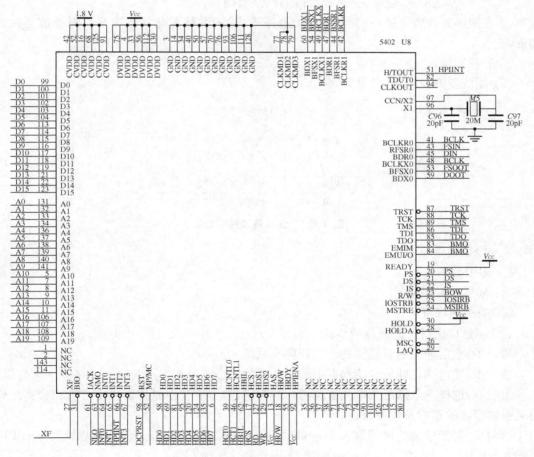

图 9.0.1 TMS320C5402 芯片结构图

本章程序的一些寄存器初始化,可以参考前面章节中介绍的内容方法。

9.1　FIR 滤波器的设计及实现

1）FIR 滤波器的输出表达式

$$Y(n) = b_0 x(n) + b_1 x(n-1) + \cdots + b_{n-1} x(n-N+1)$$

式中，b_i 为滤波器系数；$x(n)$ 表示滤波器在 n 时刻的输入；$y(n)$ 为 n 时刻的输出。由上节内容可知，滤波器的特性是由滤波器系数确定。滤波器系数可由性能指标经相关计算公式计算得出，也可以使用 Matlab 软件中的 FIR 相关指令获得。

2）FIR 设计方法

（1）数字滤波器设计步骤

数字滤波器的实质是一个离散的多项式表达式，通过这个表达式来满足一定的需求。数字滤波器的设计步骤如下：

① 了解滤波器的技术要求。

② 实现系数计算。

③ 实现，即把传函转换为合适的滤波器网络或结构。

④ 有限字长效应分析，主要考虑滤波器系数、输入数据量化和固定字长对滤波器性能的影响。

⑤ 工程实现。

（2）滤波器的技术指标（见图 9.1.1）

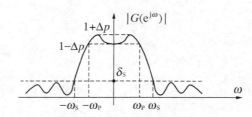

图 9.1.1　滤波器波形示意图

δ_p：峰值通带偏差；

δ_s：阻带偏差；

ω_p：通带边缘频率；

ω_s：阻带边缘频率。

（3）用窗口法设计滤波器的步骤

第一步：指定理想的或期望的滤波器频率响应 $h_D(\omega)$；

第二步：通过傅立叶反变换求期望的滤波器的冲击响应；

第三步：选择一个满足通带或衰减指标的窗函数，然后利用滤波器长度与过渡带宽之间的关系确定滤波器的系数数目。

第四步：对于选取的窗函数求 $\omega(n)$ 的值，并且将 $h_D(n)$ 的值与 $\omega(n)$ 相乘求得实际的 FIR 系数 $h(n)$。

（4）标准频率选择性滤波器的理想冲击响应总结，如表 9.1.1 所示。

表 9.1.1　滤波器及其参数表

滤波器类型	$h_D(n)$	$h_D(0)$
低通	$2f_c \dfrac{\sin(n\omega_c)}{n\omega_c}$	$2f_c$
高通	$-2f_c \dfrac{\sin(n\omega_c)}{n\omega_c}$	$1-2f_c$
带通	$2f_2 \dfrac{\sin(n\omega_2)}{n\omega_2} - 2f_1 \dfrac{\sin(n\omega_1)}{n\omega_1}$	$2f_2-2f_1$
带阻	$2f_1 \dfrac{\sin(n\omega_1)}{n\omega_1} - 2f_2 \dfrac{\sin(n\omega_2)}{n\omega_2}$	$1-2f_2+2f_1$

（5）常用窗函数及重要特征总结，如表 9.1.2 所示。

表 9.1.2　常用窗函数参数表

窗函数名	归一化过渡带宽(Hz)	通带波纹(dB)	相对于旁瓣的主瓣(dB)	阻带衰减(dB)	窗函数表达式
矩形窗	$0.9/N$	0.7614	13	21	1
Hanning 窗	$3.1/N$	0.0546	31	44	$0.5+0.5\cos\left(\dfrac{2\pi n}{N}\right)$
Hamming 窗	$3.3/N$	0.0194	41	53	$0.54+0.46\cos\left(\dfrac{2\pi n}{N}\right)$
布莱克曼	$5.5/N$ $2.93/N$	0.0017 0.0274	57	75 50	$0.42+0.5\cos\left(\dfrac{2\pi n}{N-1}\right)+0.08\cos\left(\dfrac{4\pi n}{N-1}\right)$
凯　塞	$4.32/N$ $5.71/N$	0.00275 0.000275		70 90	$\dfrac{I_0(\beta\{1-[2n/(N-1)]^2\}^{0.5})}{I_0(\beta)}$

3）FIR 的算法

那么已知 FIR 的系数后，如何在 DSP 芯片中实现是本节内容研究的重点。

通过公式可知，FIR 滤波器如果用 C 语言实现将是非常简单的，通过 for 语句就可以实现。但是本节使用助记符汇编进行介绍，目的是通过介绍 FIR 汇编程序，给出结合特有的寻址方式，对实际算法进行相关优化的方法。

从公式可看出，FIR 的基本算法是一种乘法累加运算。它不断地输入样本 $x(n)$，经过 z^{-1} 延时后，作乘法累加，最后输出滤波结果 $y(n)$。

（1）z^{-1} 算法的实现

在 DSP 芯片中，实现 z^{-1}（延时一个采样周期）算法十分方便，可采用线性缓冲区发或循环缓冲区发。

① 线性缓冲区法

线性缓冲区法又称延迟线法。其特点：

· 对于 N 级的 FIR 滤波器,在数据存储器中开辟 N 单元的缓冲区(滑窗),用来存放最新的 N 个输出样本;

· 从最老样本开始取数,每取一个样本后,将此样本向下移位;

· 读完最后一个样本后,输入最新样本存入缓冲区的顶部。

下面以 $N=8$ 为例,介绍线性缓冲区的数据寻址过程。

$N=8$ 的线性缓冲区如图 9.1.2 所示。顶部为低地址单元,存放最新样本,底部为高地址单元,存放最老样本,指针 ARx 指向最老样本单元。

求 $y(n) = \sum\limits_{i=0}^{7} b_i x(n-i)$ 的过程如图 9.1.2(a)所示。

a. 以 ARx 为指针,按 $x(n-7),\cdots,x(n)$ 的顺序取数,每取一次数后,数据向下移一位,并完成一次乘法－累加运算。

b. 当经过 8 次取数、移位和运算后,得 $y(n)$;

c. 求得 $y(n)$ 后,输入新样本 $x(n+1)$,存入缓冲区顶部单元;

d. ARx 指针指向缓冲区的底部,为下次计算做准备。

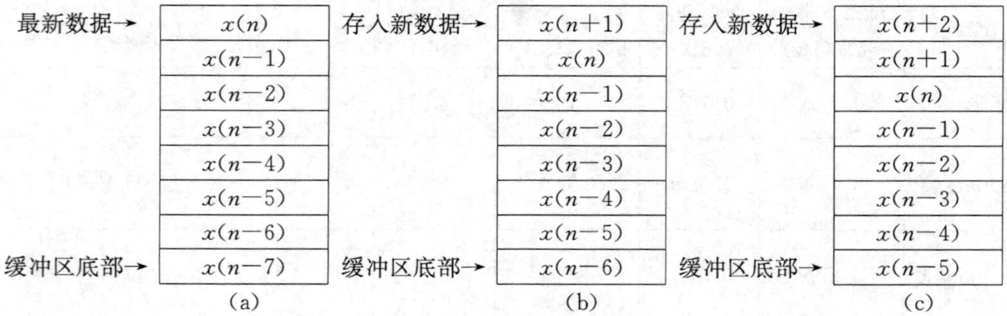

图 9.1.2　$N=8$ 的线性缓冲区

求 $y(n+1) = \sum\limits_{i=0}^{7} b_i x(n+1-i)$ 的过程如图 9.1.2(b)所示。

求 $y(n+2)$ 的过程如图 9.1.2(c)所示。

实现 z^{-1} 的运算可通过执行存储器延时指令 DELAY 来实现,即将数据存储器中的数据向较高地址单元移位来进行延时。其指令:

$$\text{DELAY}\qquad \text{Semen}\qquad ;(\text{Smem}) \rightarrow \text{Smem}+1$$

或　　　　　　　　 $\text{DELAY}\qquad *\text{ARx}-\quad ;\text{ARx 指向源地址}$

将延时指令与其他指令结合使用,可在同样的机器周期内完成这些操作。例如:

LD＋DELAY→LTD 指令

MAC＋DELAY→MACD 指令

注意:用线性缓冲区实现 z^{-1} 运算时,缓冲区的数据需要移动,这样在一个机器周期内需要一次读和一次写操作。因此,线性缓冲区只能定位在 DARAM 中。

线性缓冲区法的优点:在存储器中新老数据的位置直观明了。

② 循环缓冲区法

循环缓冲区法的特点如下:

对于 N 级 FIR 滤波器,在数据存储器中开辟一个 N 单元的缓冲区(滑窗),用来存放最

新的 N 个输入样本；

从最新样本开始取数；

读完最后一个样本（最老样本）后，输入最新样本来代替最老样本，而其他数据位置不变；

用片内 BK（循环缓冲区长度）寄存器对缓冲区进行间接寻址，使循环缓冲区地址首尾相邻。

下面以 $N=8$ 的 FIR 滤波器循环缓冲区为例，介绍数据的寻址过程。8 级循环缓冲区的结构如图 9.1.3 所示，顶部为低地址单元，底部为高地址单元，指针 ARx 指向最新样本单元。

第 1 次运算，求 $y(n)$ 的过程如图 9.1.3(a) 所示。

a. 以 ARx 为指针，按 $x(n),\cdots,x(n-7)$ 的顺序取数，每取一次数后，完成一次乘法—累加运算；

b. 当经过 8 次取数、运算后，得到 $y(n)$；

c. 求得 $y(n)$ 后，ARx 指向最老样本 $x(n-7)$ 单元；

d. 从 I/O 口输入新样本 $x(n+1)$，替代最老样本 $x(n-7)$，为下次计算做准备，如图 9.1.3(b) 所示。

……

从图 9.1.3 可以看出，在循环缓冲区中新老数据的位置不是很直观明了，但不需要数据移动，不要求能够进行一次读和一次写的数据存储器，因此可将缓冲区定位在数据存储器的任何区域。

实现循环缓冲区 N 个单元首尾相邻，可用 BK（循环缓冲区长度）寄存器按模间接寻址来实现。常用的指令为

$\cdots * \text{ARx}+\%$	；增量，按模修正 ARx：addr=ARx,ARx=circ(ARx+1)
$\cdots * \text{ARx}-\%$	；减量，按模修正 ARx：addr=ARx,ARx=circ(ARx-1)
$\cdots * \text{ARx}+0\%$	；增 AR0，按模修正 ARx：addr=ARx,ARx=circ(ARx+AR0)
$\cdots * \text{ARx}-0\%$	；减 AR0，按模修正 ARx：addr=ARx,ARx=circ(ARx-AR0)
$\cdots * +\text{ARx}(lk)0\%$	；加(lk)，按模修正 ARx：addr=circ(ARx+1k),ARx=circ(ARx+1k)

其中，符号"circ"是根据 BK 寄存器的缓冲区长度 N，对 (ARx+1)、(ARx-1)、(ARx+AR0)、(ARx-AR0) 和 (ARx+1k) 的低 N 位的值取其摸，即使用循环寻址的方法使指针 ARx 始终指向循环缓冲区，实现循环缓冲区首尾单元相邻。

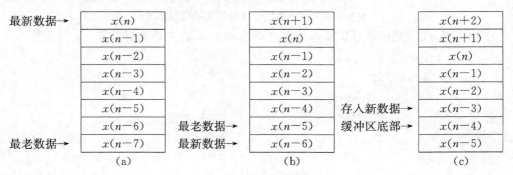

图 9.1.3　$N=8$ 的循环缓冲区

例如：(BK)＝N＝8，(AR1)＝2060h，用" ＊ARx＋％"间接寻址。

第 1 次间接寻址后，AR1 指向 0061h 单元；

第 2 次间接寻址后，AR1 指向 0062h 单元；

　　　·（请输入竖直的省略号）

　　　·

　　　·

第 8 次间接寻址后，AR1 指向 0068h 单元；

再将 BK 按按 8 取模，AR1 又回到 0060h。

4）FIR 滤波器的实现

'C54x 提供的乘法－累加指令 MAC 和循环寻址方式，可使 FIR 数字滤波器在单周期内完成每个采样值的乘法－累加计算。而每个采样值的乘法－累加计算，可采用 RPTZ 和MAC 指令结合循环寻址方式来实现。

为了实现对应项乘积运算，输入的采样值 $x(n)$ 和滤波系数 b_i 必须合理的存放地址，并正确初始化存储块和指针。采样值 $x(n)$ 和滤波器系数 b_i 的存放可用线性缓冲区或循环缓冲区实现。对于循环缓冲区来说，缓冲区地址的低 N 位的值一定在 0—bk 之间，否则就会发生错误。

（1）用线性缓冲区实现 FIR 滤波器

设 N＝7，FIR 滤波器的算法：

$$y(n)＝b_0 x(n)＋b_1 x(n-1)＋b_2 x(n-2)＋b_3 x(n-3)＋b_4 x(n-4)＋b_5 x(n-5)＋b_6 x(n-6)$$

输入数据存放在线性缓冲区，系数存放在程序存储器，如图 9.1.4 所示。利用 MACD指令完成乘法－累加，实现数据存储器单元与程序存储器单元相乘、累加和移位。

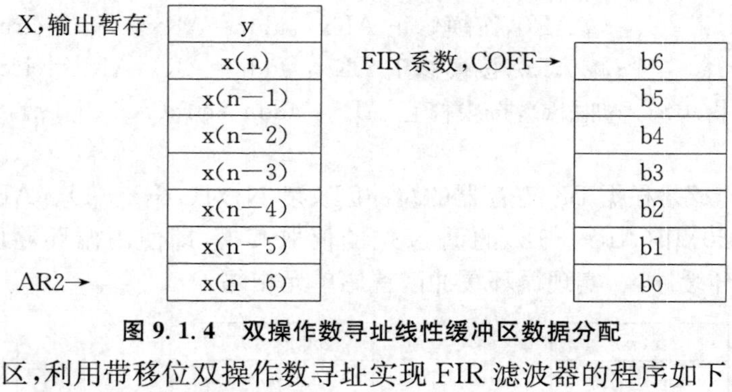

图 9.1.4　双操作数寻址线性缓冲区数据分配

在线性缓冲区，利用带移位双操作数寻址实现 FIR 滤波器的程序如下：

```
        .title      'FIR_ex1.ASM'
        .mmregs
        .def        start
x       .usect      'x',7;              自定义数据空间
PA0     .set        0
PA1     .set        1
        .data
```

```
                      ;定义 b₆—b₀
COEF:    . word      1 * 32768/10, 3 * 32768/10, −5 * 32768/10, 4 * 32768/10
         . word      −5 * 32768/10, 3 * 32768/10, 1 * 32768/10
         . text
start:   SSBX        FRCT                ;设置小数乘法
         STM         ♯x+7,AR2            ;AR2 指向缓冲区底部 x(n−6)单元
         STM         ♯6,AR0             ;AR0=6,设置 AR2 复位值
         LD          ♯x+1,DP            ;设置页指针
         PORTR       PA1,@x+1           ;输入 x(n)
FIR1:    RPTZ        A,♯6               ;累加器 A 清 0,设置迭代次数
         MACD        * AR2−,COEF,A      ;完成乘法—累加并移位
         STH         A, * AR2           ;暂存 y(n)
         PORTW       * AR2+,PA0         ;输出 y(n)
         BD          FIR1               ;循环
         PORTR       PA1, * AR2+0       ;读入最新采样,并修改 AR2=AR2+AR0,
                                        ;指向缓冲区底部
         . end
```

注意:MACD 指令既完成乘法—累加操作,同时还实现线性缓冲区的数据移位。

用线性缓冲区实现 FIR 滤波器,除了用 MACD 指令(带移位双操作数寻址)外,还可以用直接寻址或间接寻址实现。

(2) 用循环缓冲区实现 FIR 滤波器

设 $N=7$,FIR 滤波器的算法为

$$y(n)=b_0x(n)+b_1x(n-1)+b_2x(n-2)+b_3x(n-3)+b_4x(n-4)+b_5x(n-5)+b_6x(n-6)$$

存放输入数据的循环缓冲区和系数表均设在 DARAM 中,如图 9.1.5 所示。利用 MAC 指令,实现双操作数的相乘和累加运算。

y	y(n)	60h			
	……	80h	b0	b0	
xn	x(n)	81h		b1	
	x(n−1)	82h		b2	
	x(n−2)	83h		b3	
	x(n−3)	84h		b4	
	x(n−4)	85h		b5	
	x(n−5)	86h	AR3	b6	
AR2→	x(n−6)				

图 9.1.5 双操作数寻址循环缓冲区数据匹配

循环缓冲区 FIR 滤波器的源程序如下:

```
         . title      'FIR_ex2. ASM'
         . mmregs
         . def        start
```

```
xn        . usect       'xn',7                    ;自定义数据空间
b0        . usect       'b0',7                    ;自定义数据空间
PA0       . set         0
PA1       . set         1
          . data
          ;定义 b₀—b₆
table:.   word    1 * 32768/10,2 * 32768/10,－4 * 32768/10,3 * 32768/10
          . word   －4 * 32768/10,2 * 32768/10,1 * 32768/10
          . text
start：    SSBX         FRCT                      ;设置小数乘法
          STM          ♯b0,AR1                   ;AR1 指向 b0 单元
          RPT          ♯6                        ;设置传输次数
          MVPD         table, * AR1＋             ;系数 bᵢ 传送至数据区
          STM          ♯xn＋6,AR2                ;AR2 指向缓冲区底部 x(n＋6)单元
          STM          ♯b₀＋6,AR3                ;AR3 指向 b₆ 单元
          STM          ♯7, BK                    ;BK＝7,设置缓冲区长度
          STM          ♯－1, AR0                 ;设置双操作数减量
          LD           ♯xn,DP                    ;设置页指针
          PORTR        PA1,@xn                   ;输入 x(n)
FIR2：     RPTZ         A,♯6                      ;累加器 A 清 0,设置迭代次数
          MACD         * AR2＋0％, * AR3＋0％,A
                                                 ;完成双操作数乘法－累加
          STH          A, @y                     ;暂存 y(n)
          PORTW        @y,PA0                    ;输出 y(n)
          BD           FIR2                      ;循环
          PORTR        PA1, * AR2＋0％           ;输出最新采样值,修改 AR2 到原值
          . end
```

相应的链接命令如下:

```
MEMORY
{
        PAGE0：EPROM：org＝0E000H    len＝1000H
               VECS：  org＝0FF80H    len＝0080H
PAGE1：SPRAM：        org＝0060H    len＝0020H
        DARAM：       org＝0080H    len＝1380H
}
SECTIONS
{
        . text:＞      EPROM      PAGE0
        . data:＞      EPROM      PAGE0
```

```
. bss:>          SPRAM        PAGE1
xn:align(8){}>   DARAM        PAGE1
b₀:align(8){}>   DARAM        PAGE1
. vectors:>      VECS         PAGE0
```

}

（3）系数对称 FIR 滤波器的实现

系数对称 FIR 滤波器具有线性相位的特性，在数字信号处理中应用十分广泛，常用于相位失真要求较高的场合。

设 FIR 滤波器 $N=8$，若系数 $b_n=b_{N-1-n}$，则为对称 FIR 滤波器，其输出方程为

$y(n)=b_0[x(n)+x(n-7)]+b_1[x(n-1)+x(n-6)]+b_2[x(n-2)+x(n-5)]+b_3[x(n-3)+x(n-4)]$

从上述方程中可以看出，共需要 4 次乘法和 7 次加法，其乘法运算减少了一半。

① 在数据存储器中开辟两个 $N/2$ 长度的循环缓冲区新循环缓冲区和老循环缓冲区，分别存放 N/2 个新数据和老数据，如图 9.1.6 所示。

② 设置循环缓冲区指针：AR1 指向新区中的最新数据，AR2 指向老区中的最老数据。

③ 在程序存储器中设置系数表，如图 9.1.7 所示。

④ 进行 $x(n)+x(n-7)$ 加法运算，即 *（AR1）+ *（AR2）→AH，AR1 指向新区最新数据和 AR2 指向老区的最老数据，执行后修改数据指针，AR1+1→AR1，AR2-1→AR2。

80h	x(n)	←AR1	AR2→	80h	x(n)	
81h	x(n−3)			81h	x(n−3)	
82h	x(n−2)			82h	x(n−2)	
83h	x(n−1)			83h	x(n−1)	

图 9.1.6 缓冲区数据设置

COFF	
	a0
	a1
	a2
	a3

图 9.1.7 系数表

⑤ 累加器 B 清 0，完成块操作，重复执行 4 次：

AH×系数 b_i+B→B，修改系数指针，PAR+1→PAR；

*（AR1）+ *（AR2）→AH，修改数据指针，AR1+1→AR1，AR2-1→AR2，

⑥ 保存和输出结果，并修正数据指针，使 AR1 和 AR2 分别指向 New 和 Old 区的最老数据。

⑦ 形成两个首尾相邻的循环缓冲区。用 New 区的最老数据替代 Old 区的最老数据，输入一个新数据替代 New 区中的最老数据。

⑧ 修正数据指针，使 AR1 指向 New 区的最新数据，AR2 指向 Old 区的最老数据。

⑨ 重复执行④～⑨步。

对于系数对称的 FIR 滤波器，可使用 FIRS 指令和 RPTZ 指令来实现。

FIRS 指令在同一周期内，通过 C 和 D 总线读 2 次数据存储器，同时通过 P 总线读 1 个系数。

程序清单如下：

```
        . title '         FIR_ex3. ASM'
        . mmregs
        . def          start
        . bss          y, 1
x_new   . usect        'DATA1',4          ;定义初始化段,段名 DATA1
x_old   . usect        'DATA2',4          ;定义初始化段,段名 DATA2
size    . set          4
PA0     . set          0                  ;符号及 I/O 口地址赋值
PA1     . set          1
        . data
COEF：  . word   1 * 32768/10, 2 * 32768/10;系数对称,给出 N/2＝4 个
        . word   3 * 32768/10, 4 * 32768/10
        . text
start： LD            # x－new, DP        ;设置页指针
        SSBX          FRCT               ;设置小数乘法
        STM           # x_new, AR1       ;AR1 指向新缓冲区第 1 个单元
        STM           # x_old＋(size－1), AR2
                                         ;AR2 指向老缓冲区最后 1 个单元
        STM           ♯size, BK          ;设置缓冲区长度,BK＝size
        STM           #－1, AR0           ;设置双操作数减量
        PORTR         PA1,@x_new         ;输入 x(n)
FIR2：  ADD           * AR1＋0％, * AR2＋0％, A
                                         ;AH＝x(n)＋x(x－7)
        RPTZ          B,♯(size－1)        ;B 清 0,下条指针执行 size 次
        FIRS          * AR1＋0％, * AR2＋0％, COEF
                                         ;B＝B＋AH * b₀, AH＝x(n－1)＋
                                         ;    x(x－6)…
        STH           B, @y              ;暂存 y(n)
        PORTR         @y, PA0            ;输出 y(n)
        MAR           * AR1(2)％          ;修正 AR1,指向新区最老的数据
        MAR           * AR2＋％            ;修正 AR2,指向老区最老的数据
        MVDD          * AR1, * AR2＋0％    ;新区向老区传送一个数据
        BD            FIR3               ;循环
        PORTR         PA1, * AR1         ;输出最新数据
. end
```

9.2　串口应用

本节例举'C5402 芯片的 McBSP 扩展串行 TLV320AIC23 音频编码器的例子。'C5402

芯片的 McBSP 口的功能强大,时钟极性和同步信号极性均可编程。McBSP 有 SPI 工作方式和 I/O 工作方式。在 I/O 方式下,通过位操作可以实现任何串行操作,但操作过程中始终占用 CPU 资源且编程较复杂。图 9.2.1 为 TLV320AIC23 连接示意图。

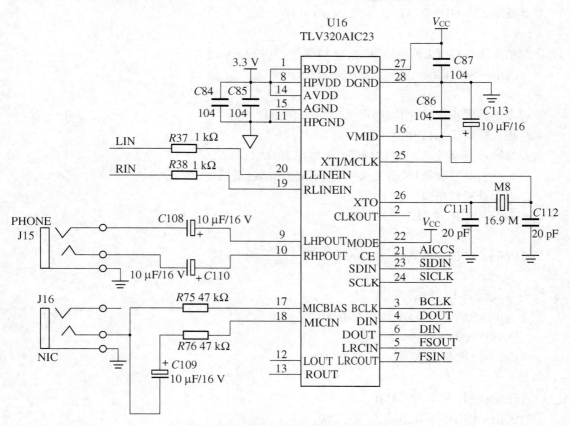

图 9.2.1 TLV320AIC23 连接示意图

下面为实例程序段:

```
#define int0_VAL          1≪0
#define tint_VAL          1≪3
#define rint_VAL          1≪4
#define xint_VAL          1≪5

#define SPCR10_VAL        0x0000
#define SPCR20_VAL        0x0200
//2 words per frame
#define RCR10_VAL         0x0140
#define RCR20_VAL         0x04
//2 words per frame
#define XCR10_VAL         0x0140
#define XCR20_VAL         0x04
```

```
#define PCR0_VAL              0x01

#define SRGR1_VAL2            (23≪8)＋47
#define SRGR1_VAL1            (23≪8)＋47

//帧长度＝48、CLK 由 CPU 的时钟驱动,由 FSG 驱动
#define SRGR2_VAL1            0x3000＋47

//发送帧同步、时钟由内部产生(11   9 位＝1)
//接收帧同步、时钟由外部产生(10   8 位＝0)
//帧同步高有效,(2   3 位＝0),下降沿有效(2   3 位＝1)
//时钟上升沿有效(最后 2 位＝0),下降沿有效(最后 2 位＝1)
//引脚配置成串口,
#define PCR_VAL1              0x0a03

#define SPCR1_VAL1            0x0080

// 一帧 2 个字,每字 24bit
#define XCR1_VAL1             0x0180
// 单相帧、无压缩、0一bit 延迟
#define XCR2_VAL1             0x0004

// 一帧 2 个字,每字 24bit
#define RCR1_VAL1             0x0180
// 单相帧、无压缩、0一bit 延迟
#define RCR2_VAL1             0x0004


//McBSP Memory Mapped Registers
#define CLKMD                 (unsigned int ＊)0x58
#define SWCR                  (unsigned int ＊)0x2b
#define IMR                   (unsigned int ＊)0x00

#define SPSA0                 (unsigned int ＊)0x38
#define SPSD0                 (unsigned int ＊)0x39
#define DRR20                 (unsigned int ＊)0x20
#define DRR10                 (unsigned int ＊)0x21
#define DXR20                 (unsigned int ＊)0x22
#define DXR10                 (unsigned int ＊)0x23
```

```
#define SPSA1            (unsigned int * )0x48
#define SPSD1            (unsigned int * )0x49
#define DRR21            (unsigned int * )0x40
#define DRR11            (unsigned int * )0x41
#define DXR21            (unsigned int * )0x42
#define DXR11            (unsigned int * )0x43

// McBSP Subaddresed Registers
#define SPCR1            0x00
#define SPCR2            0x01
#define RCR1             0x02
#define RCR2             0x03
#define XCR1             0x04
#define XCR2             0x05
#define SRGR1            0x06
#define SRGR2            0x07
#define PCR              0x0E

unsigned int read_subreg0(unsigned int addr)
{
        * (SPSA0)=addr;
        return( * SPSD0);
}


void write_subreg0(unsigned int addr,unsigned int val)
{
        * (SPSA0)=addr;
        * (SPSD0)=val;
}


void McBsp0_init()
{

        write_subreg0(SPCR1,0);
        write_subreg0(SPCR2,0);

        write_subreg0(SPCR1,SPCR10_VAL);
        write_subreg0(SPCR2,SPCR20_VAL);
```

```
        write_subreg0(PCR,PCR0_VAL);

        write_subreg0(RCR1,RCR10_VAL);
        write_subreg0(RCR2,RCR20_VAL);
        write_subreg0(XCR1,XCR10_VAL);
        write_subreg0(XCR2,XCR20_VAL);
        delay(10);
        *(DXR10)=0;

        /* now enable McBSP transmit and receive */
        write_subreg0(SPCR1,SPCR10_VAL|1);
        write_subreg0(SPCR2,SPCR20_VAL|1);
        delay(10);
        *(IMR)|=0x0010;  //开接收 0 中断
}

void delay(int k)
{
        while(k--);
}

interrupt void codec_ch0_in()  //接收 0 中断
{
        int temp;
        temp= *DRR10;
        DA_rptr++;
        if(DA_rptr>=500)
                DA_rptr=0;
        ADbuf[DA_rptr]=temp;  //保存录音数据
}
```

9.3　定时器的使用

本节介绍了使用定时器,利用利用定时器中断控制 XF 引脚输出方波。

```
#include "cpu_reg. h"
int ms,f;
void main()
{
```

```
asm(" STM ♯0000h,CLKMD ");
while( ＊CLKMD & 0x01 );
asm(" STM ♯40C7h,CLKMD "); //设置 CPU 运行频率＝100M
asm(" stm ♯4240h, SWWSR "); //2 wait except for on－chip program 1
asm(" stm ♯00a0h, PMST "); //MP/MC ＝ 0, IPTR ＝ 001,ovly＝0
asm(" stm ♯0802h, BSCR ");
asm(" STM ♯0h,IMR ");
asm(" STM ♯0010h,TCR "); //关定时器
asm(" STM ♯0186ah,PRD ");//1ms
asm(" STM ♯0C2fh,TCR "); //TCR＝最后四位
asm(" STM ♯0008h,IFR ");
asm(" ORM ♯0008h,＊(IMR) ");//开时间中断
asm(" RSBX INTM "); //开中断

ms＝0;
while(1);
}
interrupt void timer0()
{
ms＋＋;
if (ms＜250); //LED_flash
asm(" RSBX XF ");
else if (ms＜500)
asm(" SSBX XF ");
}
```

9.4　外部中断

本节介绍使用外部中断来改变 XF 的方波频率。硬件连接图如 9.4.1 所示。

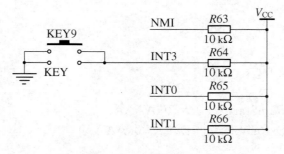

图 9.4.1　硬件连接图

9.4.1　外部中断电路

外部中断的主程序：

```
#include "cpu_reg.h"
int ms,f;
unsigned       int * ExRamStart = (unsigned int *)0x4000;
void main()
{
    inti;
        asm(" STM #0000h,CLKMD ");
        while( * CLKMD & 0x01 );
        asm(" STM #40C7h,CLKMD "); //设置 CPU 运行频率=100M
        asm(" stm #4240h, SWWSR ");
        //2 wait except for on-chip program 1
        asm(" stm #00E0h, PMST "); //MP/MC = 0, IPTR = 001,ovly=0
        asm(" stm #0802h, BSCR ");
        asm(" STM #0h,IMR ");

        asm(" STM #0010h,TCR "); //关定时器
        asm(" STM #0186ah,PRD ");//1ms
        asm(" STM #0C2fh,TCR "); //TCR=最后四位
        asm(" STM #0008h,IFR ");
        asm(" ORM #0008h, *(IMR) ");//开时间中断
        asm(" RSBX INTM "); //开中断
        for(i = 0; i < 0xC000; i++)
            {
                * (ExRamStart + i) = 0x5555;
                if( * (ExRamStart + i) ! = 0x5555)
                    {
                        while(1);
                    }
            }
    i = 0;
    for(i = 0; i < 0xC000; i++)
    {
                * (ExRamStart + i) = 0xAAAA;
                if( * (ExRamStart + i) ! = 0xAAAA)
                    {
                        while(1);
                    }
```

```
                    }
         for (i=0;i<0xC000;i++)          *(ExRamStart+i)=i;
         f=2;
         ms=0;
         while(1)
         {
         while(ms<500/f);          //LED_flash
         ms=0;
         asm(" RSBX XF ");
         while(ms<500/f);
         ms=0;
         asm(" SSBX XF ");
         }

         }
         interrupt void timer0()
         {
                ms++;
         }
```

9.5 键盘扩展

本节介绍使用双向三态门 74HC245 扩展键盘,通过扫描的方式读取键盘的值。硬件电路图如图 9.5.1 所示。

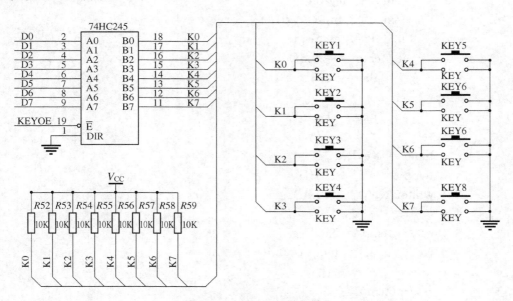

图 9.5.1 74HC245 扩展键盘

程序段如下:

```
#define     KeyReg          port8FFF
#define     K1              0xFE
#define     K2              0xFD
#define     K3              0xFB
#define     K4              0xF7
#define     K5              0xEF
#define     K6              0xDF
#define     K7              0xBF
#define     K8              0x7F
Uint16ScanKey(void)
{
        Uint16temp,temp1;
        Uint16 flag = 0;
        while(flag==0)
        {
            temp = KeyReg;
            temp = temp & 0xff;
            while(temp==0xff)
            {
                    temp = KeyReg;
                    temp = temp & 0xff;
            }
            delay(5000);
            temp = KeyReg;
            temp = temp & 0xff;
            temp1 = temp;
            if (temp == 0xff)
                flag = 0;
            else
                flag = 1;
        }
        temp = KeyReg;
        temp = temp & 0xff;
        while( temp ! = 0xff)
        {
                temp = KeyReg;
                temp = temp & 0xff;
        }
        return(temp1);
}
```

附录 本书采用的符号及意义

本书采用的符号及意义见附表 1 和附表 2。

附表 1 指令集符号和缩写

符号缩写	意义
A	累加器 A
ALU	算术逻辑单元
AR，ARx	AR 通用辅助寄存器，ARx 特指某特定辅助寄存器（0≤x≤7）
ARP	ST0 中 3 位辅助寄存器指针，指向当前辅助寄存器（ARx）
ASM	ST1 中 5 位累加器移位模式（−16≤ASM≤15）
B	累加器 B
BRAF	ST1 中块重复激活标志位
BRC	块重复计数器
BITC	4 位数值，指明测试指令中寄存器中的测试位（0≤BITC≤15）
C16	ST1 中双 16 位/双精度算术模式选择位
C	ST0 中的进位标志
CC	2 位条件代码（0<CC<3）
CMPT	ST1 中的兼容模式位
CPL	ST1 中的编译模式位
Cond	条件指令中的条件表述位
[D]	延迟操作
DAB	D 地址总线
DAR	DAB 地址寄存器
dmad	16 位立即数地址 0≤dmad≤65535
Dmem	数据存储操作
DP	ST0 中 9 位数据存储页指针（0≤DP≤511）
dst	目的累加器（A 或 B）
dst_	反目的累加器：如果 dst=A，则 dst_=B，如果 dst=B，则 dst_=A
EAB	E 地址总线
EAR	EAB 地址寄存器
extpmad	23 位直接程序存储地址
FRCT	ST1 中分数模式位
hi(A)	累加器 A 的高 16 位（31~16）
HM	ST1 中的保持模式位
IFR	中断标志寄存器
INTM	ST1 中的中断屏蔽位
K	短立即数<9 位

符号缩写	意　　义
K3	3 位立即数(0≤K3≤7)
K5	5 位立即数(−16≤K5≤15)
K9	9 位立即数(0≤K9≤511)
lK	16 位长立即数
Lmem	利用长字寻址的 32 位单存取数据存储
mmr,MMR	存储器映像寄存器
MMRx,MMRy	存储映像寄存器,AR0～AR7 或 SP
n	XC 指令后的字数,n=1,2
N	在指令 RSBX,SSBX,XC 指令中,设计的寄存器状态修正: N=0,ST0,N=1,ST1
OVA	ST0 中累加器 A 溢出标志
OVB	ST0 中累加器 B 溢出标志
OVdst	目的累加器 A 或 B 溢出标志
OVdst_	相反目的累加器 A 或 B 溢出标志
OVsrc	源累加器 A 或 B 溢出标志
OVM	ST1 中溢出模式位
PA	16 位端口立即寻址(0≤PA≤65535)
PAR	程序地址寄存器
PC	程序计数器
pmad	16 位立即数程序地址(0≤pmad≤65535)
Pmem	程序存储器操作
PMST	处理器模式状态寄存器
Prog	程序存储器操作
[R]	重复操作
md	循环
RC	重复计数器
RTN	用于 REYF[D]指令的快速返回寄存器
REA	块重复结束地址寄存器
RSA	块重复开始地址寄存器
SBIT	描述 RSBX,SSBX,XC 指令中,修正状态寄存器的位数,4 位的数值(0≤SBIT≤15)
SHFT	4 位移位数值,0≤SHFT≤15
SHIFT	5 位移位数值,−16≤SHIFT≤15
Sind	利用直接寻址的单数据存储器操作
Smem	16 位单数据存储器操作
SP	堆栈指针
src	源累加器(A 或 B)
ST0,ST1	状态寄存器 0,状态寄存器 1

（续附表1）

符号缩写	意　义
SXM	ST1 中符号扩展模式
T	暂存器
TC	ST0 中测试/控制标志
TOS	堆栈栈顶
TRN	转换寄存器
TS	由 T(5~0)位定义的移位值，−16≤T≤15
uns	无符号
XF	ST1 中的外部状态标志位
XPC	程序计数扩展寄存器
Xmem	用于双操作指令和某些单操作指令的 16 位双操作数据存储器
Ymem	用于双操作指令的 16 位双操作数据存储器

附表2　操作码符号和缩写

符号缩写	意　义
A	数据存储器地址位
ARx	3 位数值指出辅助寄存器的序号
BITC	4 位位代码
CC	2 位条件代码
CCCC CCCC	8 位条件代码
COND	4 位条件代码
D	目标(dst)累加器位：D=0,累加器 A;D=1,累加器 B
I	寻址模式位：I=0,直接寻址模式;I=1,间接寻址模式
K	短立即寻址<9
MMRX	4 位数值指定 9 个存储器映像寄存器之一,0≤MMRX≤8
MMRY	4 位数值指定 9 个存储器映像寄存器之一,0≤MMRY≤8
N	单个位数
NN	指定中断类型的 2 位数值
R	循环操作位(rnd),R=0,无循环执行指令;R=1,循环结果
S	源(src)累加器位：S=0,累加器 A;S=1,累加器 B
X	数据存储位
Y	数据存储器
Z	延迟指令位：Z=0,无延迟指令,Z=1,有延迟指令

附表3　指令集符号注释

符号缩写	意　义
黑体字	指令语句中不能变动的字符。例如,语句 **ADD** *Xmem Ymem* dst,其中,*Xmem* 和 *Ymem* 都可以用变量代替,但是,**ADD** 不能改变

(续附表3)

符号缩写	意　义
斜体字	指令语句中的斜体字代表变量。例如，语句 **ADD** *Xmem Ymem* dst，其中，*Xmem* 和 *Ymem* 都可以用变量代替
[x]	方括弧中的操作是选择操作。例如，语句 **ADD** *Smem*[,SHIFT],src[,dst]，其中，对于 *Smem* 和 src 必须使用一个变量值，而 SHIFT 和 src 是可选择的。
♯	立即寻址中常数的前缀。对于短或长立即数操作，♯用于那些容易与其它立即数寻址方式混淆的指令中。例如，RTP♯15 利用短立即数寻址，它使得下一条指令重复 16 次。RTP15 利用直接寻址，下一条指令重复的次数由内存 15 的数决定。对于不会产生模糊的立即寻址操作指令，♯由汇编编译器接受。例如，RTPZA♯15 和 RTPZA,15 的意义是等同的。
(abc)	寄存器或地址 abc 中的内容
x→y	数值 x 分配给寄存器或地址 y。例如，(Smem)→dst 的意思是装载数据内存变量的内容进入目标累加器
r(n—m)	寄存器或地址 r 的 n～m 位。例如，src(15－0)的意思是源累加器的第 15 到 0 位
≪nn	向左移动 nn 位（负或正）
‖	并行指令
\\	左旋
//	右旋
x̄	逻辑非,取反,x 一位取补
|x|	x 的绝对值
AAh	AA 代表 16 进制表示的十进制数

附表 4　指令集中的操作符

符　号	意　义
＋ － ～	一元加,减,取补
* / %	乘,除,模运算
＋ －	加,减
≪ ≫	左移,右移
<<<	逻辑左移
< ≤	小于,小于等于
> ≥	大于,大于等于
≪nn	向左移动 nn 位（负或正）
≠ ！＝	不等于
&	位"与"
^	优先位"或"
|	位"或"

注：一元的＋,－,* 优先于二元格式。

参 考 文 献

1 TMS320C54X Assembly Language Tools User's Guide
2 TMS320C54X DSP Reference Set，Volume 1：CPU and Peripherals
3 TMS320C54X Optimizing C/C++ Compiler User's Guide
4 Code Composer Studio Getting Started Guide
5 TMS320C54X Chip Support Library API User's Guide
6 TMS320C54X DSP Library Programmer's Reference
7 张勇. C/C++语言硬件程序设计——基于 TMS320C5000 系列 DSP. 西安:西安电子科技大学出版社,2003
8 郑红,等. DSP 原理与应用. 北京:北京航空航天大学出版社,2004
9 邹严. DSP 原理与应用. 北京:清华大学出版社,2007
10 戴明帧,周建江. TMS320C54XDSP 结构、原理及应用. 北京:北京航空航天大学出版社,2001
11 彭启琮. TMS320C54X 实用教程. 成都:电子科技大学出版社,2000
12 清源科技. TMS320C54X 应用程序设计教程. 北京:机械工业出版社,2004
13 清源科技. TMS320C54X 硬件开发教程. 北京:机械工业出版社,2003
14 张雄伟,等.DSP 芯片的原理与应用开发(第三版).北京:电子工业出版社,2003